World War II in Europe

戰略戰術兵器事典
【歐洲W.W.II】陸空軍篇 vol.4

CONTENTS

Tank, Infantry

文／野木惠一・中西立太・樋口隆晴

The Development of Weapons in W.W.II

文／今村伸哉・坂本明

Armoured Division

文／今村伸哉・福田稔・桑田悅・真田守之

Wartime Leadership, Combined and Joint Operation, Total War, The War after W.W.Ⅱ

文／高橋久志・桑田悅・今村伸哉・吉本隆昭

W.W.Ⅱ Data File

文／今村伸哉

＊武器的名稱（例如虎式或虎王式）、人名、
機構名原則上依照原作者的用語。
另外，關於「裝甲師」，
各國有不同稱呼法如戰車師、裝甲師等，
本刊是依照該國用法稱呼。

Tank

野木恵一（P6~23）

Infantry

中西立太（P4~25）　樋口隆晴（P26~28）

TANK

戰車的設計理念與變遷

第一次世界大戰末期登場的戰車，
取代了傳統的騎兵隊，成為戰場的主角。
在造型、鋼材、戰鬥力等諸多方面，有著日新月異的進步。
到了20年之後的第二次世界大戰末期，
戰車已經演化成剛誕生時難以想像的型態，在戰場上馳騁。

第一次世界大戰（1914～18）的戰況陷入膠著，演變成陣地戰時，戰車以最新銳武器的姿態出現，擋下機槍子彈，跨越倒刺鐵絲網和戰壕，為步兵部隊鑿開突破口。率先開發出來的戰車是英國陸軍的Mk1（1型），於1916年1月推出試製車，並且在同年9月的索穆大攻勢中首度投入實戰。

戰車一躍成為打破僵局的新武器，此後敵我兩方都加速研發戰車。一開始，戰車是像Mk1那樣的菱形，或是像聖夏蒙與A7V之類的箱型設計，到了大戰末期，雷諾FT-17輕戰車登場，將駕駛座設在車體前方，引擎室設在後方，車體中央上方則配置了可以360度迴轉的砲塔，確立了日後戰車的基本構形，這個構形一直延續到今天。

第一次世界大戰結束後，戰車開發陷入長期停滯，只有美國發明家W・克利斯帝推出的試製戰車，因為著眼於高速而受到矚目。不久之後，克利斯帝的戰車科技移轉給了蘇聯，並且在蘇聯開花結果。

一直到第二次世界大戰（1939～1945）初期，列強的戰車仍舊和上一次大戰一樣，都被當成步兵支援武器，武裝和車速都很貧弱。唯一不同的是德國，因為擁有H・古德林這類優秀的戰車戰術思想家，將戰車置於部隊前鋒、高速進擊，同時派出軍機在上空支援，步兵和砲兵則是予以機械化，得以伴隨戰車行動。這樣的新戰術被稱為「閃電戰（Blitzkrieg）」，特點是將戰車編組成獨立部隊來投入戰線，從此成為主流戰術，敵我戰車部隊展開有組織的集團作戰，在北非和俄羅斯的平原上交鋒。

到了二戰中期，盟軍才開始推出配備強大武裝的高速戰車，例如蘇聯的T-34/85，就被譽為二戰期間最優秀的戰車，而美國的雪曼戰車雖然在性能上沒有特殊之處，但是卻適合大量生產，成為美軍和英軍的主力戰車。德國此時也推出了豹式、虎式等威力強大的戰車，但是量產和可靠性卻不如盟軍的戰車。

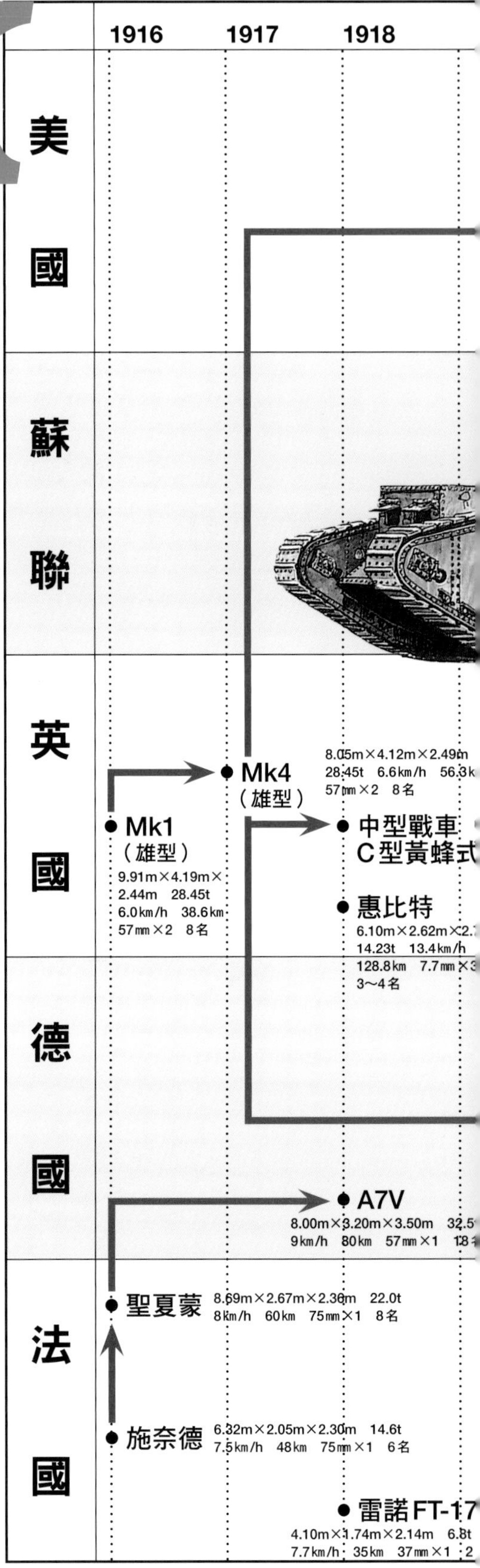

→ 表示戰車的設計概念有所關連

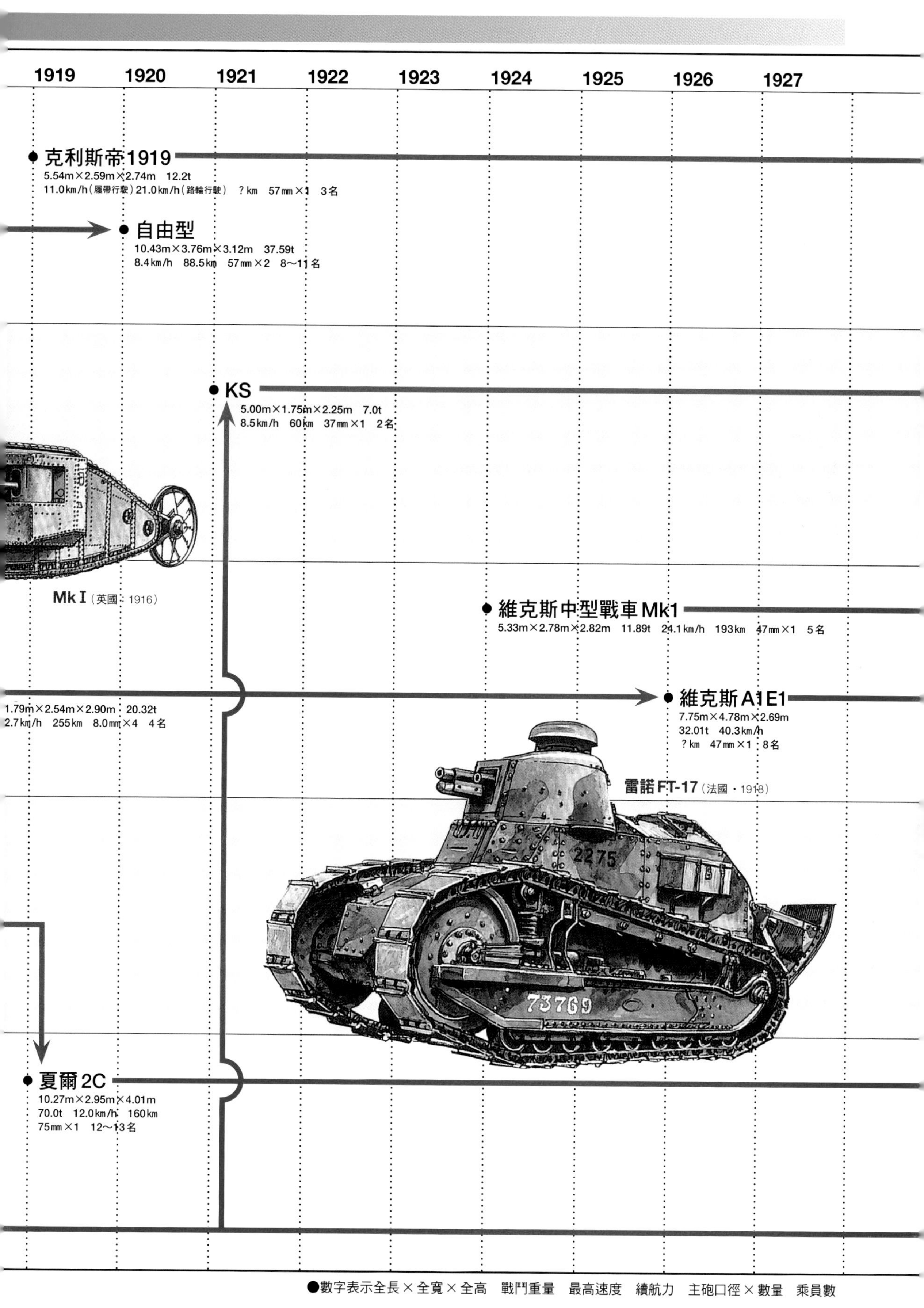

●數字表示全長×全寬×全高 戰鬥重量 最高速度 續航力 主砲口徑×數量 乘員數

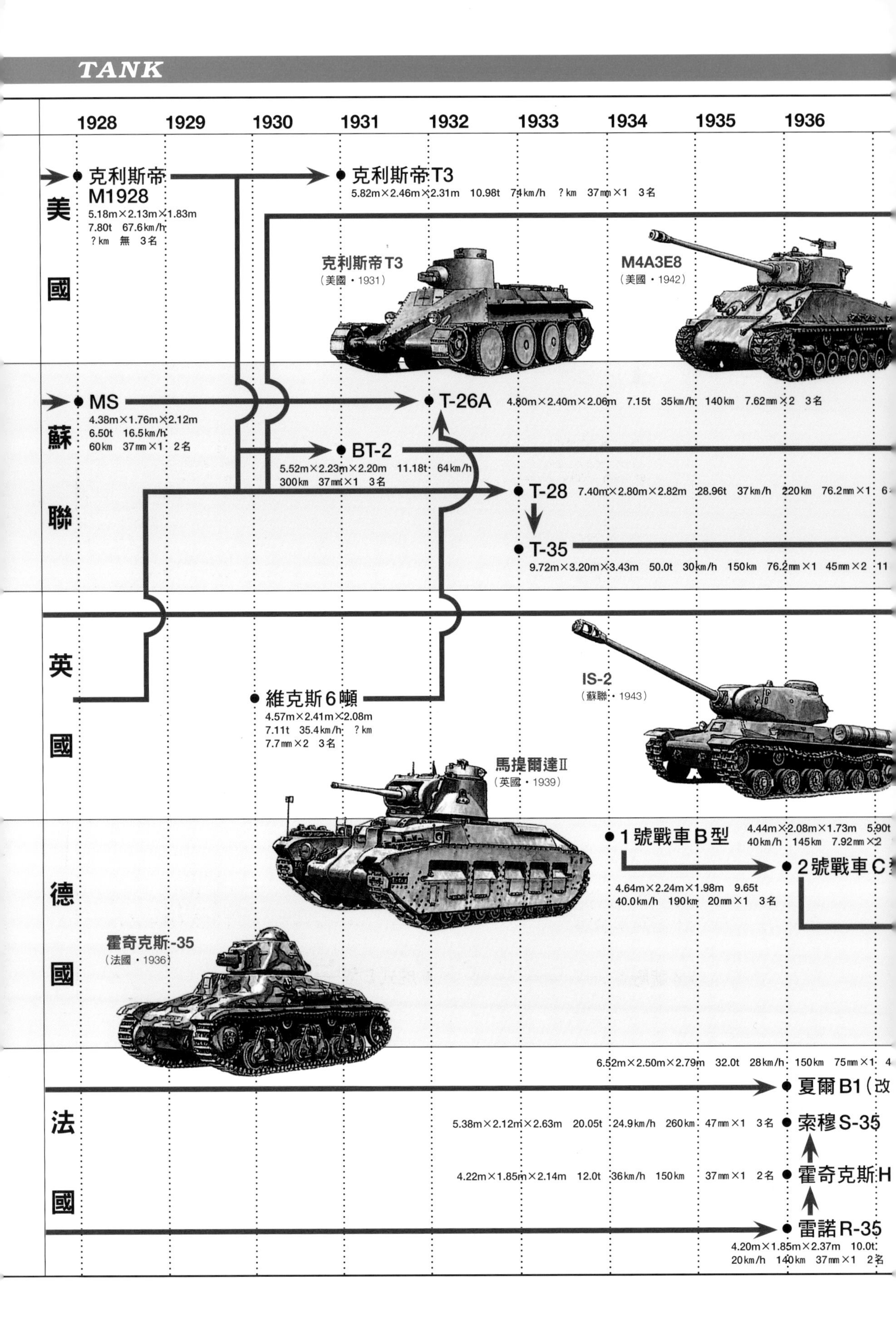

1928
1929
1930
1931
1932
1933
1934
1935
1936
美國
克利斯帝M1928
5.18m×2.13m×1.83m
7.80t 67.6km/h
？km 無 3名
克利斯帝T3
5.82m×2.46m×2.31m 10.98t 74km/h ？km 37mm×1 3名
克利斯帝T3
(美國・1931)
M4A3E8
(美國・1942)
蘇聯
MS
4.38m×1.76m×2.12m
6.50t 16.5km/h
60km 37mm×1 2名
T-26A 4.80m×2.40m×2.06m 7.15t 35km/h 140km 7.62mm×2 3名
BT-2
5.52m×2.23m×2.20m 11.18t 64km/h
300km 37mm×1 3名
T-28 7.40m×2.80m×2.82m 28.96t 37km/h 220km 76.2mm×1 6
T-35
9.72m×3.20m×3.43m 50.0t 30km/h 150km 76.2mm×1 45mm×2 11
英國
IS-2
(蘇聯・1943)
維克斯6噸
4.57m×2.41m×2.08m
7.11t 35.4km/h ？km
7.7mm×2 3名
馬提爾達II
(英國・1939)
德國
1號戰車B型
4.44m×2.08m×1.73m 5.90t
40km/h 145km 7.92mm×2
2號戰車C
4.64m×2.24m×1.98m 9.65t
40.0km/h 190km 20mm×1 3名
霍奇克斯-35
(法國・1936)
法國
6.52m×2.50m×2.79m 32.0t 28km/h 150km 75mm×1 4
夏爾B1(改
5.38m×2.12m×2.63m 20.05t 24.9km/h 260km 47mm×1 3名
索穆S-35
4.22m×1.85m×2.14m 12.0t 36km/h 150km 37mm×1 2名
霍奇克斯H
雷諾R-35
4.20m×1.85m×2.37m 10.0t
20km/h 140km 37mm×1 2名

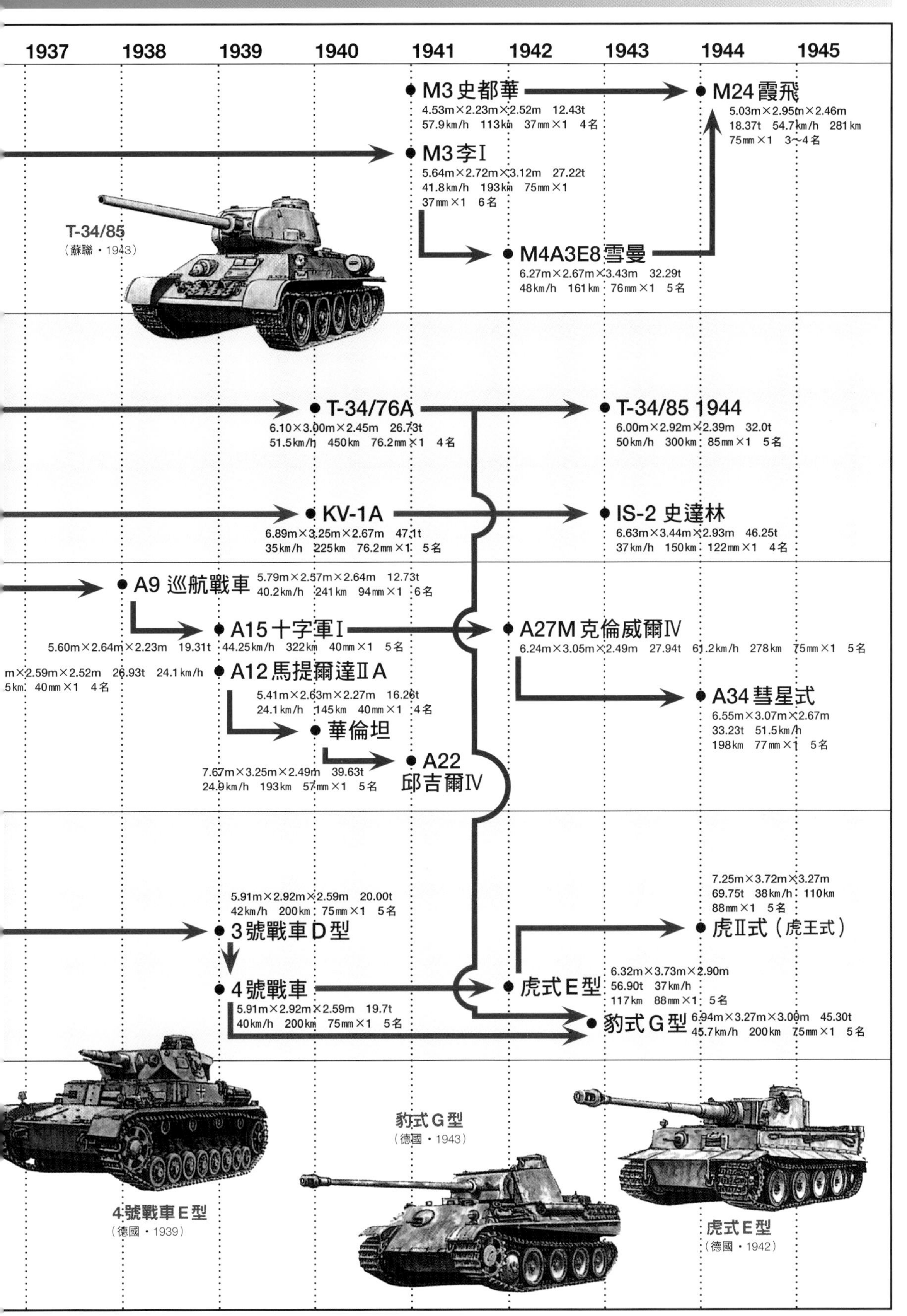

●數字表示全長×全寬×全高　戰鬥重量　最高速度　續航力　主砲口徑×數量　乘員數

【構造】Mechanism

戰車就像是個密閉的鋼鐵箱子，
不過，在這個箱子裡，卻凝聚了所有作戰所需的機能。

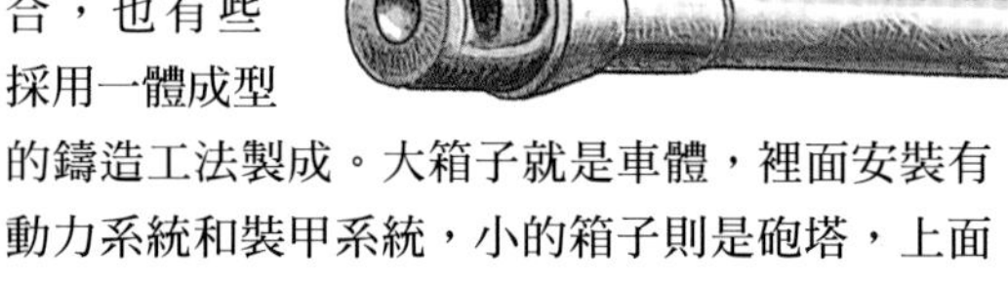

用簡單一點的方式來形容的話，戰車就像是一個鋼板做的大箱子，上面載著一個小一點的箱子。大箱子和小箱子就是裝甲，有些是用鉚釘固定，有些是用焊接方式組合，也有些採用一體成型的鑄造工法製成。大箱子就是車體，裡面安裝有動力系統和裝甲系統，小的箱子則是砲塔，上面配置著主砲和機槍，可以朝360度迴轉射擊。車頭部位有1～2名乘員，砲塔內則有2～3名官兵。

砲塔頂部設置有艙門，當車外沒有敵軍時，可以開啟艙門，探出身子觀察周遭狀況，戰鬥時則要關上艙門，所以視野會受到很大的侷限。

戰車的特徵之一就是履帶（有些人稱呼履帶為Caterpillar，但這其實是廠商名稱）。履帶是由許多小塊的鐵板連結而成，捲繞在車身兩側的輪組上。車頭或車尾的輪子設有齒盤（驅動輪），可以拉動履帶行駛。

引擎設置在車身後方（也有些戰車是設在前方），靠著齒輪箱和差速齒輪箱將動力傳達到驅動輪，戰車轉向的方式和一般汽車不同，戰車是靠著左右兩側履帶的迴轉速度差來改變行駛方向，所以差速齒輪箱就等於是轉向機構。

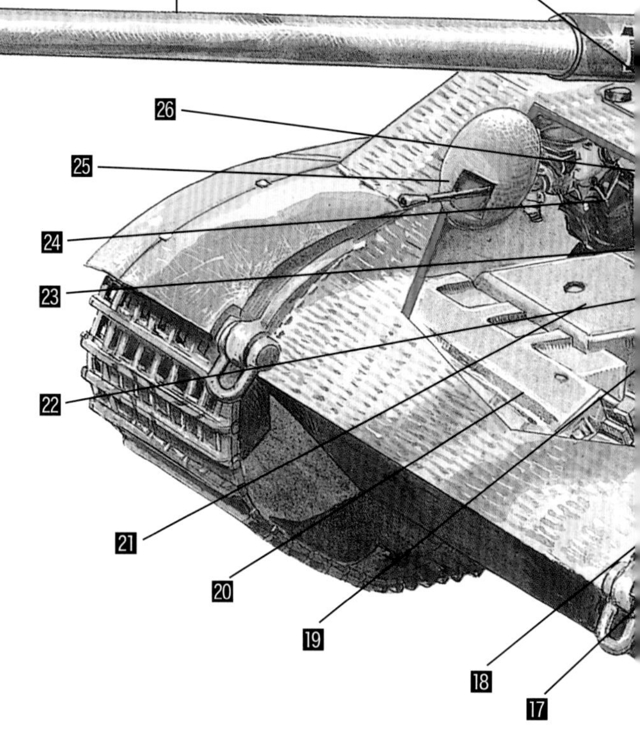

驅動方式

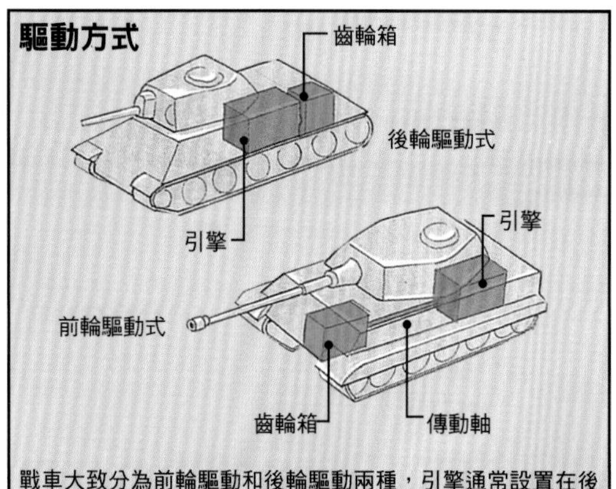

戰車大致分為前輪驅動和後輪驅動兩種，引擎通常設置在後方，所以前輪驅動車種必須利用傳動軸，將引擎的動力傳到車頭的齒輪箱。由於這種設計會導致動力耗損，而且很佔空間，因此第二次世界大戰以後，大多數戰車都採用後輪驅動的設計。

懸吊系統

戰車的懸吊系統有些會採用鋼板彈簧或渦捲彈簧（有點像拉長的發條），不過，就效能來說，壓縮彈簧和扭力桿（將鋼棒扭曲產生彈性）性能比較好，所以現在大都採用後者，搭配上懸吊搖臂來吸收震動。

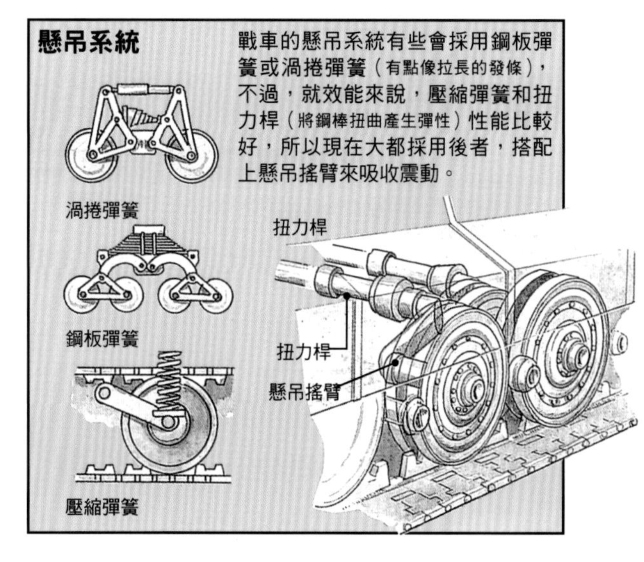

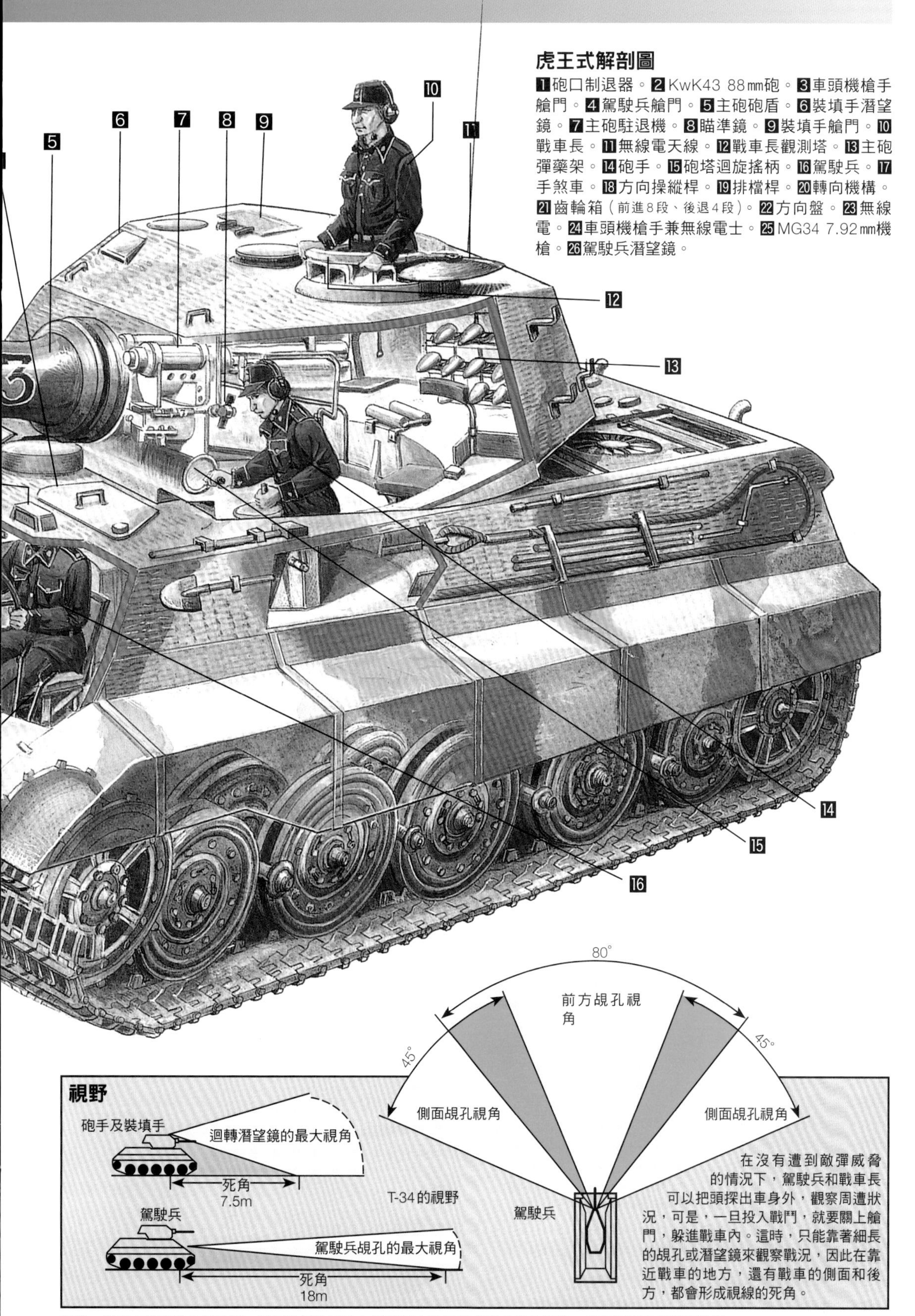

虎王式解剖圖

1砲口制退器。2KwK43 88㎜砲。3車頭機槍手艙門。4駕駛兵艙門。5主砲砲盾。6裝填手潛望鏡。7主砲駐退機。8瞄準鏡。9裝填手艙門。10戰車長。11無線電天線。12戰車長觀測塔。13主砲彈藥架。14砲手。15砲塔迴旋搖柄。16駕駛兵。17手煞車。18方向操縱桿。19排檔桿。20轉向機構。21齒輪箱（前進8段、後退4段）。22方向盤。23無線電。24車頭機槍手兼無線電士。25MG34 7.92㎜機槍。26駕駛兵潛望鏡。

覘孔＝從車內觀察車外的裝備。簡易的覘孔只有在裝甲板上挖出寬度數公釐的凹槽，算是最簡化的觀測裝備。

【機動力】Maneuverbility

機動力、攻擊力、防禦力是戰車共通的三大要素。
只有機動力效能特別突出的戰車，稱不上是優秀的戰車。

早期的戰車，開發的目的是用來輾平倒刺鐵絲網、跨越戰壕、越過滿是砲擊彈坑的地面，領頭突破敵陣。因此，後來開發的戰車，都非常重視不平整地面的機動性。戰車之所以能夠在其他車輛難以行駛的惡劣地形上馳騁，全得仰仗強大的引擎馬力和很低的履帶接地壓力。此外，巨大的車體也有助於自身突破各種障礙。

第二次世界大戰初期的戰車，仍舊被視為伴隨步兵部隊一同行動的武器，所以並不重視速度。可是，當戰車之間的對戰越來越普遍化時，速度變成了掌握戰場主導權的重要性能，越是新型的戰車，就越重視馬力重量比。另外，隨著裝甲作戰的空間與時間規模都不斷擴張，為了讓戰車能夠行駛得更久、更遠，軍方也開始注重戰車的續航力。

本篇所列舉的5種車型，是第二次世界大戰後期各國的代表性戰車，可以看出機動力方面各有優劣。其中，綜合性能最為優異的是蘇聯的T-34/85，稱之為第二次世界大戰最優秀的戰車也不為過。配備著85㎜主砲的T-34/85，在武裝的層面，也僅次於虎式（88㎜主砲），火力排名第二。

A12馬提爾達Ⅲ
（英國）

4號戰車
（德國）

虎式
（德國）

T-34/85
（蘇聯）

M4A3E8
雪曼
（美國）

接地壓力

接地壓力是履帶接地面積除以戰車總重量的數值，這個數值越低，就表示越不易陷入泥濘中，能夠順利的駛過惡劣地形。

A12馬提爾達Ⅲ　1.0kg/㎠

4號戰車　0.75kg/㎠

虎式　1.04kg/㎠

T-34/85　0.8kg/㎠

M4A3E8雪曼　1.0kg/㎠

越壕能力

越壕能力是指戰車跨越戰壕或反戰車壕的能力，數值以跨越的最大寬度（m）來表示。一般來說，車體越大，就能跨越更寬的壕溝。

跨堤能力

跨堤能力指的是戰車能夠跨越的障礙物高度（m），除了戰車本身要有強大馬力之外，車頭的惰輪或驅動輪的高度也會造成影響。

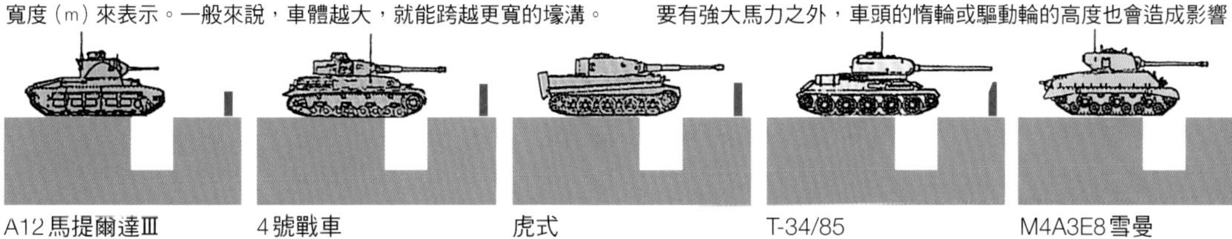

A12馬提爾達Ⅲ ①0.61m ②2.13m

4號戰車 ①0.8m ②2.3m

虎式 ①0.8m ②2.3m

T-34/85 ①0.8m ②2.5m

M4A3E8雪曼 ①0.61m ②2.3m

①是跨堤能力 ②是越壕能力

戰車	馬力重量比	路面最高時速	路面續航力	爬坡力
A12馬提爾達Ⅲ	7.0hp/t	24km/h	256km	不詳
4號戰車	15.5hp/t	40km/h	200km	30°
虎式	12.9hp/t	38km/h	100km	35°
T-34/85	15.9hp/t	50km/h	300km	30°
M4A3E8雪曼	13.9hp/t	48km/h	160km	35°

速度 （路面最高時速）

這裡所指的速度，是戰車在鋪裝道路上行駛的最高速度（km/h）。實際戰鬥時，戰車大都行駛在道路之外的荒野上，即使在鋪裝道路上行駛，也很少用最高速度長時間運轉，因此這個項目只能當成戰車研發時是否重視速度的參考標準。

馬力 （馬力重量比）

戰車的引擎和汽車一樣，分成汽油引擎和柴油引擎，不過，戰車重視引擎的耐用度和可靠性，更勝於是否能夠發揮最大馬力。雖然馬力重量比（hp/t）比不上一般汽車，但是新型的戰車都越來越重視這方面的性能。

續航力 （路面續航力）

戰車的續航力（行動距離）是油箱裝滿後行駛到燃油用完的最遠距離。這個距離越長，表示戰車在作戰時不必經常停下來加油補給。所以，一方面要配備巨大的油箱，另一方面也要降低引擎的耗油量。

爬坡力

戰車的爬坡力指的是戰車能夠攀爬的最大傾斜角，或者以三角正切值（前進距離和爬坡高度的比值）來表示。一般的戰車爬坡力標準是30度或60%傾斜角。

【攻擊力】Offensive power

戰車兵幾乎是在半瞎的狀態下進行戰鬥，
為了彌補這個缺點，人們想出了幾種隊形來協助作戰進行。

戰車的攻擊力並不單指火砲的威力和射程，而是由機動性、裝甲防禦力、戰術、指揮等多方面綜合起來才能完全發揮。之前我們提到戰車的視野非常狹窄，如果單獨行動，敵軍有可能潛入死角擊毀戰車，所以，戰車常常編組成集團，互相彌補死角，並且靠著隊形提供掩護。

這裡舉出的範例是大戰末期德軍戰車連的攻擊隊形，4個排（每排5輛）各自組成楔形隊形進擊，整個連則是排成三段的倒楔形（倒三角形）迎向敵軍。若是以戰車營為作戰單位，就會在正面配置2個這種陣形的戰車連，後方縱列配置2個連，形成寬度1100m、長度1300m的倒楔形，作為進攻陣形。

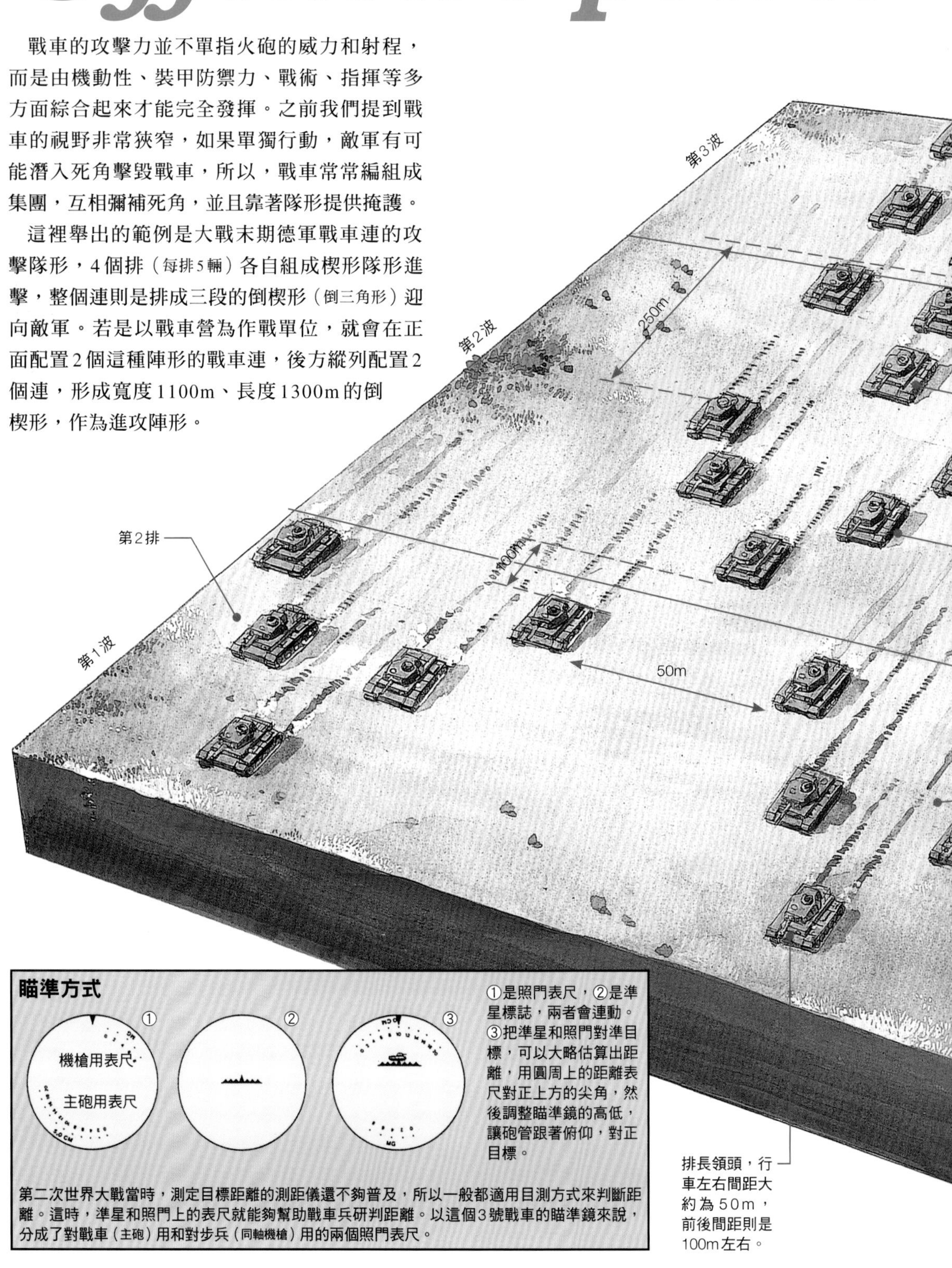

排長領頭，行車左右間距大約為50m，前後間距則是100m左右。

瞄準方式

①是照門表尺，②是準星標誌，兩者會連動。③把準星和照門對準目標，可以大略估算出距離，用圓周上的距離表尺對正上方的尖角，然後調整瞄準鏡的高低，讓砲管跟著俯仰，對正目標。

第二次世界大戰當時，測定目標距離的測距儀還不夠普及，所以一般都適用目測方式來判斷距離。這時，準星和照門上的表尺就能夠幫助戰車兵研判距離。以這個3號戰車的瞄準鏡來說，分成了對戰車（主砲）用和對步兵（同軸機槍）用的兩個照門表尺。

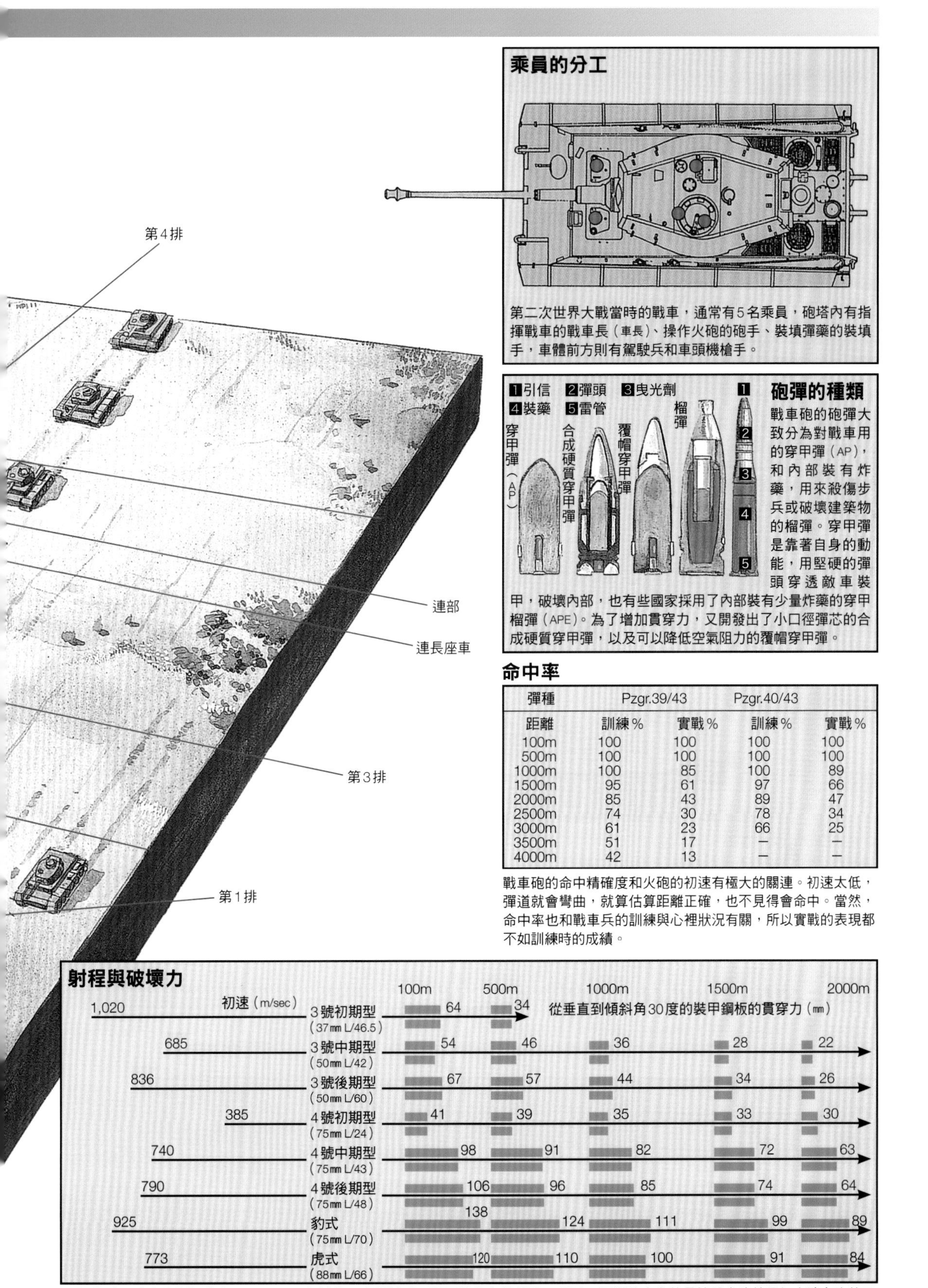

乘員的分工

第二次世界大戰當時的戰車，通常有5名乘員，砲塔內有指揮戰車的戰車長（車長）、操作火砲的砲手、裝填彈藥的裝填手，車體前方則有駕駛兵和車頭機槍手。

砲彈的種類

戰車砲的砲彈大致分為對戰車用的穿甲彈（AP），和內部裝有炸藥，用來殺傷步兵或破壞建築物的榴彈。穿甲彈是靠著自身的動能，用堅硬的彈頭穿透敵車裝甲，破壞內部，也有些國家採用了內部裝有少量炸藥的穿甲榴彈（APE）。為了增加貫穿力，又開發出了小口徑彈芯的合成硬質穿甲彈，以及可以降低空氣阻力的覆帽穿甲彈。

命中率

彈種	Pzgr.39/43		Pzgr.40/43	
距離	訓練%	實戰%	訓練%	實戰%
100m	100	100	100	100
500m	100	100	100	100
1000m	100	85	100	89
1500m	95	61	97	66
2000m	85	43	89	47
2500m	74	30	78	34
3000m	61	23	66	25
3500m	51	17	—	—
4000m	42	13	—	—

戰車砲的命中精確度和火砲的初速有極大的關連。初速太低，彈道就會彎曲，就算估算距離正確，也不見得會命中。當然，命中率也和戰車兵的訓練與心裡狀況有關，所以實戰的表現都不如訓練時的成績。

射程與破壞力

從垂直到傾斜角30度的裝甲鋼板的貫穿力（mm）

初速（m/sec）	車型	100m	500m	1000m	1500m	2000m
1,020	3號初期型（37mm L/46.5）	64	34			
685	3號中期型（50mm L/42）	54	46	36	28	22
836	3號後期型（50mm L/60）	67	57	44	34	26
385	4號初期型（75mm L/24）	41	39	35	33	30
740	4號中期型（75mm L/43）	98	91	82	72	63
790	4號後期型（75mm L/48）	106	96	85	74	64
925	豹式（75mm L/70）	138	124	111	99	89
773	虎式（88mm L/66）	120	110	100	91	84

一般來說，戰車砲的初速（彈頭的砲口速度）越高、砲彈越重，裝甲貫穿力就越強。所以，要增強火力的最簡單方法就是加大戰車砲的口徑，所以到了大戰後期，各國都不斷加大戰車砲的口徑。另外，即使是相同口徑，砲管長度（L表示倍徑，也就是口徑的倍數）越長，砲彈的初速也就越高。

【防禦力】Defensive power

戰車與戰車對抗時，比的是主砲的破壞力和裝甲的厚度，所以戰車的裝甲越來越厚，在造型設計上也下了不少功夫。

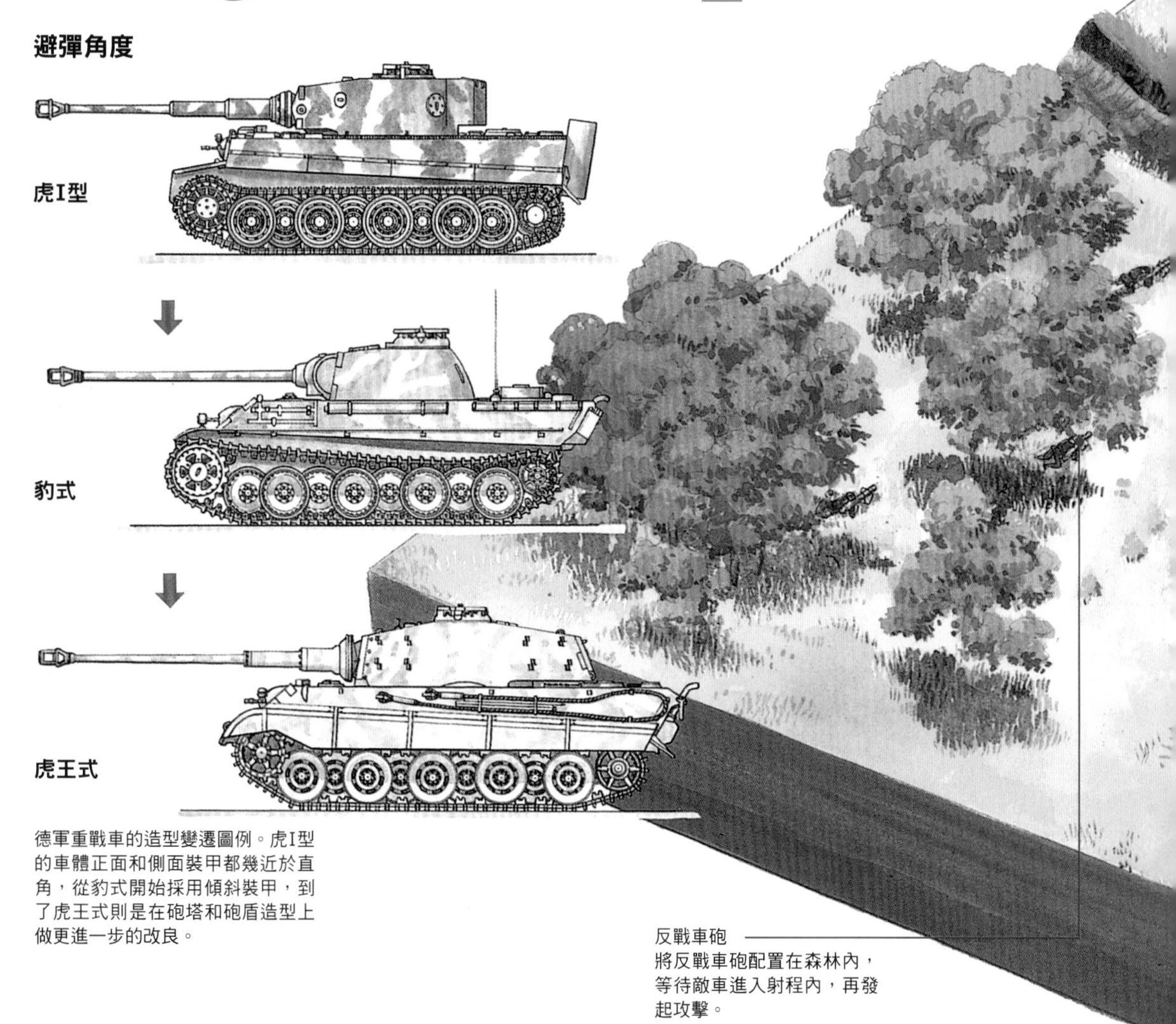

德軍重戰車的造型變遷圖例。虎I型的車體正面和側面裝甲都幾近於直角，從豹式開始採用傾斜裝甲，到了虎王式則是在砲塔和砲盾造型上做更進一步的改良。

反戰車砲
將反戰車砲配置在森林內，等待敵車進入射程內，再發起攻擊。

戰車原本就是設計成機動的武器，用在定點防禦上其實很沒效率。但是，戰車還是具有防禦用途，畢竟對抗戰車的最佳武器還是戰車，這是基本的常識。當戰車在進行防禦時，最好能夠利用戰車的特性，而不要把戰車當成固定砲台來使用。

上圖顯示出使用戰車來防禦時的各種作戰方法。這些戰術並不見得同時適用於一個戰場上。阻止敵軍戰車前進的方法，包括埋設反戰車地雷、挖掘反戰車壕、堆起堤防，然後在森林中配置反戰車砲掩蔽起來，當戰車被上述障礙物阻擋而停下時，就成了最佳的攻擊標的。此外，在跨越堤防時，戰車還會暴露出最脆弱的下腹部。

友軍的戰車可以2～3輛組成一隊，交互的在地形障礙後方射擊、轉移陣地，這樣反覆地發動攻勢。有時也可以挖掘出掩蔽壕，讓戰車僅露出砲塔，變成臨時的反戰車砲陣地。

另外，一部份的戰車則可以發揮機動力，繞到敵方脆弱的側面發動攻勢，造成敵軍的混亂。

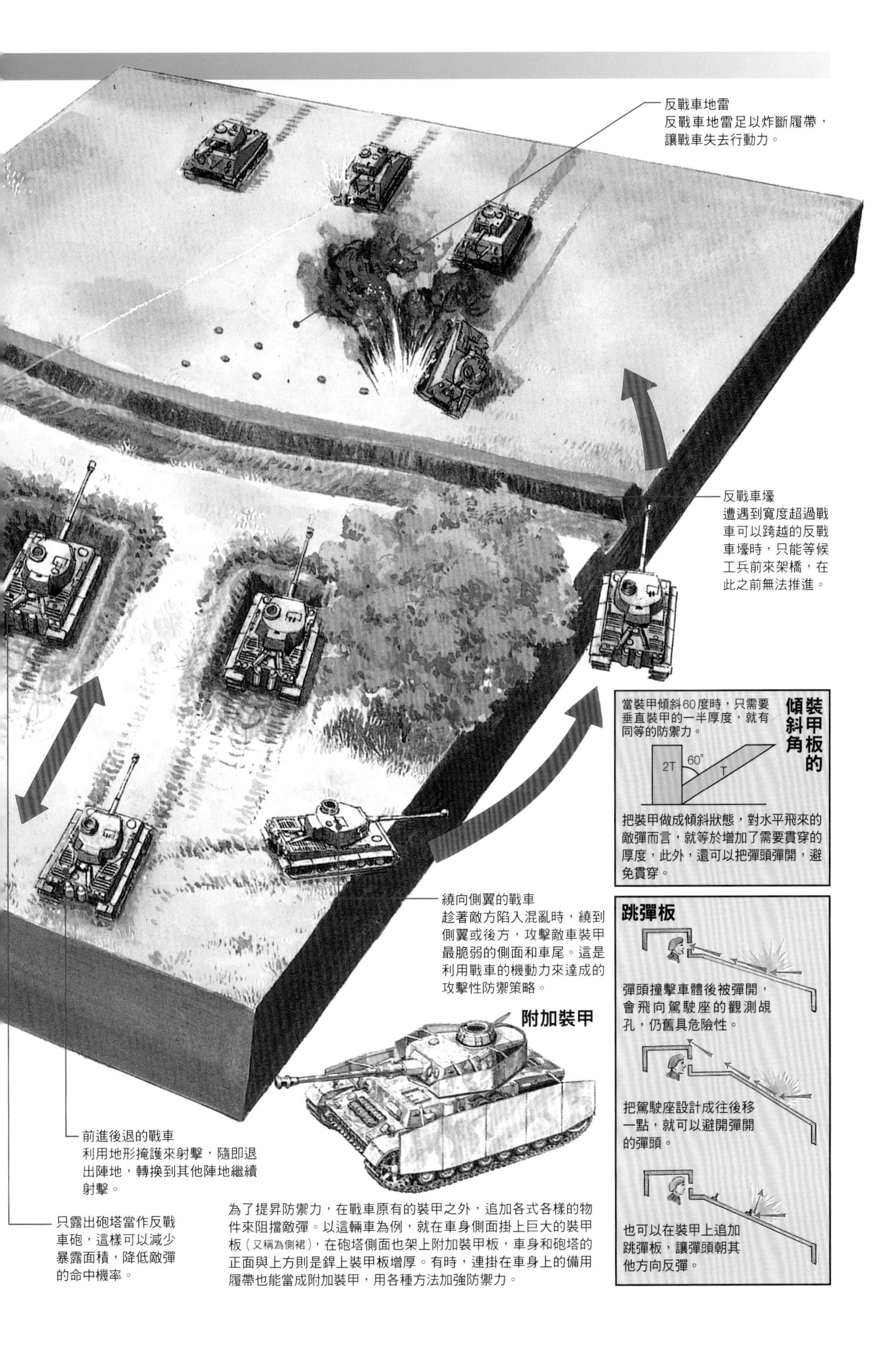

為了提昇防禦力，在戰車原有的裝甲之外，追加各式各樣的物件來阻擋敵彈。以這輛車為例，就在車身側面掛上巨大的裝甲板（又稱為側裙），在砲塔側面也架上附加裝甲板，車身和砲塔的正面與上方則是銲上裝甲板增厚。有時，連掛在車身上的備用履帶也能當成附加裝甲，用各種方法加強防禦力。

Blitzkrieg【閃電戰】

在進攻色當時，德軍的砲兵相當活躍，
而斯圖卡則是對地面的敵軍發動攻擊，先行削弱敵軍戰力。

閃電戰
法國北部 1942年5月

德國陸軍
- A集團軍（馮・倫德斯特）
  - 第4軍團（總計14個師）
    - 第15裝甲軍
      - 第5裝甲師
      - 第7裝甲師
  - 第12軍團（總計19個師）
    - 第41裝甲軍
      - 第6裝甲師
      - 第8裝甲師
  - 第16軍團（總計12個師）
    - 馮・克萊斯特裝甲兵團
      - 第19裝甲軍（古德林）
        - 第1裝甲師
        - 第2裝甲師
        - 第10裝甲師
- B集團軍（馮・里布）
  - 第1軍團
  - 第7軍團
- C集團軍（波克）
  - 第6軍團
  - 第18軍團

英法聯軍（甘末林）
- 東北方面軍司令部（喬治）
- 第1集團軍（總計40個師）
  - 法國第1軍團（10個師）
  - 法國第2軍團（6個師）
  - 法國第7軍團（7個師）
  - 法國第9軍團（8個師）
  - 英國歐陸遠征軍（9個師）
- 法國第2集團軍（總計35個師）
- 法國第3集團軍（總計14個師）

1940年5月10日，德軍的裝甲部隊突破了比利時東南方的阿登森林地帶，一鼓作氣衝入法國北部。法軍因為太過仰賴德法邊境的馬奇諾防線，認定德軍戰車絕不可能穿越阿登森林，結果遭到奇襲，陷入極大的混亂之中。

阿登森林的突破之戰，是由一流的裝甲戰略專家海因茨・古德林上將指揮第19裝甲軍（轄下有3個裝甲師）來執行。他所指揮的裝甲師，在5月12日抵達默茲河北岸的色當市，法軍立刻棄守市區，爆破橋樑，固守在南岸。13日早晨起，德國空軍持續以轟炸機和俯衝轟炸機攻擊法軍陣地，造成指揮體系混亂，摧毀法軍士氣，下午2點半起，德軍砲兵開始朝對岸的陣地砲擊，逐一消滅陣地，此時，第1和第10裝甲師的戰鬥工兵則開始架起通往南岸的便橋。當天晚上，工兵成功架起橋樑，戰車便湧入默茲河南岸，開始掃蕩法軍。

色當這個深具歷史淵源的城市遭到攻佔後，法軍士氣嚴重受創。德軍在5月20日一路衝到海岸線，斷絕了駐防在比利時的英法聯軍主力的後路，部分的英法聯軍千辛萬苦才從敦克爾克撤離，逃往英國。在僅僅2週的時間內，德軍就已經控制了大戰初期的戰局。

色當市是普法戰爭（1870）時拿破崙三世向普魯士投降的地點，在第一次世界大戰時，法軍也在這裡吃了敗仗，這次是德軍第三度攻佔這裡，對法國人造成嚴重的心理創傷。
德國陸軍的火砲已經摩拖化，使用車輛來牽引，可以伴隨裝甲部隊前進。
第10裝甲師的第69團和第86團的步兵接連過河，確保河岸的橋頭堡。
第10裝甲師的戰鬥工兵先用橡皮艇渡河，爆破對岸的碉堡。
開戰時的兩軍配置圖
荷蘭
鹿特丹
奈美根
萊因河
第18軍團
B集團軍
第6軍團
安特衛普
敦克爾克
馬斯特里赫特
德國
波昂
布魯塞爾
比利時軍
列日
法國第7軍團
比利時
第4軍團
A集團軍
那穆爾
英國歐陸遠征軍
第12軍團
法國第1軍團
第16軍團
蒙特梅
亞眠
瓦兹河
法國第9軍團
盧森堡
第1集團軍
色當
默兹河
C集團軍
馬奇諾防線
法國第2軍團
法國
蘭斯
法國第3集團軍
凡爾登
巴黎
法國第2集團軍
0
40
80km
南錫

【沙漠戰】El Alamein

為德軍的4號戰車所苦的蒙哥馬利，
終於取得了期盼已久的雪曼戰車，決定展開攻勢。

第二次阿拉敏之戰

1942年10月～11月

英軍
第8軍團（蒙哥馬利）
　第10軍（蘭姆斯登）
　　第1裝甲師
　　第10裝甲師
　第13軍（霍勒克斯）
　　第7裝甲師
　　第44步兵師
　　第50步兵師
　　自由法國旅
　　希臘步兵旅
　第30軍（李斯）
　　第51步兵師
　　澳洲第9師
　　紐西蘭第2師
　　南非第1師
　　印度第4師
　　第23裝甲旅

德義軸心國聯軍
非洲裝甲軍團
（隆美爾，之後由司徒梅代理，
司徒梅死後由馮・托馬代理）
　德國非洲裝甲軍（DAK）
　（馮・托馬）
　　第15裝甲師
　　第21裝甲師
　德國第90非洲輕裝師
德國第164非洲輕裝師
　義大利第10軍（2個步兵師）
　義大利第20裝甲軍（2個裝甲師、
　1個機械化步兵師）
　義大利22軍（2個步兵師）

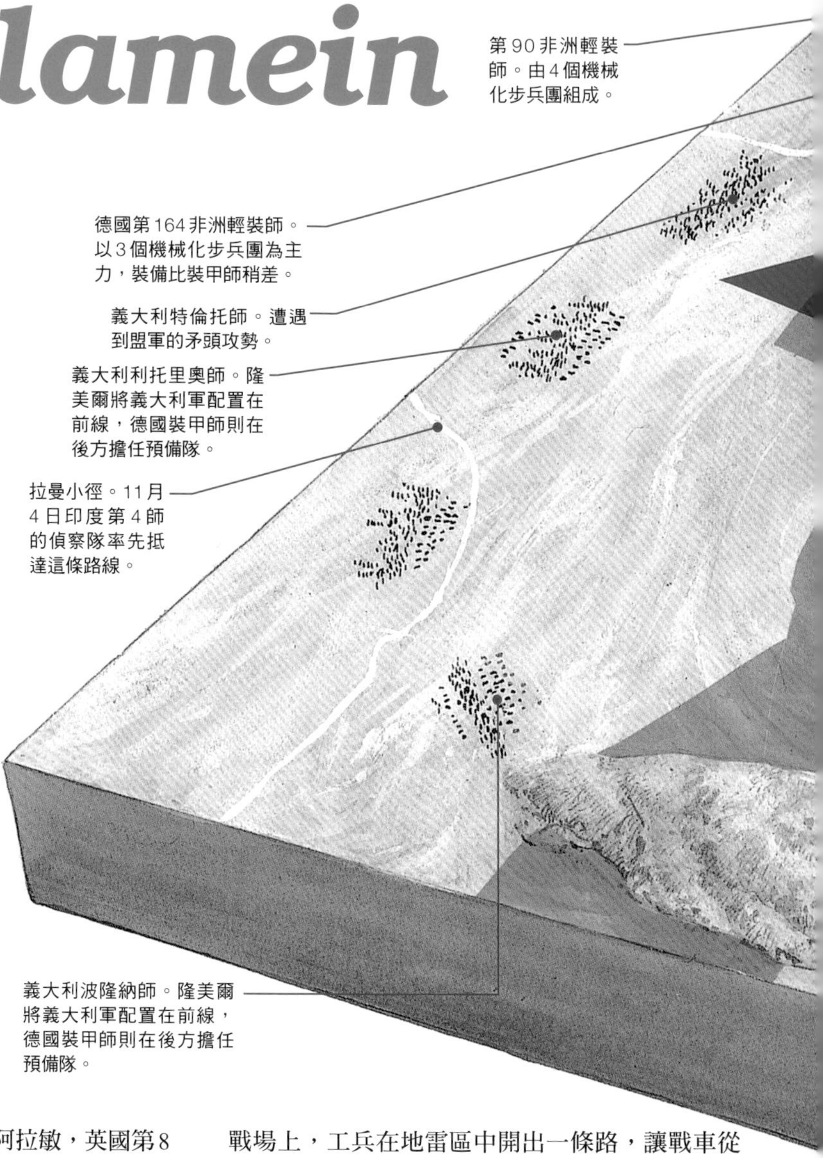

埃及靠近地中海海岸的小村莊阿拉敏，英國第8軍團不僅擋住了德義軸心國軍的東進腳步，並且在1942年10月23日深夜發動了全線大規模的反攻。這個因北方有地中海，南方則臨接著卡塔拉低地和艾爾・塔卡高地，被夾在其中的長約50km的戰線，隆美爾元帥在此處調集了德義共10萬4千名兵力、戰車490輛、火砲1220門，和蒙哥馬利中將指揮的第8軍團兵力19萬5千人、戰車1030輛、火砲2300門爆發激戰。隆美爾這時已經因病返回德國療養，代理指揮官司徒梅上將卻突然心臟病發而死，隆美爾只好拖著病體返回北非當地。

最大的一場激戰發生在第30軍負責的北側戰線，英國第51步兵師和澳洲第9師在第23裝甲旅的戰車的支援下開始突破戰線。在彈如雨下的戰場上，工兵在地雷區中開出一條路，讓戰車從這個突破口攻入德軍後方，並且由步兵據守已經攻佔的路線。由於地雷區中開拓的路徑很窄，造成盟軍進擊的遲滯，引來軸心國部隊的猛攻。雖然盟軍的前進腳步緩慢，但是蒙哥馬利的優勢在於可以不斷將補充的部隊送上前線，相較之下，隆美爾則沒有任何預備隊可用。盟軍的最後一次突破是在11月2日發起，朝著連結軸心國南北部隊的拉曼小徑挺進，用華倫坦戰車和步兵發動突擊。這時軸心國方面已經耗盡了燃料和彈藥，不得不沿著地中海沿岸向後撤退。同月4日，偵察部隊在沒有敵方抵抗的情況下抵達了拉曼小徑，第8軍團雖然損失了500輛戰車，但軸心國部隊也在戰場上留下了450輛戰車的殘骸，向後撤退。

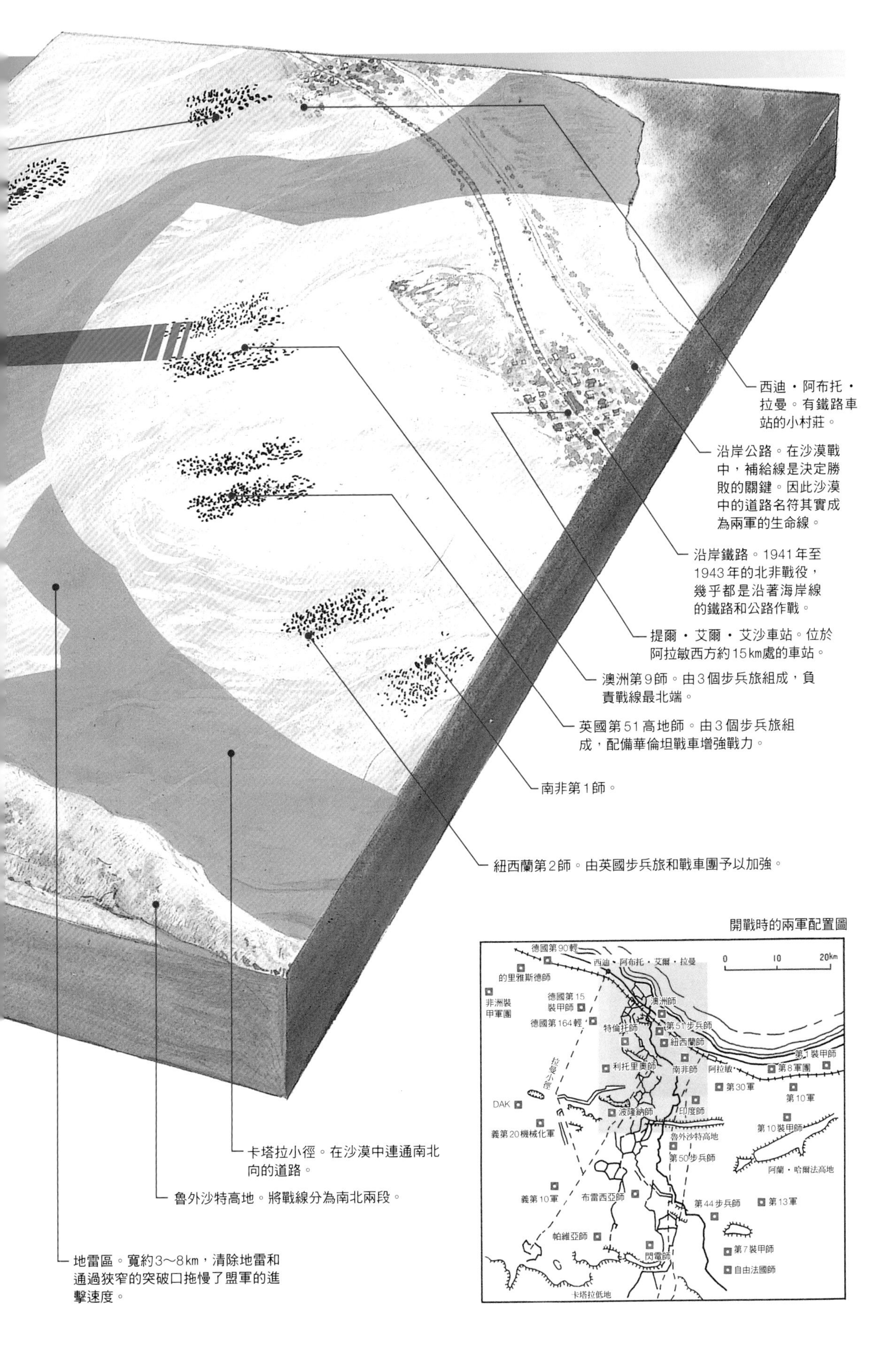
西迪・阿布托・拉曼。有鐵路車站的小村莊。
沿岸公路。在沙漠戰中，補給線是決定勝敗的關鍵。因此沙漠中的道路名符其實成為兩軍的生命線。
沿岸鐵路。1941年至1943年的北非戰役，幾乎都是沿著海岸線的鐵路和公路作戰。
提爾・艾爾・艾沙車站。位於阿拉敏西方約15km處的車站。
澳洲第9師。由3個步兵旅組成，負責戰線最北端。
英國第51高地師。由3個步兵旅組成，配備華倫坦戰車增強戰力。
南非第1師。
紐西蘭第2師。由英國步兵旅和戰車團予以加強。
卡塔拉小徑。在沙漠中連通南北向的道路。
魯外沙特高地。將戰線分為南北兩段。
地雷區。寬約3～8km，清除地雷和通過狹窄的突破口拖慢了盟軍的進擊速度。
開戰時的兩軍配置圖
德國第90輕
西迪・阿布托・艾爾・拉曼
0
10
20km
的里雅斯德師
非洲裝甲軍團
德國第15裝甲師
德國第164輕
澳洲師
特倫托師
第51步兵師
紐西蘭師
第1裝甲師
利托里奧師
南非師
阿拉敏
第8軍團
拉曼小徑
第30軍
第10軍
DAK
波隆納師
印度師
義第20機械化軍
第10裝甲師
魯外沙特高地
第50步兵師
阿蘭・哈爾法高地
義第10軍
布雷西亞師
第44步兵師
第13軍
帕維亞師
閃電師
第7裝甲師
自由法國師
卡塔拉低地

Kursk【戰車大決戰】

兩軍合計多達數千輛的戰車，在庫斯克爆發史上首度大規模戰車決戰。希特勒的大戰略被蘇聯軍堅強的防禦戰術所擊潰。

庫斯克戰車大決戰

1943年7月

德軍

- 北部戰線
  - 中央集團軍（克魯格）
    - 第9軍團（莫德爾）
      - 第20軍（4個步兵師）
      - 第23軍（3個步兵師）
      - 第41裝甲軍（1個裝甲師、2個步兵師）
      - 第46裝甲軍（4個裝甲師）
      - 第47裝甲軍（3個裝甲師、1個步兵師）
- 南部戰線
  - 南方集團軍（馮・曼斯坦）
    - 第4裝甲軍團（霍斯）
      - 第48裝甲軍（2個裝甲師、1個機械化步兵師、1個步兵師）
      - SS第52裝甲軍（3個機械化步兵師）（豪澤爾）
    - 肯夫兵團（肯夫）
      - 第3裝甲軍（3個裝甲師、1個步兵師）
      - 第11軍（2個步兵師）
      - 第42軍（3個步兵師）

蘇聯軍

- 中央方面軍（羅科索夫斯基）
  - 第2戰車軍團
  - 第13軍團
  - 第48軍團
  - 第60軍團
  - 第65軍團
  - 第70軍團
- 弗羅尼茲方面軍（瓦圖金）
  - 第1戰車軍團
  - 第6近衛軍團
  - 第7近衛軍團
  - 第38軍團
  - 第40軍團
- 草原方面軍（柯涅夫）
  - 第5近衛軍團（羅特米斯特洛夫）
  - 第5近衛戰車軍團
  - 第27軍團
  - 第47軍團
  - 第53軍團

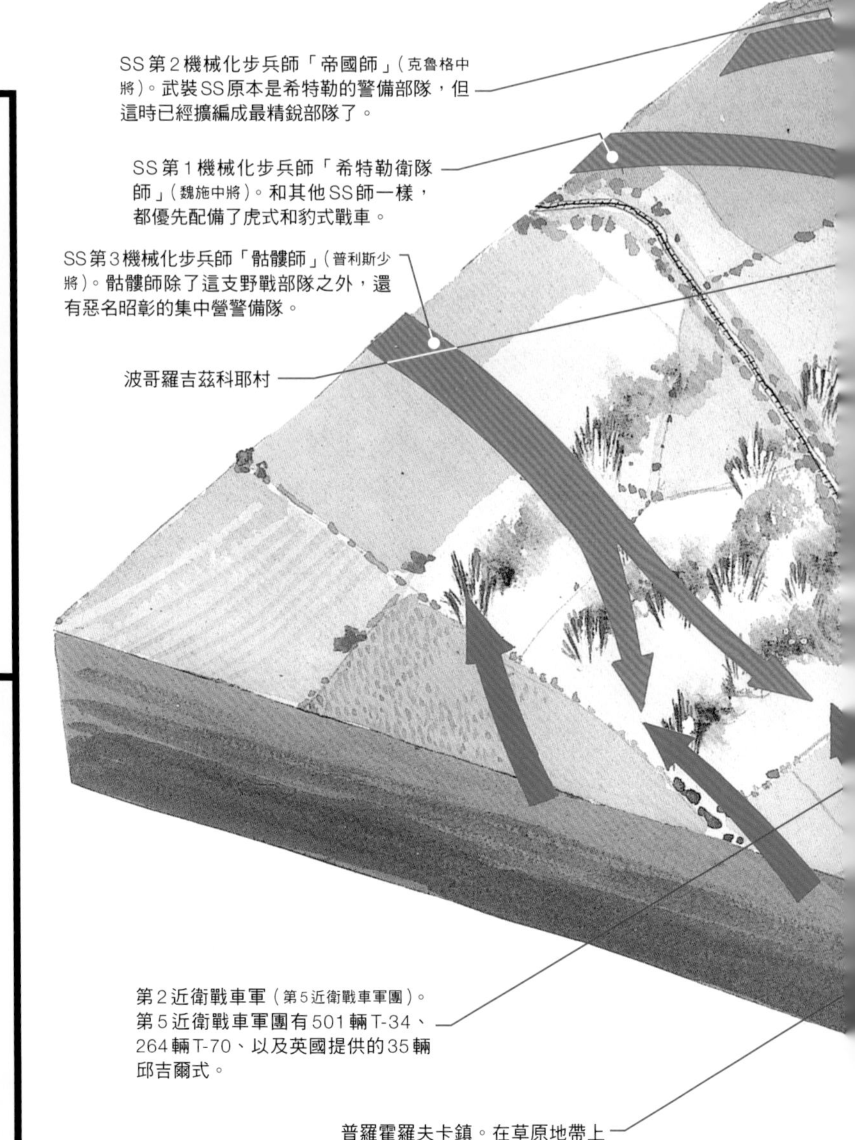

1943年夏季，德蘇戰線暫時停滯，維持不動的狀態。在南方戰線上，佔領庫斯克市一帶的蘇聯軍形成一個突出部，兩翼被德軍包夾。希特勒於是發動衛城作戰，要從南北兩方進攻庫斯克，包圍殲滅蘇聯軍固守此地的2個方面軍。德軍為這場作戰動員了兵員151萬人、戰車5000輛、火砲1萬6600門、各式軍機5000架，然而，蘇聯方面早已探知德軍的作戰意圖，於是調集比德軍更多的兵員264萬人、戰車及自走砲8200輛、火砲5萬2500門、軍機7000架嚴陣以待。

衛城作戰在1943年7月5日發動，北部戰線的德軍一直打到7月10日，才向前推進10㎞，不過，南部戰線由霍斯上級上將指揮的第4裝甲軍團則是在草原方面軍的防線上鑿出40㎞深的缺

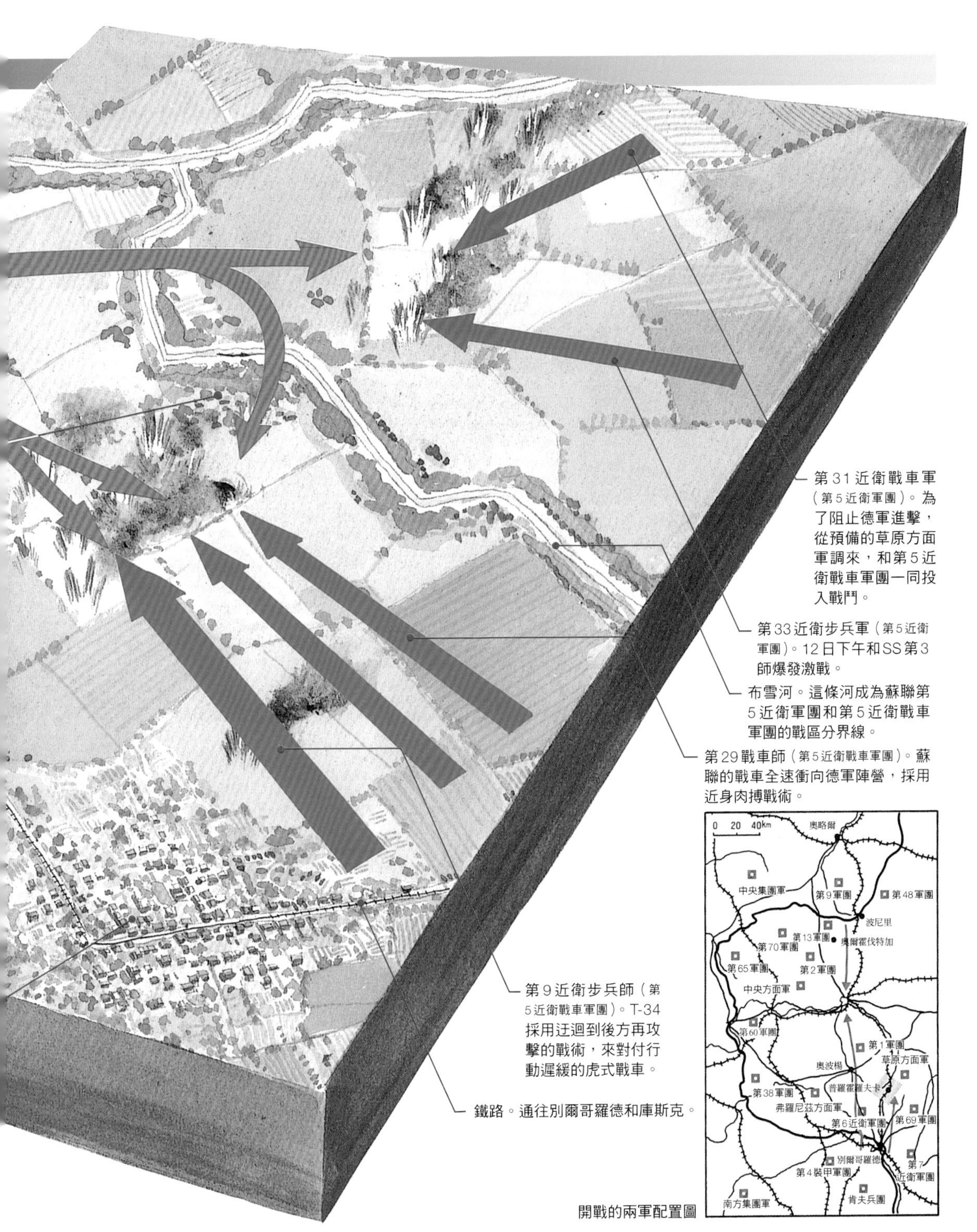

開戰的兩軍配置圖

口。草原方面軍則增兵以打算擊潰這2個軍的攻勢，於是，在大平原上的小鎮普羅霍羅夫卡鎮周邊，爆發了歷史上最大規模的戰車大決戰。

7月12日清晨，豪澤爾SS中將麾下的武裝SS（納粹親衛隊）第2裝甲軍（由3個機械化步兵師組成）的戰車，排成尖銳的楔形陣形向北推進，蘇聯軍使用火砲和火箭彈佈下火網，阻礙德軍前進，同時，羅特米斯特洛夫中將的第5近衛戰車軍團和賈多夫中將的第5近衛軍團則上前迎戰。

蘇聯刻意採用近身肉搏戰，憑恃著數量的優勢，封殺德軍虎式和豹式的長射程主砲。戰車與戰車的近身肉搏持續了一整天，戰場上散佈著兩軍合計達700輛的戰車殘骸。德軍最後攻勢受阻，希特勒在7月13日下令停止衛城作戰的行動。

不能作戰的士兵，就沒有用處。
在第二次世界大戰時，德軍、美軍兩軍多次交戰，
單就步兵對步兵的戰鬥來說，德軍即使兵力處於劣勢，
仍舊能對美軍造成更嚴重的傷亡。
德軍步兵部隊就是一個如此精銳的戰鬥集團。

INFANTRY

德軍步兵部隊的編制與佈防

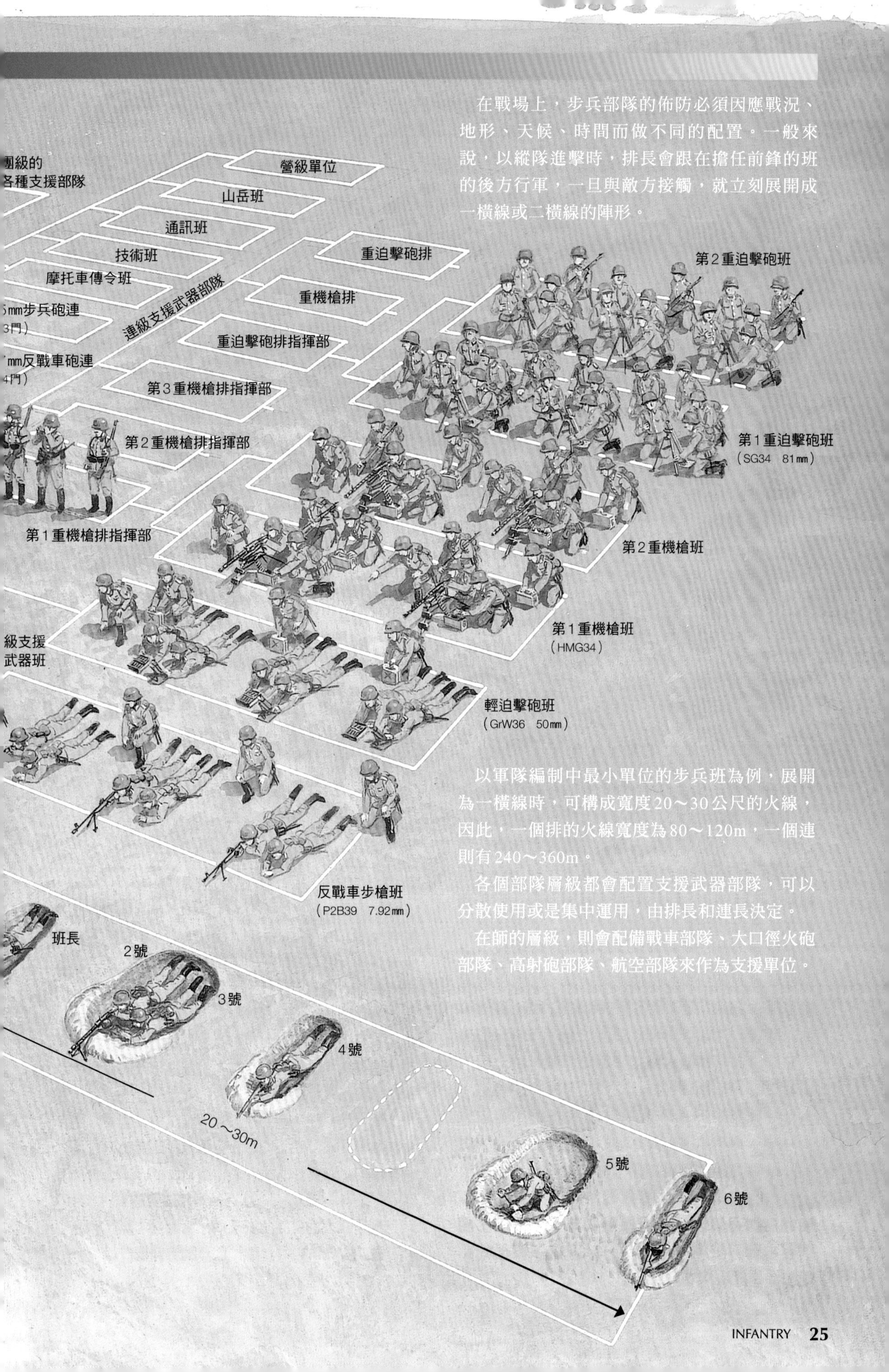

在戰場上，步兵部隊的佈防必須因應戰況、地形、天候、時間而做不同的配置。一般來說，以縱隊進擊時，排長會跟在擔任前鋒的班的後方行軍，一旦與敵方接觸，就立刻展開成一橫線或二橫線的陣形。

以軍隊編制中最小單位的步兵班為例，展開為一橫線時，可構成寬度20～30公尺的火線，因此，一個排的火線寬度為80～120m，一個連則有240～360m。

各個部隊層級都會配置支援武器部隊，可以分散使用或是集中運用，由排長和連長決定。

在師的層級，則會配備戰車部隊、大口徑火砲部隊、高射砲部隊、航空部隊來作為支援單位。

【裝備】Equipment

隨著戰爭的科技不斷進步，
士兵們也被要求做更多的訓練，才能夠操作武器。

有一個名詞叫「凡爾登的絞肉機」，這是用來形容第一次世界大戰時，凡爾登要塞的攻防戰的情景。在凡爾登的戰場上，德軍在4個月之內就有28萬1000人傷亡，而且絕大部分都是步兵。

第一次世界大戰之前的步兵戰術，是將整個步兵連排成橫隊，並肩前進，藉此發揮步槍的最大火力。敵我步槍交互射擊的火力在距離500～300m時達到顛峰，接下來，步兵就要上刺刀發動突擊了。

可是，隨著科技進步，步兵部隊在前進時會遭到砲兵射擊，在發動突擊時，則會遭遇到機槍的火網攔截。不管事前如何用猛烈砲擊來摧毀敵方陣地，總有些機槍沒有被摧毀，結果發生「只靠一梃機槍」就「阻擋住整個旅的突擊」的慘劇（李德・哈特著「近代軍隊的重生」）。

後第一次世界大戰型的步兵部隊，特徵是讓部隊散開到更廣的範圍以避開敵方火力，因為步兵戰鬥的最終目的是要佔領敵方領土，所以一定要提升步兵的生存率才行。過去講究集結才能發揮效力的栓式槍機步槍和肉搏戰，都應該盡量排除，改成用少數兵力就能發揮強大火力的機槍（以及現代的自動步槍）作為部隊主力。

從戰鬥的基礎單位步兵連的角度來看，每個班都必須配備輕機槍，過去由14個人組成的班，也縮減為12～9人，即使散開的戰線很廣，班長也能掌握班兵的行動。每個排轄下都設有重機槍小組和狙擊小組，讓突破正面的火力密度提高，足以摧毀敵方第一線的指揮機構。步兵連轄下則編組了重武器排，配備有重機槍和輕迫擊砲等（步兵用）重武器。在攻守兼顧的防線正面，步兵營和步兵團則設置有輕型火砲和中型迫擊砲，將這樣的編制予以系統化，此外，還增加了攜行式無線電。

由於此舉造成部隊能夠對應的戰鬥正面越來越寬廣，因此在戰術行動時，連長、排長、班長的權限與責任也隨之擴大。

換言之，第二次世界大戰型的步兵部隊，在硬體層面必須配備多種輕重武器，在軟體層面則要求官兵接受精良訓練，以因應複雜化的戰況和操作武器所需。

GERMANY

在第二次世界大戰的參戰國之中，步兵戰鬥力最強的就是德軍。德軍在第一次世界大戰末期所發動的魯登道夫攻勢，成功突破了過去認為不可能攻陷的戰壕，展現出新時代步兵戰術的發展性。一戰結束後，德國陸軍被縮編為10萬人，因此德軍要求士官接受低階軍官訓練，而有經驗的老兵則要接受士官的訓練，這些領導階層鞏固之後，就成為日後納粹大舉擴軍時徵兵部隊中的核心份子。

德軍的另一項特徵，是仰賴德國精密工業所提供的各式武器。由於禁止擁有重機槍，德軍開發出世界第一款多用途機槍MG34和改良型MG42（直到今天都還在使用經過小幅改良的槍款），以及俗稱施邁瑟的MP40衝鋒槍。到了第二次世界大戰後期，又配備了現代自動步槍的始祖MP44突擊步槍，在那帥氣的制服底下，隱藏著令人難以想像的強大戰鬥力。

UNITED KINGDOM

第一次世界大戰中最為熱心鑽研步兵戰術的英國，編纂了新的步兵教範，還有李德・哈特退役上尉提供軍事理論。

新整編的步兵班是以布倫輕機槍小組為中心，以9名班兵組成。步兵訓練的特點是重視射擊速度勝過射擊命中率，也就是明確掌握到了未來的戰爭中步槍必須發揮最大火力的重點。

在個人裝備方面，1937年採用的P37裝備能夠因應需要組合各種彈藥袋和裝備袋，是劃時代的系統化單兵裝備。

不過，在裁軍過程中，英軍編制還處於不上不下的狀態，而且單兵裝備中欠缺野戰背包，等於只設計了一半。幸好，曾經受過這種新思維訓練的步兵在敦克爾克撤退、北非戰役，以及歐陸本土，都能派上用場，和德軍一較高下。

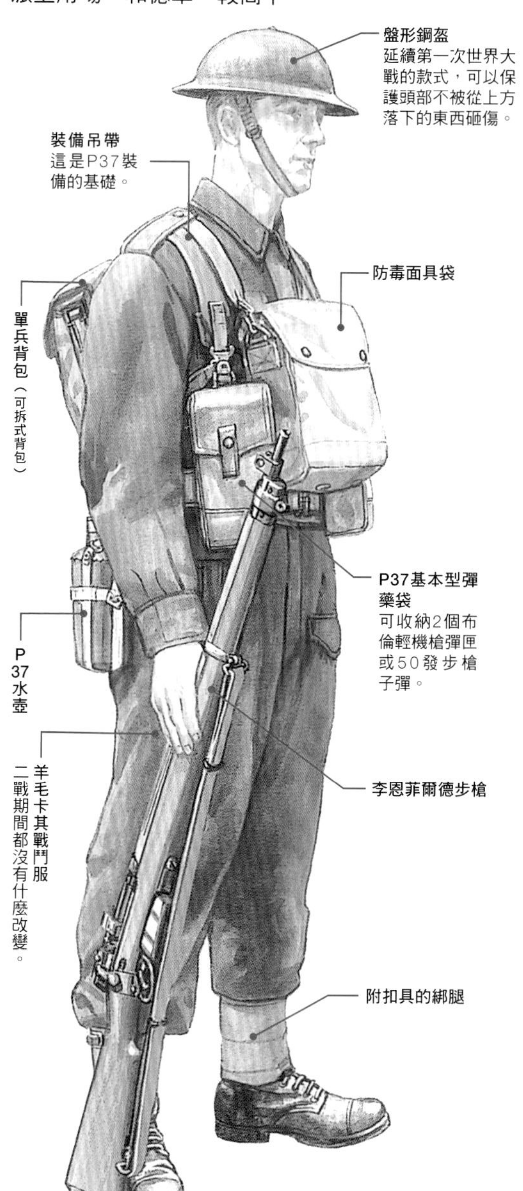

羊毛卡其戰鬥服&P37裝備的英軍步兵

1938年型野戰服的法軍步兵

FRANCE

在第一次世界大戰中開發出嶄新步兵戰術基礎的法軍步兵部隊，卻在第二次世界大戰中變成了歐洲進步最慢的步兵部隊。簡單的說，就是法軍整體在建軍思想上都晚了一步。

主要原因在於，在第一次世界大戰中成功守住國土的法軍，認定要用火力來支援擁有嚴密防備的步兵陣地，這個概念已經僵化的緣故。

所以，法軍步兵的戰鬥服與裝備，還是跟上一個時代一樣沈重而難以行動。步兵班的編組方面，雖然配備了勉強可用的夏特羅M1924/29輕機槍，但人數多達13人，明顯是重視防禦勝於攻擊的編制。

不過，法軍步兵在1940年的戰鬥力究竟如何？仍是個未知數。因為當時德軍發動閃電戰，摧毀高階司令部，使得命令無法傳達到前線。後來，自由法軍在北非、歐洲等地投入戰場，從他們的表現來看，應該被歸類為古典步兵中優秀的等級。

魯帕希卡型野戰服的蘇聯軍步兵

USSR

在大革命之後，各種思想百家爭鳴的蘇聯，在軍事方面也推出了號稱蘇聯版閃電戰的「縱深突破戰略」。以此為改革目標的新一代蘇聯步兵經過高度機械化，在戰鬥中則以發揚火力為第一優先，因此成為了領先全球率先配備自動步槍的步兵。可是，史達林後來大舉整肅軍官團，導致戰略崩潰，加上德蘇戰爭初期的慘敗，使得蘇聯軍中訓練有素的部隊都被剿滅。

在德蘇戰爭中登場的年輕有為將領們，為了讓這些欠缺訓練的新兵也能擁有足夠的進攻火力，採用了即使誤傷友軍也在所不惜的大量集中支援砲擊，此外，還大量配備量產效率極高的衝鋒槍（使用手槍子彈）以提供給訓練不足的士兵使用。

肩負起這項戰略重任的，是德國戰史學家保羅・卡萊爾所稱呼的「自然之子」，也就是俄羅斯的農民。他們在傷亡慘重、武器不足的情況下仍舊堅忍不拔，最後終於將紅旗插在柏林市。

U.S.A.

「我們的子弟兵真能打仗嗎？」這是1943年美軍在突尼西亞首次上陣就被打得落花流水時，艾森豪將軍所說的感慨之言。在第二次世界大戰爆發後，美軍迅速擴編兵力，但是卻因為訓練和經驗不足，根本不是戰鬥經驗豐富的德軍的對手。

不過，美軍最了不起的武器就是能夠「吸取失敗教訓」的靈活頭腦。現代戰爭中各兵種協同作戰的關鍵是美軍在實戰中學習而來的。換句話說，美軍擁有無窮的物資戰力，也懂得如何善用這項戰力。

從這個角度來看，美軍步兵的王牌武器並非格蘭德半自動步槍，而是排長的攜行式無線電。在裝備和服裝方面，也聽取前線部隊的意見加以改良，採用的許多科技後來都影響到我們的日常生活。所以，美軍應該算是最現代化的部隊了。

M1941野戰夾克的美軍步兵（1943年左右）

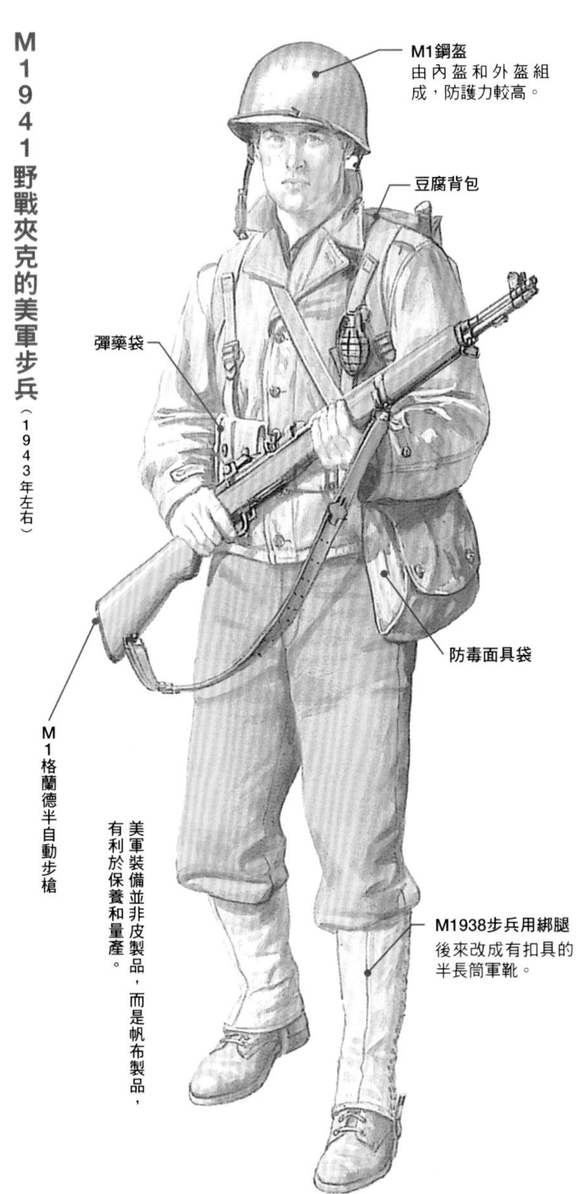

The Development of Weapons in W.W. Ⅱ

今村伸哉（Nobuya Imamura／P30〜60）坂本　明（Akira Sakamoto／P51）

THE DEVELOPMENT OF WEAPONS IN W.W.Ⅱ

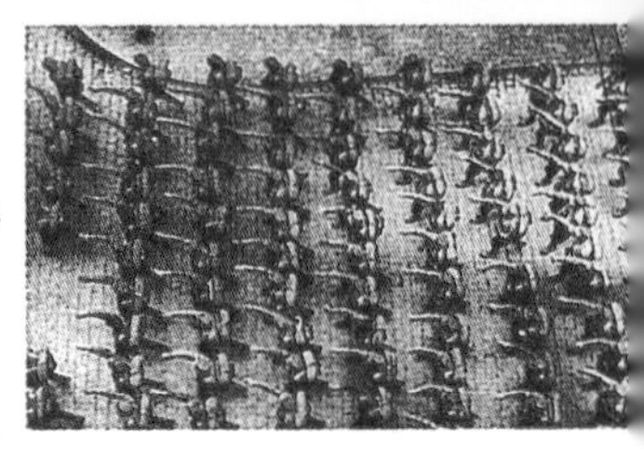

有史以來，戰略・戰術和武器不斷重複著發展與停滯的循環，兩者互相造成影響，逐漸改變性質，最後融合為國家總動員的戰爭型態。

武器的發達與戰略・戰術的變遷

這個命題，換句話說就是要探討硬體（武器）和軟體（運用—戰略、戰術、戰法）之間的關係。人類有史以來就不斷地改良武器、開發新武器，為戰爭作準備。可是，儘管武器雖然與戰略、戰術有密切關係，但是在工業革命之前，戰略、戰術並沒有急遽的變化，也沒有足以掀起巨變的新武器出現。然而，從18世紀中葉工業革命開始起步之後，尤其是在第一次世界大戰以後，科學發展快速進步，軍事科技也隨之躍進，到了第二次世界大戰期間，軍方要求的新武器在短期內不斷推出，大幅影響了戰略、戰術的發展。結果，戰爭的趨勢，就取決於這些新武器能否大量生產，國力的基礎決定了戰爭的勝敗。

●長期的戰略・戰術主導的時代

火器首度出現在歐洲戰場上，是在1320年代。由於科學技術和生產技術仍舊不發達，所以火器的發展過程相當遲緩。火器的真正效能，得等到毛里茨的齊射戰術出現才得以發揮。14世紀末名為「筒形的弓（Arquebuse）」的火繩槍出現，到了15世紀末、16世紀初則出現了比「筒形的弓」更具威力的「大型火繩槍（Musket）」。只是，以火繩槍做為中心的戰術卻遲遲沒有出現，這是因為沒有促使新戰術誕生的契機。

到了16世紀末，荷蘭聯邦共和國的毛里茨終於展開戰術改革，橫隊戰術的始祖就此誕生。這時，距離火繩槍出現已經過了100年之久。這種橫隊戰術經歷古斯塔夫・阿道夫時代，在腓特烈大帝時到達顛峰，一直使用到南北戰爭和普法戰爭時期。

另一方面，因應戰術需求而開發新武器的例子在工業革命之前非常少見，只有1494年法王查理8世採用新式的機動火砲，猛射義大利的城邦都市，導致日後城郭的設計因此改變，算是很好的例子。反之，為了對抗這種攻城砲，城郭開始演變出「稜堡」構形，在沃邦的時代達到鼎盛顛峰。當時的戰爭是以圍城守城戰為主，這種攻城圍城戰和火繩槍的橫隊戰術不僅影響了歐洲的軍隊，也連帶促使社會與國家加快現代化的腳步。

在海戰方面，16世紀大帆船軍艦的發達，還有舷砲與砲術的進步，讓軍艦得以穩定且持續的發揚火力，從此革新了海戰戰術。而航海術則和文藝復興時代的羅盤及近代天文學結合，發展出遠洋航海術。至此，原本欠缺資源的歐洲國家，在1800年以前，已經席捲佔領了地球陸地的三分之一面積，擴張得非常迅速。

從16世紀到18世紀的歐洲陸海軍，在火砲緩慢的發展時程下建立起穩定的管理能力，並且構築了戰略的基礎，於是在拿破崙時代，作戰與軍事戰略都有顯著的發展。歷經七年戰爭的苦澀經驗，軍事思想家開始重新建構法國的軍事制度和戰略、戰術，變成拿破崙風光運用的成果。這次的軍事革新足以和早先的毛里茨軍制改革及第二次世界大戰初期的德軍閃電戰相提並論，正確的採用軟體優先的模式，將軟體與硬體成功結合，堪稱是史上極少見的軍事改革範例。

●工業革命以後的武器迅速發達

說到武器的快速進步，是在18世紀後期開始的「工業革命」之後才有的變化。軍事科技的型態，在工業革命時有了重大的躍進。最顯著的開端是19世紀中葉新火藥的登場，將過去的槍砲用發射藥、炸藥、爆破藥全盤顛覆，從此槍砲的破壞力遠遠勝過以前使用黑色火藥的時代。而且，槍砲的材質與設計構造也必須跟著改變，藉由調整生產程序，產生了優質鋼鐵和輕金屬等製造原料。在構築要塞時，這些材質也影響了抗彈的結構。

在此同時，海軍陸續開發出潛艇、魚雷、水雷等近代化武器，並且演變成鋼鐵製造的驅逐艦、巡洋艦、戰艦等近代艦隊體系。

陸戰的軍事科技與戰略，其實比海軍更早一步地率先採用了工業革命的科技，尤其是有線通訊和鐵路等發明。電信和鐵路的發達，大幅改變了作戰、軍事戰略。電信能夠將大部隊的指揮予以一元化、極權化，也讓情報傳遞得更為迅速。鐵路則可以和電信並用，將大部隊快速運送到數百公里遠的地點。普奧戰爭（1866年）中，普魯士軍利用電信和鐵路分頭派出3個軍，再合而為一，成為致勝的契機。

但是，在19世紀期間，新科技轉移給軍事科技的速度幾乎停滯，不像生產技術那樣蓬勃進步。

19世紀初期的武器與戰術的關係，單就陸戰的範疇來看，在拿破崙戰爭結束時，支配戰場的武器是附有刺刀的燧發槍以及青銅製的前膛滑膛砲。這其實和三十年戰爭時期的戰術體系差不多，沒有多大的改變。可是，投入戰鬥的部隊傷亡率，在三十年戰爭中勝利方是15%、戰敗方是30%；法國大革命時勝利方是9%、戰敗方是16%，有下降的趨勢。

因此，決定戰爭趨勢的要因，戰略、戰術所佔的比重要比武器來得更大。

●從武器主導到國家總動員

第一次世界大戰時，為了克服膠著的陣地—由鐵絲網、戰壕、側防機槍所構成的防禦陣地，英國率先開發出戰車送上戰場，這是因為在戰術上有需求，才會想要開發戰車。在第二次世界大戰中，戰車與飛機的科技都已經相當成熟，再加上其他新式武器的出現，導致戰爭規模擴大到地球整體，變成一場大縱深的立體戰爭。

而戰車和飛機的運用方式差異也正好象徵著第二次世界大戰初期的分歧軍事理念。盟軍拘泥於戰車原本的開發目的，也就是突破戰壕陣地、當作步兵的支援武器，結果在戰爭初期嚐到了苦果。

另一方面，新生的蘇聯和受到凡爾賽和約箝制的德國，兩者都是戰車研發的落後國家，但是他們卻克服了種種障礙，尤其是德國，在大戰爆發之初，就展現出閃電戰的軍事成果。

1940年6月25日法國投降後，瀕死的英國開始思考需要何種新武器，在美國的先進科技和強大的工業生產力支撐下，陸續推出了雷達、V.T.引信（近接引信）、射擊管制裝置、燒夷彈、煙幕、火箭等新武器。當戰區擴大到地球規模時，美國參戰、蘇聯反攻，新的國際關係、外交折衝，必要軍需產業與大規模戰爭指導機構等，都有必要加以確立。在軍事層面，聯合聯軍戰略、多兵種聯合登陸作戰、空降作戰、物流、游擊戰、非正規作戰、第五縱隊等，有些是需要舉全國之力、有些則是要由多個同盟國一起出力，這樣的戰爭，成了名符其實的國家總動員作戰。

（本篇提及的19世紀情勢，請參閱同系列《戰略戰術兵器事典③—歐洲近代篇》。）

為了克服陷入膠著的陣地戰，戰車在第一次世界大戰時登場。
第二次世界大戰雖然是一場促進科技移轉到軍事用途的戰爭，
但是戰車的搭載火砲與防禦力卻陷入劇烈的進化拉鋸戰之中。

THE DEVELOPMENT OF WEAPONS IN W.W.Ⅱ

戰車·反戰車武器 TANK AND ANTI-TANK WEAPON

戰車的誕生與第一次世界大戰的躍進

世界最古老的戰車是戰馬車（Charoit），在古代蘇美的都市國家就已經使用過，不過，近代戰車的概念，出現在1482年李奧納多・達文西寫給米蘭公爵盧多維科・斯福爾扎的書信中：「我非常想製作一種裝甲化而難以擊破的戰馬車，這種戰馬車能夠在砲兵支援下突破敵陣，無論敵方勢力有多麼龐大，依舊能突破其戰鬥隊形，而且還不會造成步兵的傷亡，步兵能在毫不受阻的情況下跟隨戰馬車前進。」

從這段文字中，可以窺見戰車的三大特質「機動力」、「火力」、「防禦力」等概念。可是，成果僅停留在達文西手繪的草稿中，必須等到內燃機科技出現，才能擁有足夠的驅動力。

進入1910年代之後，世界各國都開始秘密進行戰車的研發，進而打造出了近代初期的戰車始祖。到了第一次世界大戰時，由於西部戰線一直深陷於膠著的陣地戰，為了打破現況，1914年10月初，英軍的恩斯特・史雲頓工兵中校（後來晉升為中將）提出方案，推出了附有履帶、最早實用化的戰車。當時，英國陸軍內部雖有不少人反對這項構想，但在克服層層阻礙後，打造出名為「小威利」的第1輛林肯戰車。

接著推出的是名為「母親」或稱為「大威利」的新型戰車，這輛戰車的系列車款包括有Mk-I型戰車，在1916年9月15日的索穆會戰中首度登場，讓德軍大為震撼，此後，這一系列的戰車一直研發到大戰末期。

在法國，採擷了J・B・埃斯提耶砲兵上校（後來晉升為少將）的概念，在1916年夏季開發出「施奈德」戰車和「聖夏蒙」戰車，之後又推出了「雷諾」戰車（FT）。法國的戰車曾經投入1917年4月16日的尼維爾攻勢中。

比法國更早取得戰車運用之實戰經驗的英國，在1917年11月20日由休・艾爾斯少將率領戰車部隊投入康布雷的攻勢中，這次動員數百輛戰車的攻勢大致以成功收場，證明了戰車的確是能夠用來突破戰線的優秀武器。

第一次世界大戰結束後，戰車的開發及運用的先驅一英國和法國，似乎已經領先各國，為將來以戰車為核心的革命性陸戰揭開了序幕。

達文西所描繪的戰車設計草圖。

第二次世界大戰中各國開發的戰車·反戰車武器

德國的戰車

1939年9月開戰時的德國，3號戰車（PzKpfw-Ⅲ）與4號戰車（PzKpfw-Ⅳ）的數量實在太少，因而只好用佔領下的捷克戰車來彌補缺額，一直要等到1940年末，3號戰車和4號戰車的數量才符合原先的編制目標。德軍雖然打算用新戰車淘汰舊戰車，可是，即使在3號戰車和4號戰車大量服役後，還是把捷克戰車及1號戰車（PzKpfw-I）、2號戰車（PzKpfw-II）撥交給二線部隊，直到1945年仍舊可看到這些戰車出現在戰場上。

1941年6月，德國入侵蘇聯，這個契機使得德軍開發戰車的方針有了某種程度的改變。過去德國裝甲軍團入侵波蘭和法國時，被認定是非常優秀的武器，在紅鬍子作戰的最初幾週，還曾殲滅並擄獲多達2萬輛的蘇聯戰車。可是，蘇聯新開發的T-34卻遠遠凌駕在德軍既有的戰車之上，無論火力、速度、避彈角度、造型、懸吊系統、裝甲厚度、機動性，幾乎都比德軍戰車優越。

在古德林的指示下，德軍武器部門首先開發出用來對抗T-34的虎Ⅰ式（PzKpfw-Ⅵ），這一型戰車是沿襲了1937～40年德國戰車的基礎設計，首先將裝甲增厚，接著又納入88㎜反戰車砲的成功經驗，在1941年10月改用同口徑火砲。1942年3

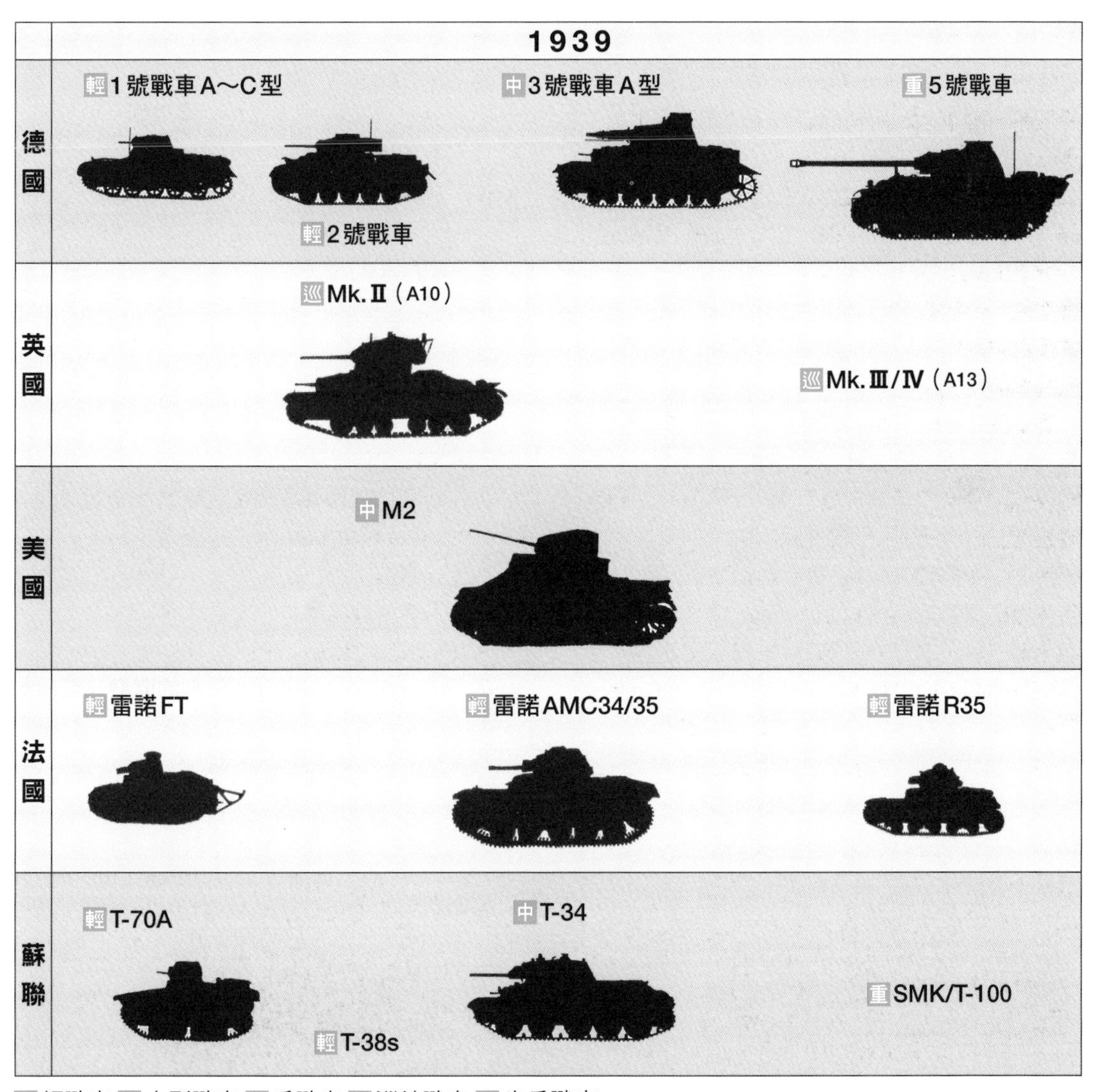

輕 輕戰車 中 中型戰車 重 重戰車 巡 巡航戰車 步 步兵戰車

月時，原型車完成，無論裝甲還是火力，都遠遠超越當時任何戰車。雖然一開始有人批評速度較慢、機動性差，但在實戰中仍發揮出驚人的威力。

另一種為了對抗T-34而模仿開發的是豹式戰車。豹式幾乎像是T-34的翻版，在1942年1月設計完成，原型車則在5月推出。豹式的量產進度優先於其他戰車，因此在1943年中期就開始撥交配備給部隊。

另一方面，既有的3號戰車與4號戰車則需要提升戰鬥力，於是換裝更強力的火砲，並且應急追加裝甲。德國大多數的主力戰車都一直生產到1945年為止，只有3號戰車在1944年就停止生產，至於3號戰車的底盤，則被用來生產自走砲和驅逐戰車，運用的範圍很廣。

到了1944年底時，戰車開發宛如進入了最後階段，朝配備了更厚的裝甲與更強的火力的巨型戰車演進，虎II式（PzKpfw- VI Ausf.B）是這個等級中唯一一款量產的戰車，這輛車重將近70噸的巨型戰車，兼具了虎式的火砲和豹式的造型設計。虎II式在某些方面上是一輛成功的戰車，在1944年首度登場時取得了優異的戰果。可是，巨型戰車無法像輕戰車那樣快速的行動，因此在戰術上受到了不少限制。此外，到了1944年當時，盟軍在所有戰場上都掌握了制空權，這時德軍戰車，尤其是重戰車，在調度上的受限更多。

雖然德軍也開發出了鼠式重戰車，但是巨型戰車已經走入死巷。這輛戰車是由第二次世界大戰期間對設計生產德國戰車貢獻頗多的保時捷博士

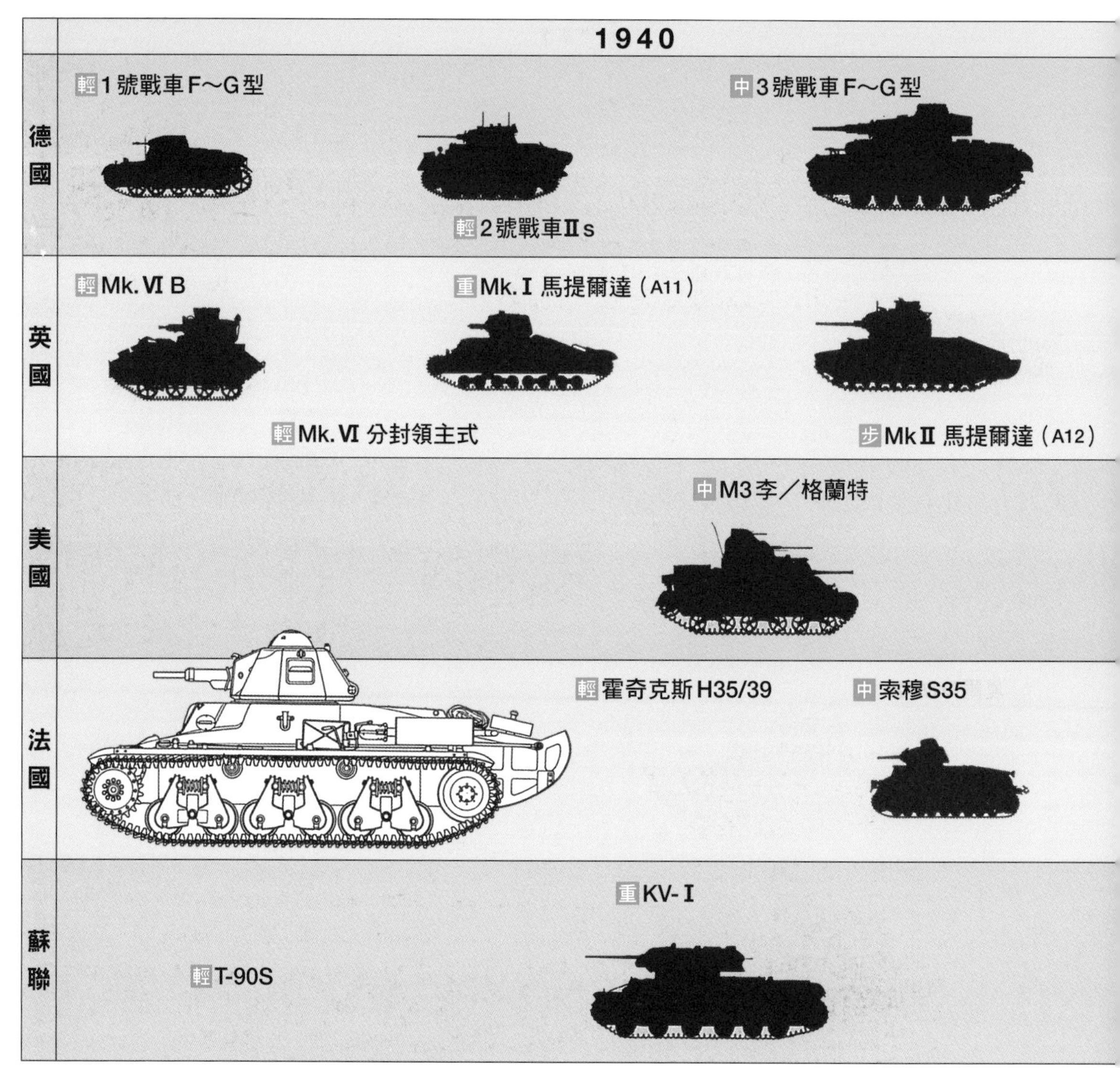

輕 輕戰車 中 中型戰車 重 重戰車 巡 巡航戰車 步 步兵戰車

所設計，鼠式重達188噸，配備155㎜主砲，還在試製階段就取消了計畫。德國之後又繼續設計更巨大的虎式及鼠式戰車，還有以虎Ⅱ式設計為準、重達140噸的E-100重戰車，但是這些都還沒開始製造，第三帝國就崩潰了。

法國的戰車

1940年5月戰爭爆發之際，法國當時擁有2691輛輕戰車R-35（R-40）和H-35（H-39）、100輛輕戰車FCM-36、384輛重戰車B1和B1-bis、416輛高速中型戰車S-35，還有864輛機槍騎兵裝甲車；此外，在北非還有D2型、FT型、舊2Cs型等戰車。

這些戰車在法國投降後，大都遭到德軍擄獲，被德軍改造成自走砲，或是用於二級戰線。但即使在德國的佔領下，法國技師還是繼續秘密的研發以舊B型為基礎的新型重戰車。這款新戰車APL-44一直到戰爭結束都沒能實用化。戰後，則是利用擄獲的德軍5號戰車豹式系列，開發本國的重戰車。

英國的戰車

大戰爆發時，英國戰車無論質與量都劣於德國。英國所配備的新型戰車如誓約派式或十字軍式，雖然裝甲厚度足夠，但是自1940年敦克爾克大撤退之後，戰車數量便嚴重不足。英國這時將新造戰車的產能全都留給步兵戰車，推出邱吉爾式和華倫坦式，此外又開發出新型巡航戰車半人馬座和克倫威爾系列。

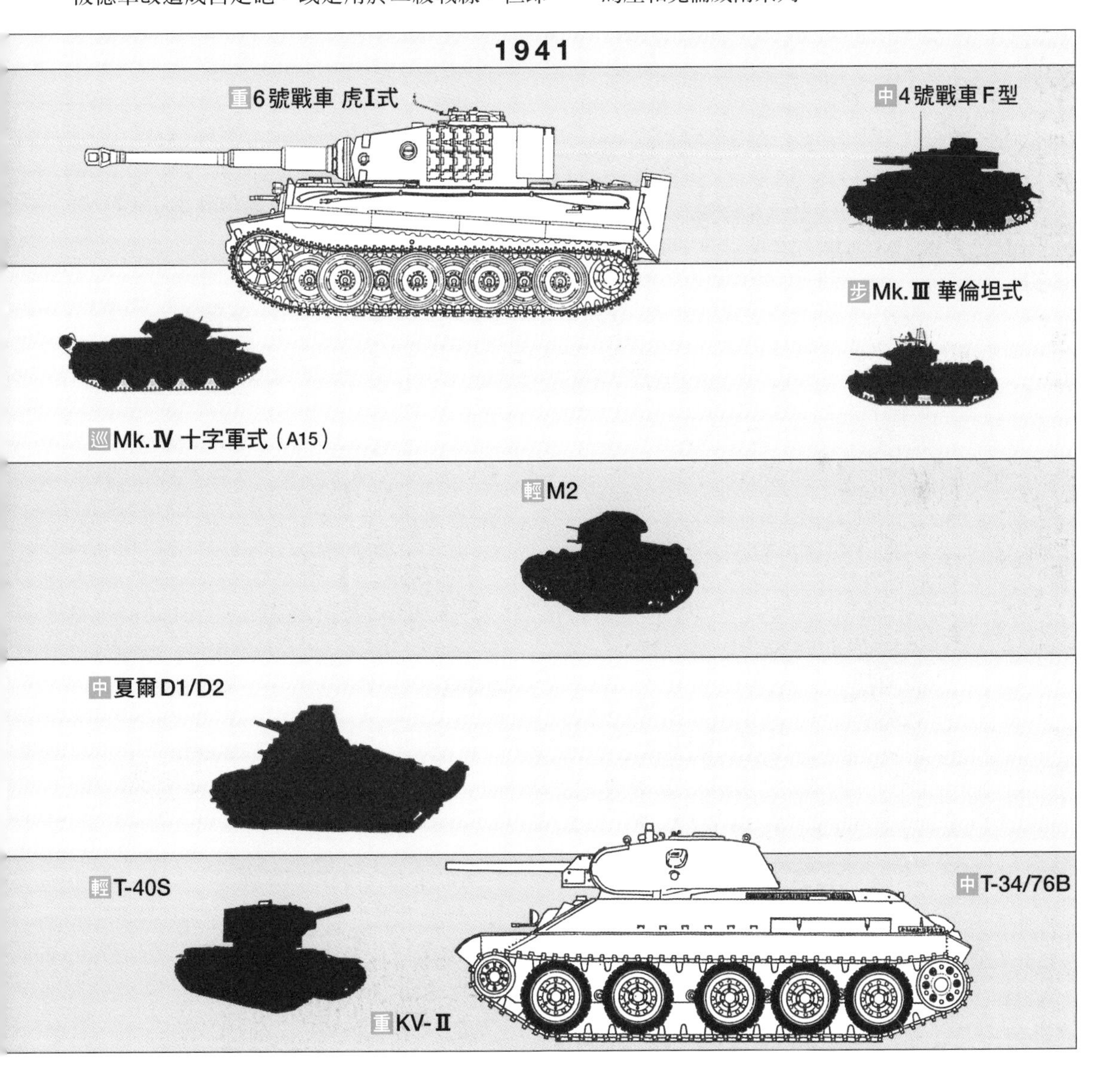

戰前英軍將2磅（約906g）砲列為標準戰車砲，可是無法對抗德軍強力的50㎜、75㎜砲，所以換裝為6磅（約2.7kg）砲。但英國本身開發能力有限，所以換裝裝備就花了很長的時間。

到了1942年，當英國換裝好新火砲時，德軍戰車已經換上了更強大的主砲。為了和德軍對抗，英國戰車需要採用17磅（約7.7kg）砲，並且需要能夠搭載這款火砲的新車體。於是，又設計出了挑戰者和黑王子等新戰車，不過，挑戰者式的計畫失敗；黑王子則沒能趕上戰爭。

這個時期英國在戰車計畫上捉襟見肘，幸好藉由武器租借法案，從美國那裡取得了M3李中型戰車和M4雪曼中型戰車。第一批M3和M4撥交給英國時正值1942年夏季，英國正處於財政困窘且正在北非戰線上鏖戰的時刻。M4投入阿拉敏戰役並直到大戰結束，都一直是英國裝甲部隊的主力。M3也在同一時期撥交給英國。M3和M4採用的75㎜砲比德軍火砲更優越，裝甲貫穿力強，而且可以發射榴彈。英國的75㎜砲則是在1943年開始研發，到了1944年終於配備在克倫威爾式和邱吉爾式戰車上。英國在二戰當時最強的反戰車砲是17磅砲，被搭載在英國的M4砲塔上，換裝17磅砲的M4被稱為「螢火蟲式」，而克倫威爾式在換裝77㎜火砲後則稱為「彗星式」，並於1944年參戰。

1944年製造的A41百夫長中型戰車，是一款讓英軍裝甲部隊浴火重生的戰車，英軍吸取了之前的戰車戰經驗，開發出的這一型具有可靠的懸吊系統，底盤也採用更厚裝甲的戰車。這個A41系

輕 輕戰車 中 中型戰車 重 重戰車 巡 巡航戰車 步 步兵戰車

列就成為英國在戰後的戰車部隊主力。

蘇聯的戰車

蘇聯在大戰爆發前的1940年就已經開始生產KV型重戰車。這款戰車的元祖是T-100和SMK戰車，生產數量並不多，曾經投入蘇聯入侵芬蘭戰爭，但是車體過大、難以運作，所以在史達林指示下縮短車身長度、增厚裝甲，並且改成只有一具砲塔的KV重戰車。

KV型重戰車之後經過多次改良，以KV系列投入戰場。1941年和德軍的重戰車交戰，證實裝甲相當可靠。此後，蘇聯又以KV系列為基礎，開發出IS（史達林）戰車，到了1945年5月，IS-3正式進入量產，以最強戰車之姿現身。在1944年，T-34改用85㎜主砲，成為T-34/85，在戰時是蘇聯陸軍的主力，也是最強的中型戰車。

美國的戰車

大戰爆發時美國戰車的標準火砲是37㎜砲，無法對抗德軍戰車配備的50㎜和75㎜主砲。為了扭轉劣勢，在1940年展開大規模軍備重建計畫時開始研發新型戰車，並且在1940～42年陸續推出M3李中型戰車和後繼改良型的M4雪曼中型戰車。

M3戰車是用M2・M2A1戰車的底盤製成，配備一門車體75㎜砲，而M4則是在砲塔上搭載75㎜砲。1942年，武器租借法案通過後，這些戰車就成為盟軍的主力戰車，和當時的德軍戰車交鋒時可以在其射程外先行開火射擊而壓制對手。

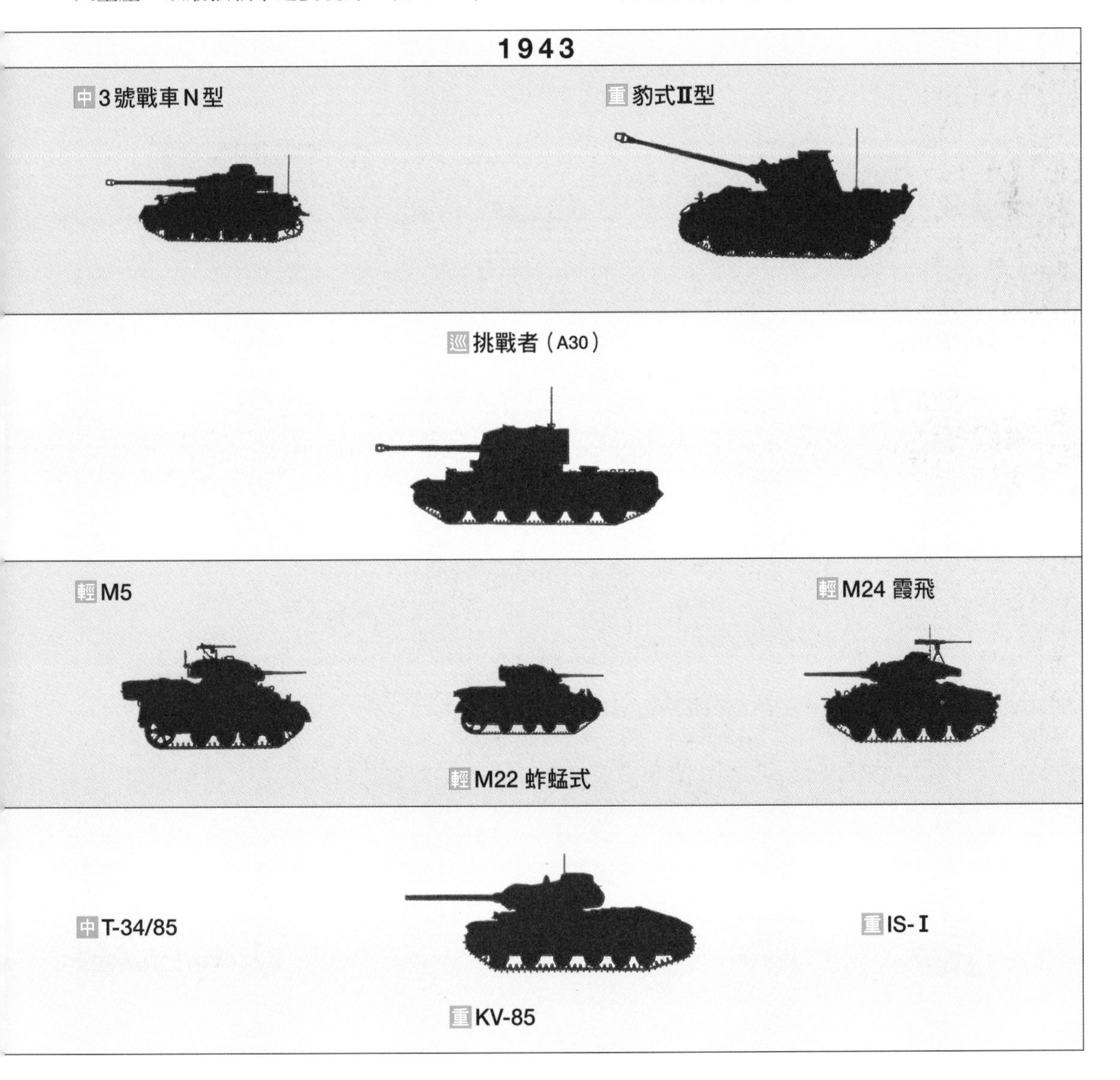

美國在1941～42年啟動了大規模的戰時工業體制，讓裝甲戰力得以迅速擴充。許多主要產業中心都設置有新式武器工廠以生產武器局研發的新武器，或是依照軍方的要求開發出新武器。M4系列以及使用M4底盤的各種衍生車種共計生產多達4萬輛以上，生產期從1941～45年，此時，美軍也在研發接續M4用的次世代戰車，推出T20～T26系列戰車計畫；其中只有T23戰車曾少數生產，卻沒有投入戰局。最新開發的懸吊系統、火砲、砲塔都被運用在M4系列上，推出許多M4車型。

可是，1944年12月德軍在阿登森林發動攻勢（突出部之役），M4慘敗在虎式戰車和豹式戰車手下，這時美軍才急著引進配備重砲的戰車，而推出的M26潘興式戰車是以中型戰車T26系列為基礎，搭載著90㎜主砲。美軍雖然加速研發配備重砲的戰車，但還是沒能趕上在大戰結束前完成。

隨著戰局演進，各等級的戰車底盤都予以標準化以加快戰車生產效能。在這個計畫中，輕戰車系列從M3過渡到M5，最後才推出M23霞飛輕戰車。中型戰車系列則是採用了M4衍生而成的M4A3型中型戰車，搭載有福特引擎。重戰車系列則是以M26重戰車為開發基礎。不過，這樣區分開發的計畫，一直到1945年都沒能完全落實，因為一直到了1945年，前線官兵才傳來需要重戰車的訴求。

反戰車武器

在西班牙內戰中，法國製反戰車砲展現強大威力，此後各國都致力研發反戰車砲。到了二戰初

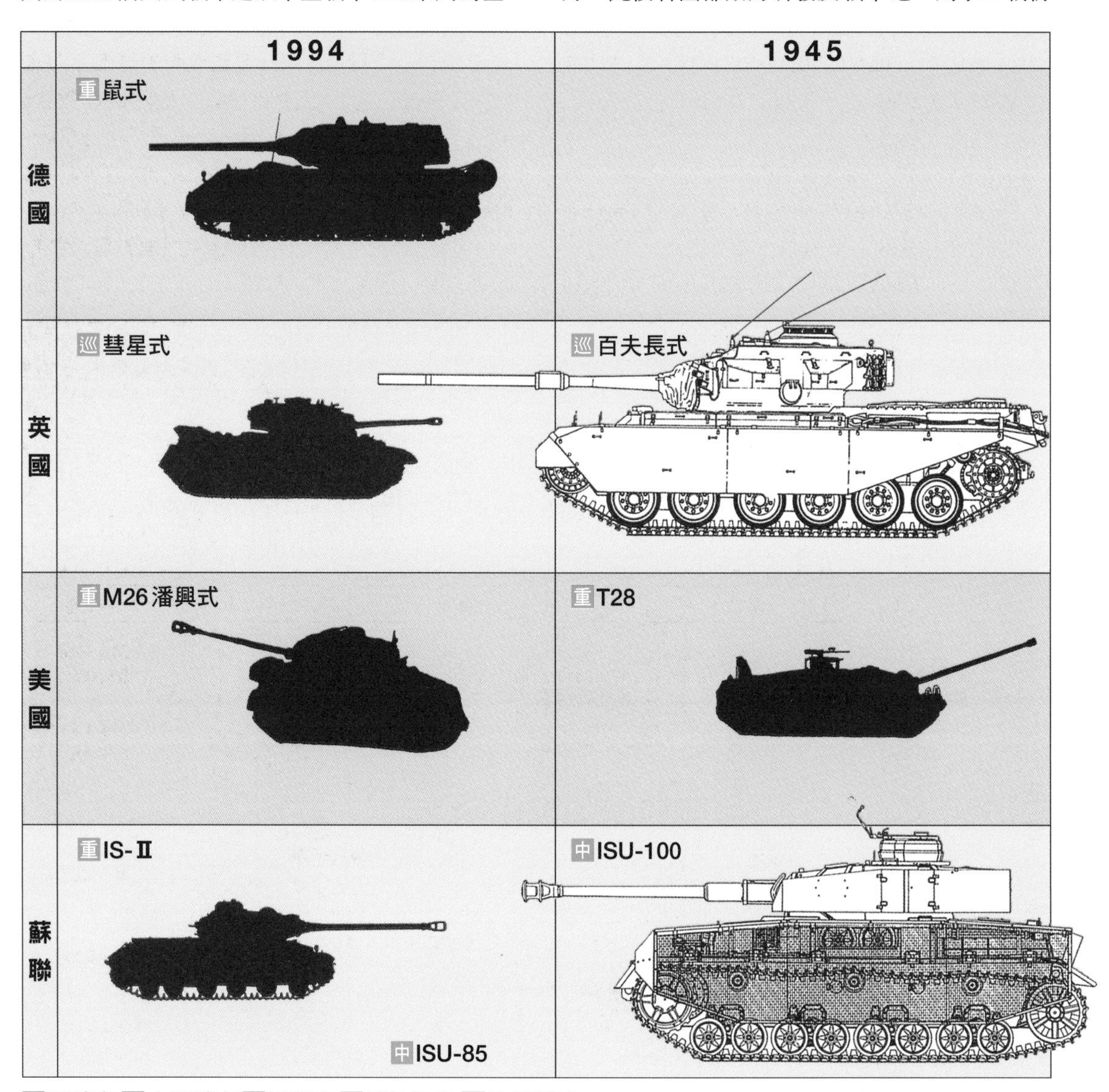

輕 輕戰車 中 中型戰車 重 重戰車 巡 巡航戰車 步 步兵戰車

期，歐洲各國已經少量採用了70㎜口徑等級的火砲，不過最主流的反戰車砲還是以40㎜口徑為主。

1940年的西部戰線上，法國對馬奇諾要塞太自信，防線上的反戰車砲僅37㎜砲，無法對付德軍3號戰車和4號戰車的裝甲。在北非戰役中以Mk-Ⅱ馬提爾達中型戰車為主力的英軍裝甲師，在進攻軸心國的根據地德爾納時遭到德軍軍機、戰車、地雷區、47㎜反戰車砲的綜合火網攻擊而潰敗。

紅鬍子作戰展開後，T-34戰車和豹式、虎式戰車的出現使得德軍的37㎜反戰車砲和蘇聯軍的45㎜反戰車砲都變得毫無用處，根本無法貫穿敵車裝甲。當戰車越來越重、裝甲越來越厚，反戰車砲就變得毫無抵抗能力。結果，英軍反戰車砲從57㎜提升到94㎜，美軍從37㎜提升到90㎜，蘇聯軍從45㎜提升到107㎜，德軍從50㎜提升到88㎜（這原本是高射砲，但是在北非戰役中曾用來射擊戰車，取得極大的戰果，所以被當成反戰車砲）和128㎜，各國都朝著加大口徑之路邁進。

再者，為了提升反戰車砲的機動力和裝甲防護力，並且和戰車協同作戰，開發出許多反戰車自走砲和驅逐戰車。1944年蘇聯軍開發出搭載85㎜加農砲的SU-85驅逐戰車以及同型但搭載了100㎜加農砲的SU-100，制式化發配給部隊。

當口徑增大後，反戰車砲的重量也隨之大增。舉例來說，德軍88㎜反戰車砲重達4噸，已經是重砲等級，驅逐戰車也越來越逼近戰車的等級。另一方面，第二次世界大戰期間，步兵部隊也開始配備反戰車武器，在伴隨步兵進攻的戰車（步兵戰車）之外另闢蹊徑。步兵需要的是造型低矮、容易掩蔽隱匿，而且步兵也容易操作的反戰車武器，這要等到反戰車榴彈出現，才終於達成目標。

反戰車榴彈是使用HMX或RDS-TNT製成的成型裝藥砲彈，利用門羅效應的57㎜無後座力砲最早採用。隨即又出現步兵用的輕便型2.36英吋（約60㎜）反戰車火箭筒。雖然還處於開發階段，威力不很強大，但是到了第二次世界大戰結束後，各國都加以改良，變成了非常普及的反戰車武器。

至於第一次世界大戰後受到重視的無聲反戰車武器「地雷」，則大量使用於第二次世界大戰的歐陸戰場。蘇聯軍在防衛莫斯科時埋設了約7萬枚，在史達林格勒攻防戰則使用約10萬枚，在庫斯克會戰中更埋設了40萬枚，以阻礙德軍戰車的突擊。

1944年以後，在大君主作戰中受創的盟軍戰車有20%都是因為觸雷而損毀。

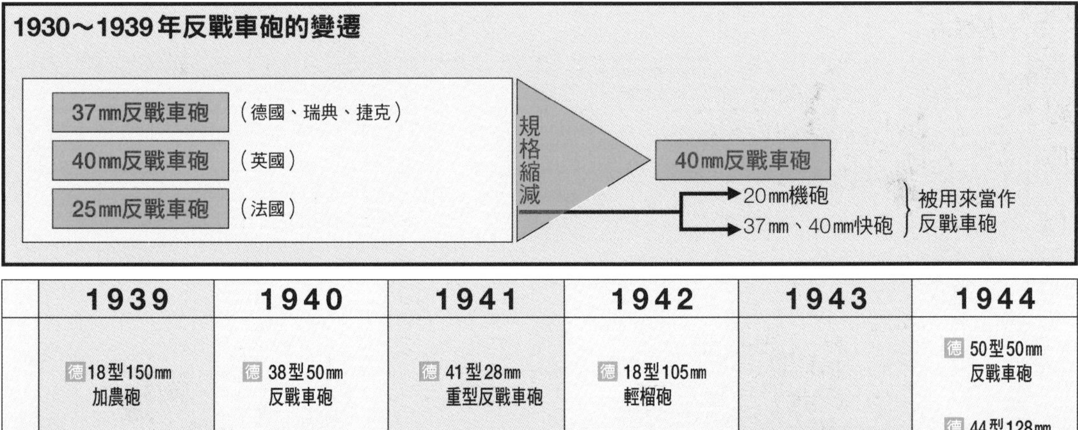

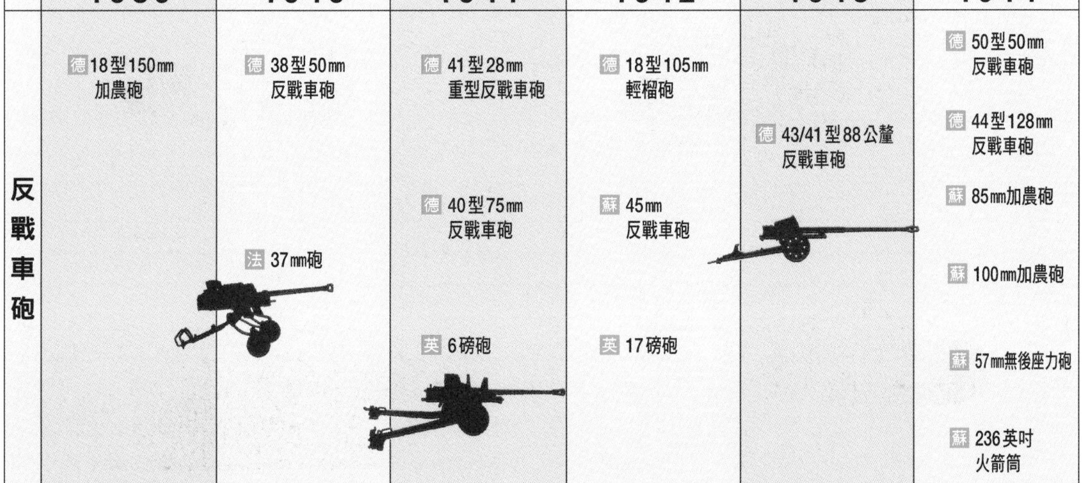

德 德國 美 美國 蘇 蘇聯 英 英國 法 法國

在戰爭中，飛機的地位日益重要，隨著軍機迅速發展，
防空武器也進入電子化階段，大幅提昇命中率。
這場從19世紀起就開打的拉鋸戰，究竟是什麼樣的面目呢？

THE DEVELOPMENT OF WEAPONS IN W.W.Ⅱ

飛機·防空武器 AIRCRAFT AND ANTI-AIRCRAFT WEAPON

初期的飛機和防空對策

人類最初思考出來的飛行手段，是在1782年出現的熱氣球。氣球首次被使用在軍事用途，是在1794年法國大革命戰爭的摩比傑戰役。雖然氣球難以掌控方向，操作相當繁瑣，但是，假使拿破崙在滑鐵盧之役懂得善用氣球部隊的話，說不定歷史有可能改寫。這時的氣球看似幫助有限，但是在南北戰爭中倒是常常使用。

在1870年代的普法戰爭期間，巴黎曾有4個月遭到圍城，當時法軍使用全數65個氣球進行單程的運輸任務，共運送了公文2萬3485磅（約10.5t）、撤離人員164人、以及信鴿381隻。當時有許多氣球漂流到普魯士軍防線，也有些掉進海裡，甚至有些飛到挪威。人類到了這個時期，仍舊無法真正實現在空中飛翔的夢想。

美國在南北戰爭時曾經使用氣球來觀測敵情。(NA)

戰史上第一次使用防空武器，也是在普法戰爭期間。為了擊落這些巴黎圍城之戰時釋放出來的氣球，普魯士軍採用了克魯伯公司的小口徑火砲，在實戰中派上用場。

此後一直到第一次世界大戰爆發，防空武器幾乎都沒什麼進步。戰爭初期出現的飛機，大都是用布匹和木料製成，時速不及100英里（162㎞），當時是使用重機槍來射擊這些飛行目標。可是，當飛機的飛行高度提升到2000～4000m時，就得改用能夠射擊大範圍延發榴霰彈的野砲來對付了。

第一次世界大戰末期的1918年左右，各國代表性的戰鬥機大都搭載200匹馬力的發動機，時速約為240英里（約390㎞），性能比大戰初期的飛機更好，不過，以當時各國普遍使用的75㎜高射砲就能加以擊落。

然而，最為重要的射擊方法和瞄準具的科技卻沒跟上腳步，就算是在最佳狀態下射擊，想要擊落一架敵機，平均還是得消耗超過4000發的彈藥。

用火砲射擊地面目標時，因為地形可以明確掌握，還能精確觀測目標，所以射擊不成問題。可是，對於瞬間飛過空中的目標，瞄準就變的非常困難。尤其是測定高度，更是難上加難，只能靠目測來推估。至於飛機從何方飛來，則是靠著訓練純熟的聽音手來報告。後來，改用光學測距儀來測定距離，在夜間則開啟探照燈照亮目標、便於瞄準。當測距手在追蹤射擊目標時，會靠著最原始的機械式計算機算出目標的速度、方向、和航向。這些資訊

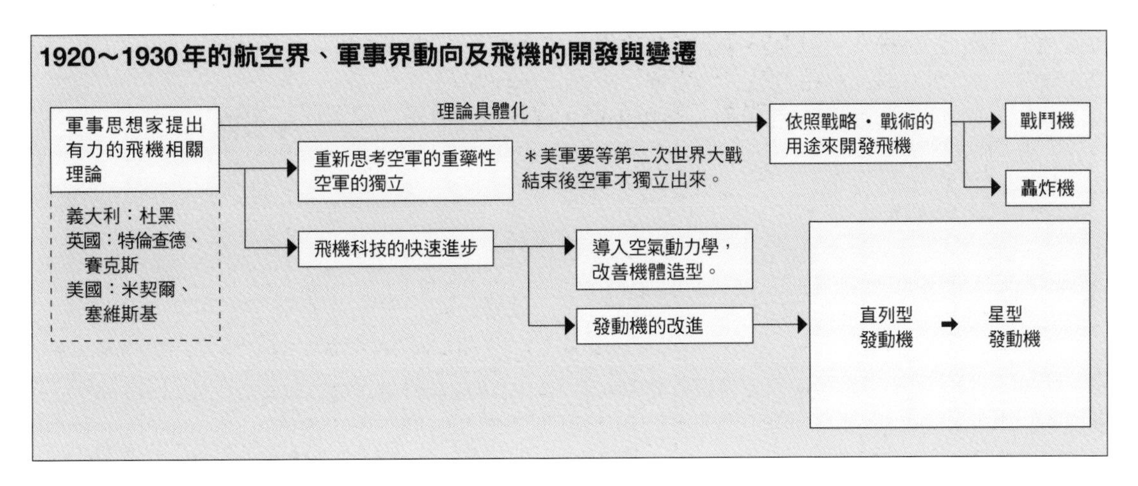

德德國 英英國 美美國 蘇蘇聯

告知火砲陣地後，瞄準手就能夠調整引信，瞄準飛機射擊了。

這個方法，對高空飛行的敵機還算有效，可是對正在發動低空攻擊的敵機，則一點辦法也沒有。1918年在梅吉特戰役中撤退的土耳其軍，遭遇到英國戰機的機槍掃射，當時步兵只能使用機槍來還擊。

戰鬥機

第二次世界大戰初期，德國的梅塞施密特Bf109和英國的噴火式等代表性的單發動機輕型戰鬥機在空中激烈交鋒，這些戰鬥機大都是在1934年左右開始研發，在1936年首度試飛成功。

西元1937年德國空軍所配備的梅塞施密特Bf110，和1938年開發、1939年7月17日試飛的英國布里斯托・標緻鬥士式則是雙發動機戰鬥機的代表性機種，可以用於長程護衛兼驅逐機。可是，軍方發現雙發動機戰鬥機並不適合跟單發動機戰鬥機在空中交火——例如Bf110在「不列顛之役」中最初是當成戰鬥機來使用，但卻暴露出不少缺點，所以經過多次改良，到了Bf110C時已經轉變成戰鬥轟炸機和偵察機，用途與原先設計毫不相關了。1939年參戰的單發動機戰鬥機之中，有幾款一直使用到1945年，這些單發動機戰鬥機於是成為大戰期間飛機研發的基準。

第二次世界大戰初期的戰鬥機，為了防禦敵火，使用裝甲來保護駕駛員、發動機、還設計了自動封閉式油箱。武裝當然也加以強化，配備有大口徑機槍和20㎜口徑的機砲，運動性能也提升到大約1000匹馬力時速達350英里（567㎞）、2000匹馬力時速450英里（約720㎞），還能在翼下配掛副油箱，大幅延伸續航力。大戰中又出現了新銳的多用途單發戰鬥機，如德國的福克・沃夫Fw190、北美的P-51野馬式、共和的P-47雷霆式等機種。

隨著戰局演進，已經少有戰鬥機只負責防空攔截任務，大都必須兼具戰鬥攻擊機的功能，所以發動機的低空性能必須夠好，機身還要能掛載2000磅（約

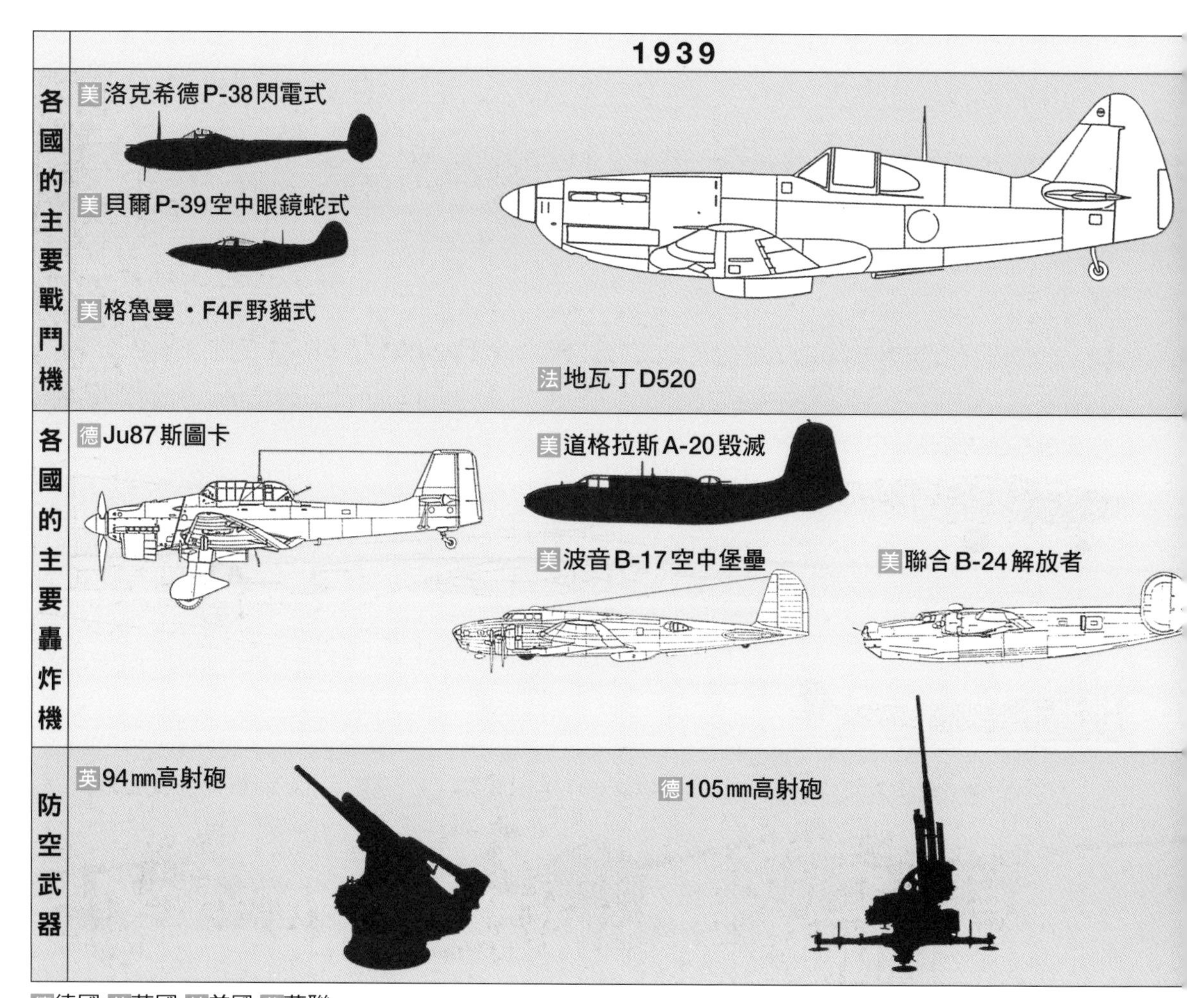

906kg）的炸彈，或是同時掛載炸彈與火箭彈。一如德軍在「閃電戰」中所預告的，戰鬥轟炸機在歐洲和俄國戰線肩負起重責大任。英國能夠達到這個水準的是霍克・颱風式，原本設計時是做為戰鬥機，但是高空性能不如預期，偏偏速度、運動性、低空時的翼下掛載能力都很強，所以被當成戰鬥攻擊機，一直使用到戰爭結束。英國在戰時還開發出終極的噴射攔截戰鬥機格洛斯特・流星式，最高時速達592英里（約947km），另一方面，德國則在1944年推出最高時速達541英里（約866km）的梅塞施密特Me262噴射戰鬥機。假使德軍真的將Me262當作戰鬥機來調度使用，說不定會成為空戰的王者，可是，希特勒卻堅持把Me262當成轟炸機來使用。

至於大戰初期的長程護衛兼驅逐機，這時已經轉移作為戰鬥攻擊機和偵察機這兩種用途了。

梅塞施密特Bf110、英國的布里斯托・標緻鬥士式、地海威蘭・蚊式等機種被改良成夜間戰鬥機，標緻鬥士式、蚊式、容克斯Ju88又被改為對地攻擊

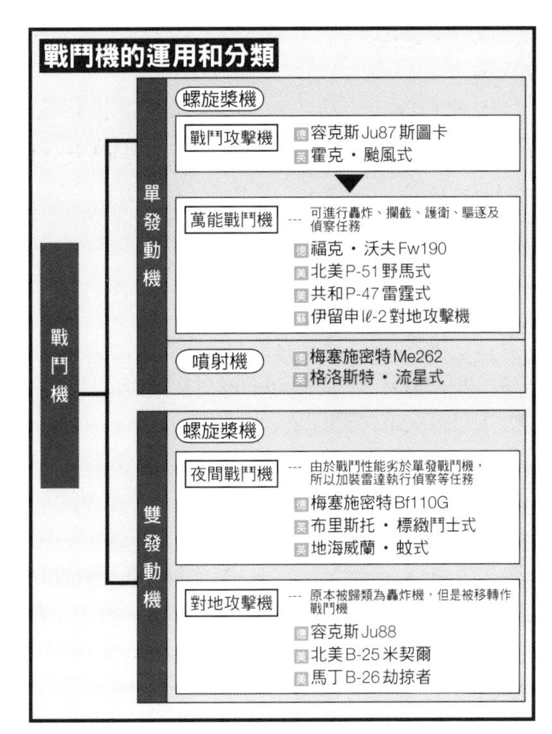

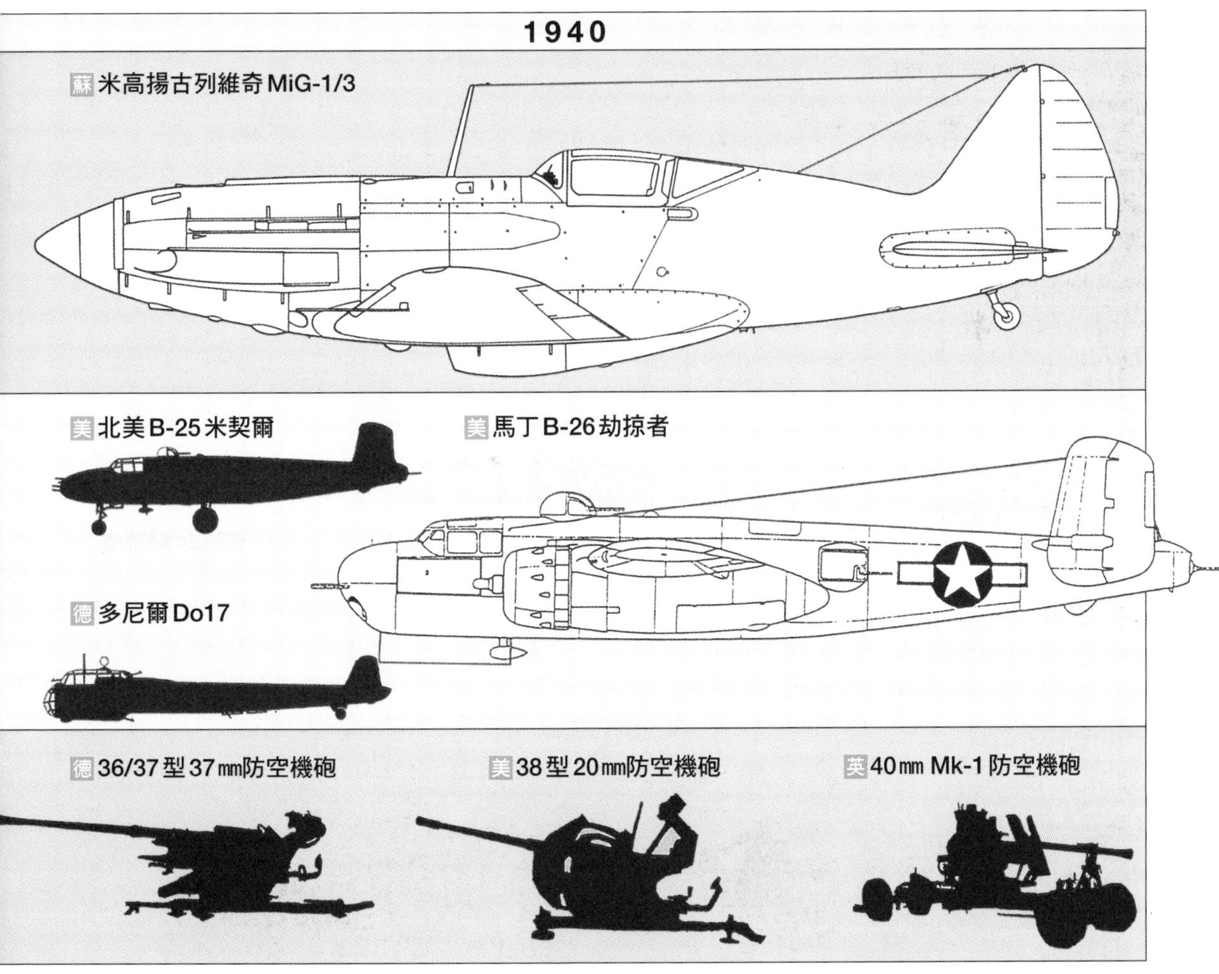

機，而美軍的B-25和B-26也被歸類在對地攻擊機類別中；至於蘇聯則有伊留申Il-2。這些機種在戰爭末期為了執行夜間戰鬥和海上打擊任務，多半加裝了導航雷達。

轟炸機

在美國於1941年參戰以前，第二次世界大戰的各個參戰國所配備的轟炸機都是以中型轟炸機為主，原因在於戰鬥力和速度達到一定水準的重型戰鬥機，都具備有轟炸機的相同功能，但更重要的原因是，歐洲各國在戰時已沒有多餘的心力能滿足航空戰略的需求了。

開戰之後才參戰的長程轟炸機非常少，其中最有名的就是美國的「超級堡壘」波音B-29。美國在推出B-29之前，受到杜黑、特倫查德、米契爾以及馬漢的戰略思想影響。早在1935年就開始研發長程轟炸機的原型，在這時生產的「空中堡壘」波音B-17，於1935年7月28日首次試飛成功，是第一架四發動機長程轟炸機。接著登場的B-24基本理念和B-17相同，一直到大戰末期才推出B-29。

二戰剛爆發時，軸心國和同盟國的空軍實力並不均衡。德國的航空部隊在挪威作戰、法國閃電戰、巴爾幹作戰（1941年4～5月）都展現出優越的戰力。可是，在「不列顛之役」中，暴露了德國戰術空軍的弱點，結果遭到英國空軍殲滅，無法把英國逼上和談的談判桌。在東部戰線上，戰場制空權被德國空軍掌握了2年，但卻無法進攻烏拉山脈以東的蘇聯產業基礎設施。隨著戰事拖長、戰場擴大，閃電戰這類戰術逐漸失效，結果制空權又回到了同盟國手中。

於是，英國與美國編組了龐大的轟炸機隊，對德國各個都市、軍需產業、運輸通訊網實施大規模轟炸。

一開始，轟炸的成效並不如預期，轟炸機的耗損

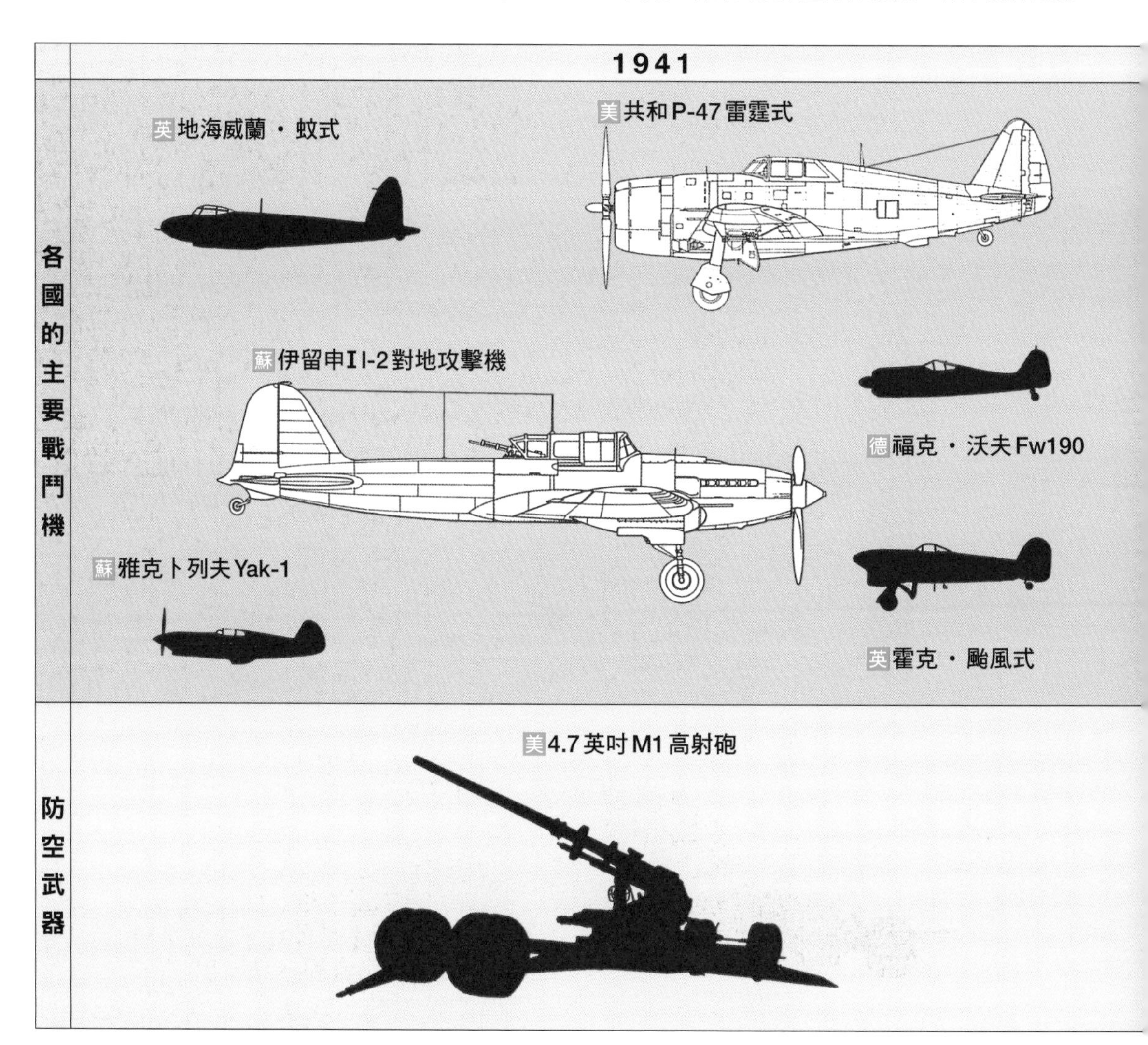

率太大，使得同盟國開始懷疑戰略轟炸是否真的有效。杜黑的理論表示，轟炸敵國都市可以頓挫敵方國民的士氣，可惜卻遲遲看不到成果。

但是，對同盟國來說，除了戰略轟炸之外，他們也不瞭解如何用其他方式取得歐洲西部戰線的空中優勢。有鑑於之前的戰略轟炸失敗，1944年春天，美國改變了方式，使用北美P-51、A-51等長程護衛戰鬥機伴隨轟炸機隊深入敵境，專門轟炸德國煉油廠和飛機製造廠等防護嚴密的目標。這不僅能削弱德國的國力，還能擊落更多前來迎擊的德國攔截機。

德國為了躲避空襲，將飛機製造廠疏散開來，可是，這些都無法彌補在戰鬥中喪失的老經驗飛行員、以及開發新式燃料技師的損失。在大君主作戰發動時，德國空軍也無力阻止盟軍向內陸挺進。

同盟國在北非的沙漠戰和義大利戰線上，確立了飛機的戰術運用原則。為了攻擊交通、通訊、以及裝甲部隊等地面目標，還用中型轟炸機與搭載火箭彈的戰鬥攻擊機編組成強大的對地攻擊部隊。這個戰術空軍自諾曼第登陸起，在此後的內陸進擊作戰中，都隨時和地面部隊協同作戰，獲得了極大的成功。

最重視這種戰術空軍的就是蘇聯。蘇聯大量採用能夠水平轟炸的伊留申Il-2 Shturmo Ⅵk（對地攻擊機），Il-2備有單發動機，可搭載大口徑火砲、火箭彈、炸彈等武器，在東部戰線上為德國裝甲部隊造成極大的打擊。

最後，不得不提一下第二次世界大戰中勞苦功高的運輸機。運輸機在戰術、戰略領域中，可以執行空降作戰，還能在史達林格勒和緬甸作戰時形成「空中橋樑」，任務相當重要。

包含運輸機在內，第二次世界大戰的交戰國所製造的飛機數量多達67萬5000架。隨著飛機產能不斷提升，到了1945年，美國甚至能在個月內製造1萬

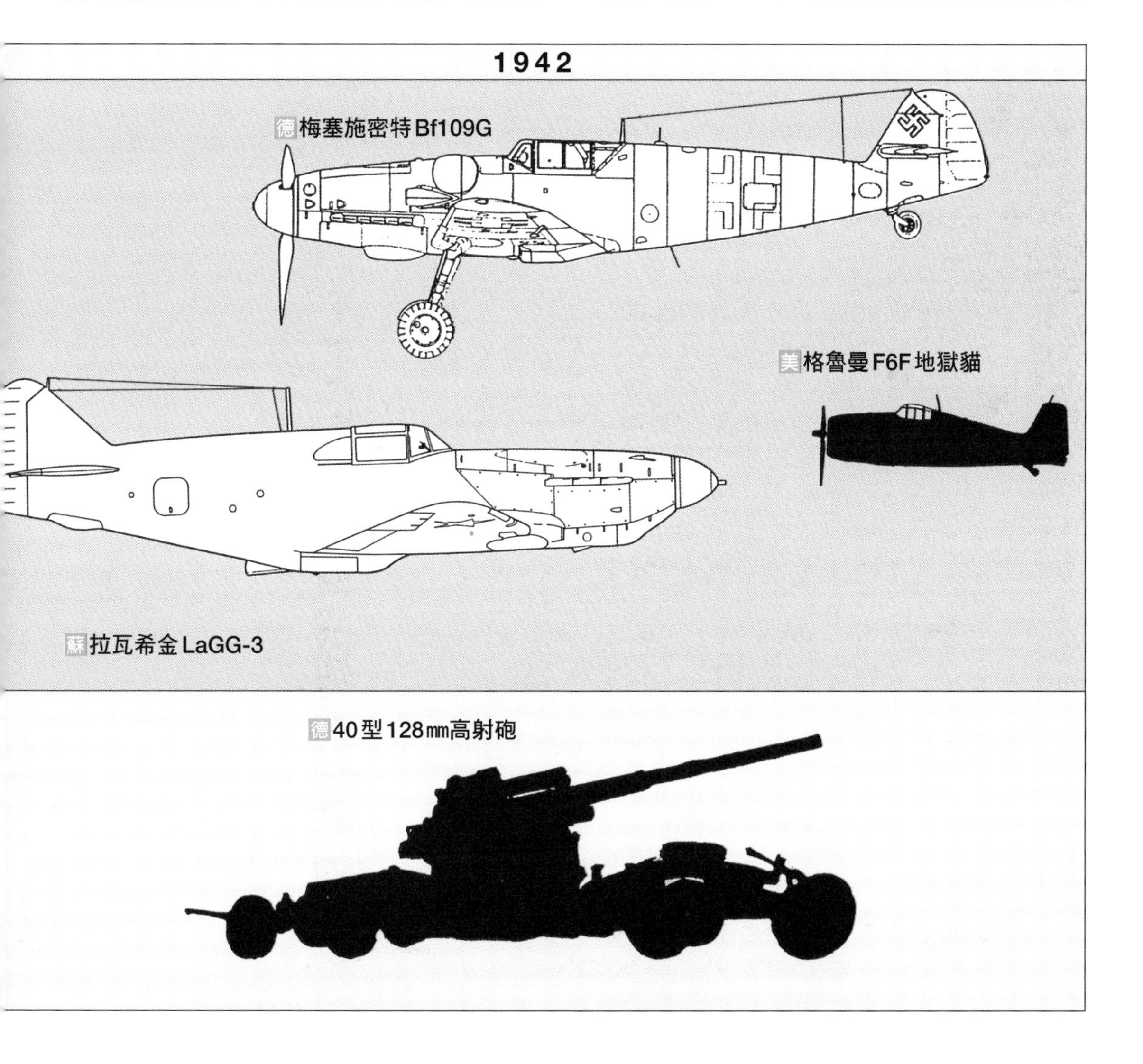

架飛機。

防空武器的發達與變遷

在兩次大戰之間的1930年代，飛機科技快速進步，原因是飛機具有商業的發展性，再加上各國政府有補助研發經費的緣故。而防空武器也在逐漸進化當中，防空機槍和高射砲的口徑逐漸增大，射速也加快，在射擊運用方法上大有進步。另外，射擊管制裝置改進後，由中央指揮所統一計算出射擊諸元，再傳達給各砲位，唯一的問題只剩下彈藥。

第一次世界大戰時，由於飛機速度緩慢，遇到低空飛越的敵機時，可以用步槍或機槍來對抗。相較之下，第二次世界大戰的軍機速度快了兩倍以上，因此要求防空武器輕量化、並且開發射速更快的火砲。太小的彈頭無法安裝延發引信，為了簡化操作程序，就改成了沒有命中目標時會自動引爆的著發引信。

這時主要的火砲是20㎜機砲，後來，由瑞典的阿克提波拉格・波佛斯公司推出40㎜ L-90機砲，能將900g的彈頭發射到5000m高度，而且射速達每分鐘120發，這款機砲又被稱為波佛斯砲，成為現代防空機砲的始祖，直到現在仍有超過20多國在使用波佛斯砲的改良型機砲。

受到凡爾賽和約禁錮的德國，派遣許多火砲設計師前往國外的火砲製造廠任職，吸收經驗。其中派往波佛斯公司的設計師，將研發重點放在中程高射砲這方面，1931年回國後，獲得陸軍支援，在1932年推出了「88㎜ Flak18」，並且從1933年起開始量產。88㎜高射砲採用機械式延發引信的9.5kg榴霰彈，最大射擊高度達1萬m，發射速度則是每分鐘15發。

西班牙內戰（1936～39年）也對防空武器造成了影響，證明大口徑火砲也能有效的對付高空飛行的敵機。英國開發出4.5英吋（約135㎜）高射砲，實用最大射擊高度達26,500英尺（約7950m），德國則開發出

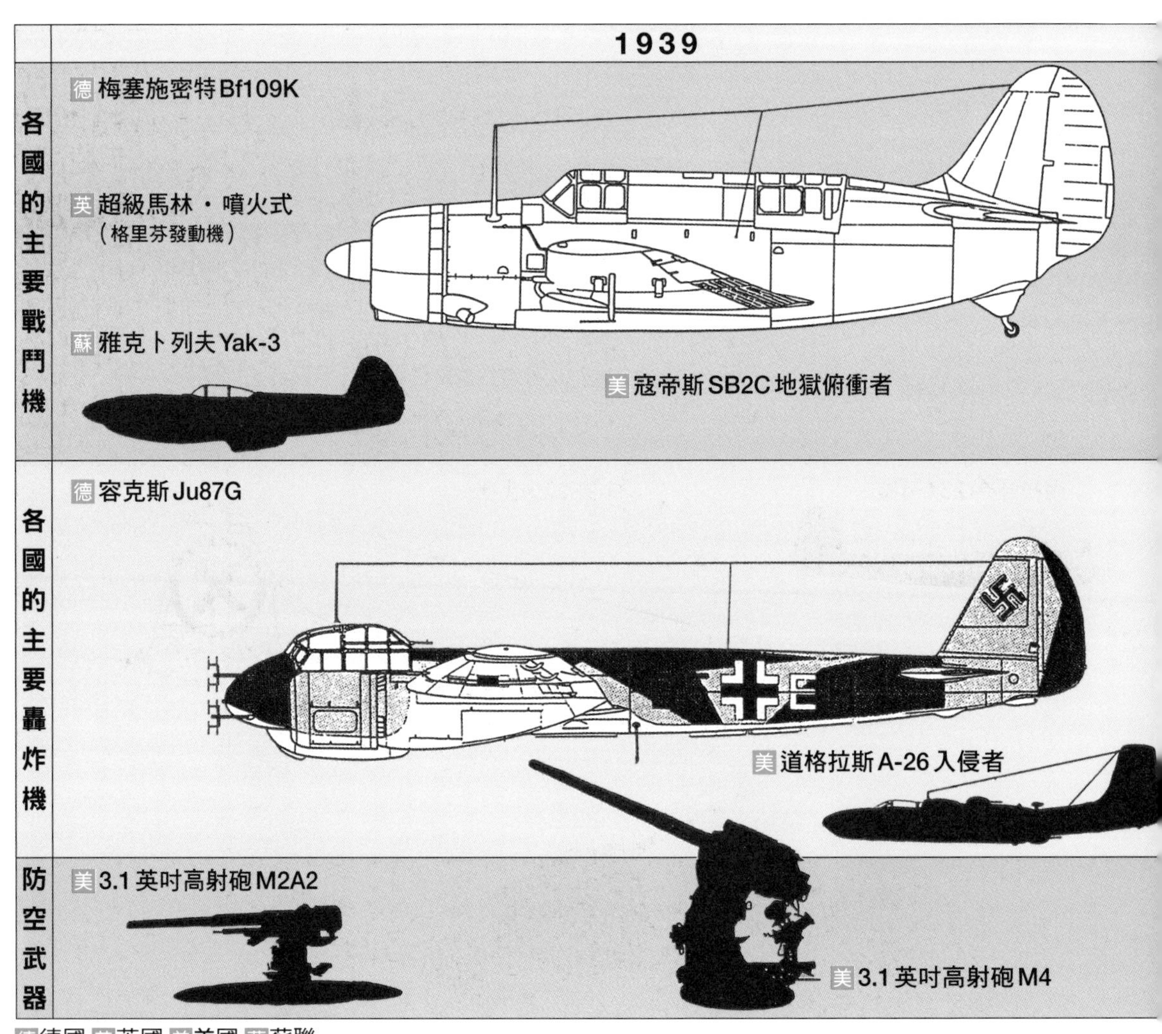

105㎜高射砲。至於敵機低空來襲時，傳統的13.2㎜口徑機砲效果並不好，各國瞭解到自動化的37㎜或40㎜高射砲才能發揮功效。

第二次世界大戰爆發後，飛機的速度有著驚人的提升，使得昔日的防空火砲頓時變的無用，這就像一場拉鋸戰一樣，促進了防空武器的改良，同樣的拉鋸戰也發生在戰車砲的口徑和裝甲厚度的競賽上。這時，火砲的改良有兩個方向，其一是朝著大口徑化邁進；第二是改良機構，朝著高射速化邁進。

砲口初速逼近每秒800m、有效射擊高度達6000m的高射砲，在德國有41式88㎜砲、英國有新式的94㎜砲、法國和美國有90㎜砲、蘇聯則是85㎜砲，每個國家都有各自的標準高射砲。可是，拉鋸戰持續進行，火力隨之升級，德軍開始採用初速達每秒880m的105㎜砲，名為44式128㎜重砲，可以設置在固定砲位，也能搭載在列車上當作防空武器。

此後，雷達與V.T.（近接）引信被開發出來（詳見後續章節介紹），加上現代化的射擊管制裝置，促使防空武器開始機械化。其中最具代表性的防空火砲是美國的M1A1型90㎜砲，可以用手動或遙控方式進行自動瞄準射擊。另一方面，在機械化的同時，如何加快彈頭與發射藥的裝填速度，以提升發射速度，成了研究的重點課題。美國在1944年8月投入研究，開發出75㎜砲T-22，可是尚有未解的問題，沒能趕上戰爭。到了戰後的1950年代初期，終於推出實用化的「Skysweeper」75㎜砲M-51。世界各國也朝著這個方向努力改良，卻都沒能趕在二戰結束前完成。

過去的防空武器，發展速度遲緩，不如1930年代的飛機那樣快速進步。到了大戰末期，終於扳回一成，加強火砲威力、提升命中率、使用著發引信和V.T.引信射擊，取得了不錯的成果。在1944年6、7、8月這3個月裡，同盟國所喪失的轟炸機之中，多達70%是被德軍的防空部隊所擊落，此外，盟軍出擊的1萬3000架飛機，或多或少都有受到砲火的損傷。

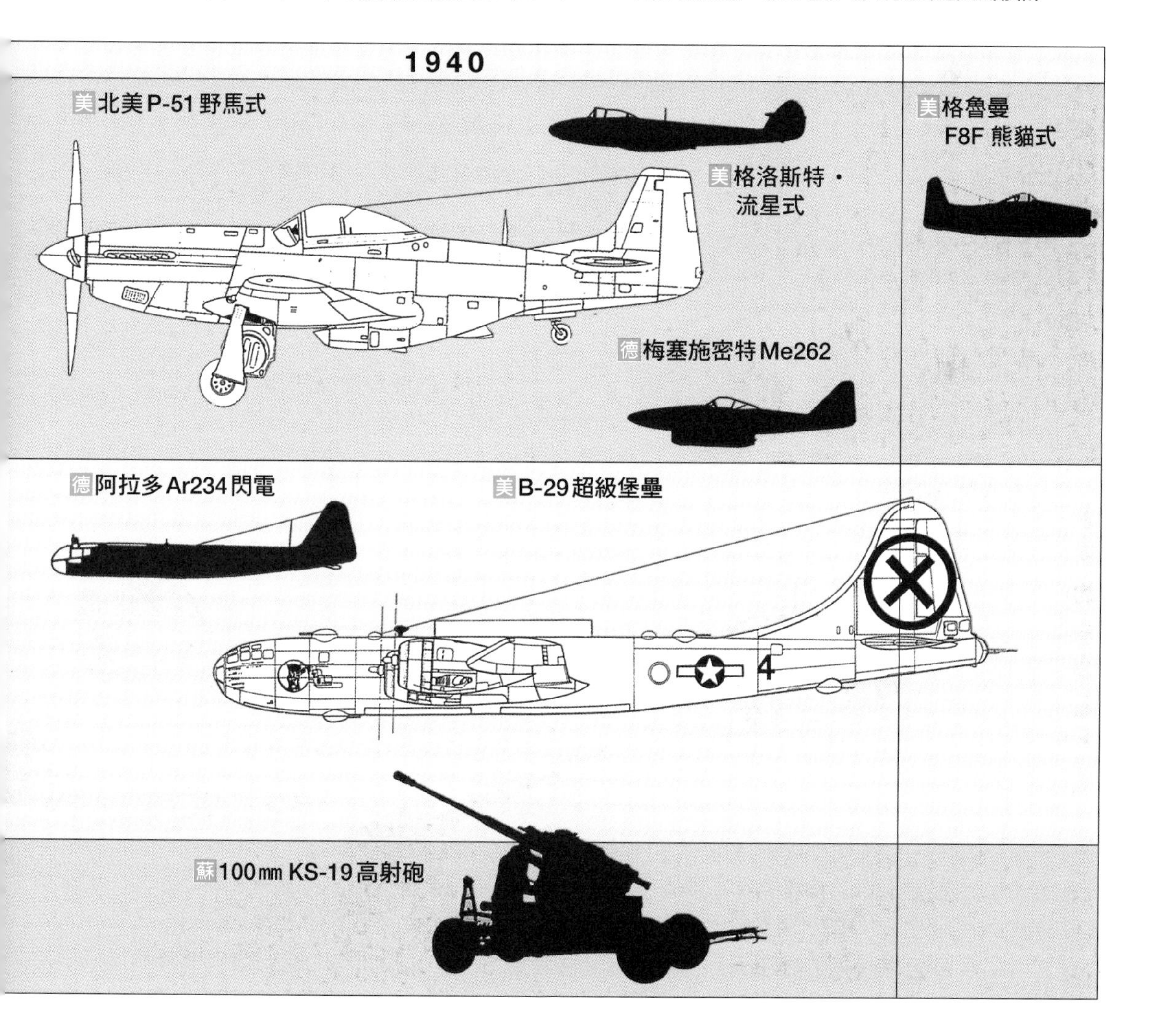

過去的轟炸仰賴目測估算，命中率很低。
後來雷達出現之後，終於克服了氣象與夜間等惡劣天候條件，
能夠進行精確無比的轟炸。

THE DEVELOPMENT OF WEAPONS IN W.W.Ⅱ

雷達 RADIO DETECTING AND RANGING

●各國的雷達開發進程

「RADER」這個詞源自於「Radio Detecting and Ranging（無線電偵測與測距）」的縮寫。雷達的基礎研究始於發現電波的德國人海因里希・赫茲，他在1887年證實了電波在撞到固態物體時會有反彈的現象。

雷達和無線電一樣，最初都是因為有軍事需求，才會展開研發。這種使用無線電波的脈衝和回聲技術來探測飛機和艦艇的想法，其實許多國家的科學家在同一時期都有同樣的發想，所以各自進行研究。

日本的雷達研究，是由以八木天線聞名的八木博士來領導開發團隊。德國是由海軍無線電研究所的肯恩霍爾特博士，在1920年代後期的科學期刊中發表「電波會在大氣上層反彈」的文章，因此受到矚目，當然也測試確認了電波也會被飛機給反彈回來。海軍受到肯恩博士的熱誠影響，在1936年與戈瑪公司合作，開發出弗蕾亞女神預警雷達。

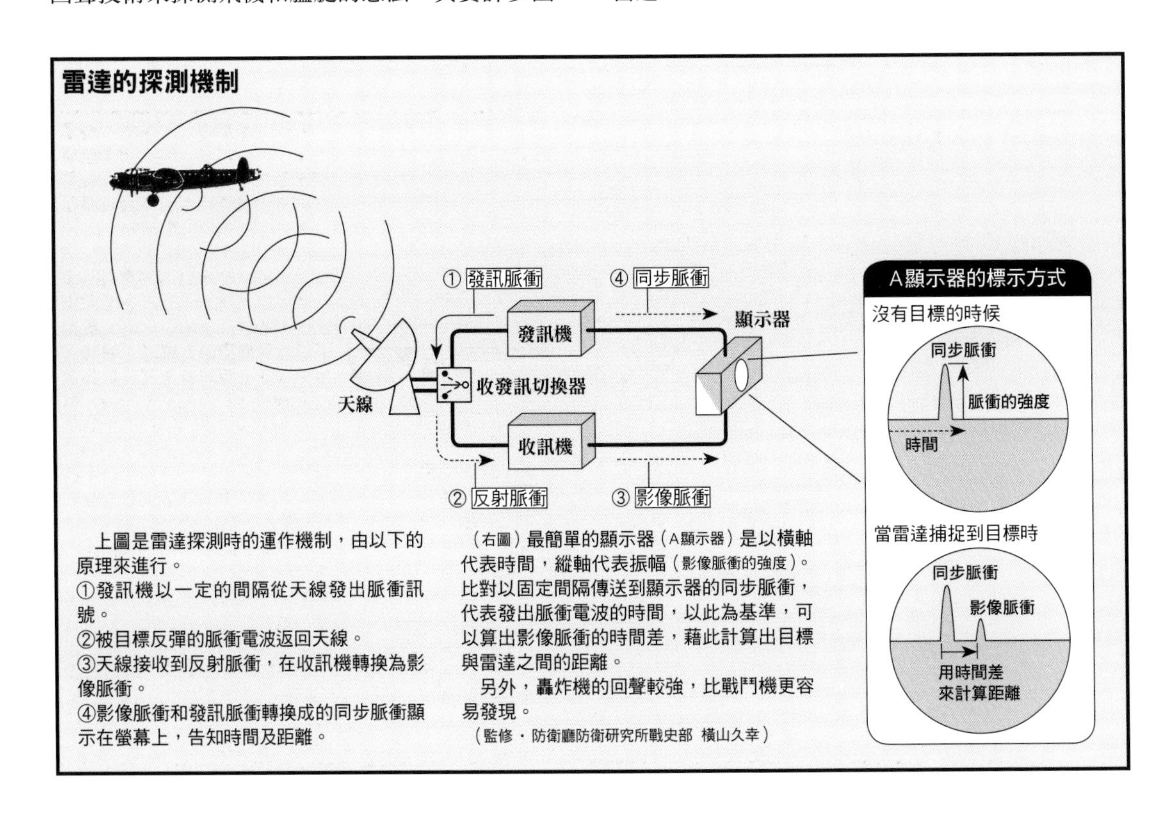

上圖是雷達探測時的運作機制，由以下的原理來進行。
①發訊機以一定的間隔從天線發出脈衝訊號。
②被目標反彈的脈衝電波返回天線。
③天線接收到反射脈衝，在收訊機轉換為影像脈衝。
④影像脈衝和發訊脈衝轉換成的同步脈衝顯示在螢幕上，告知時間及距離。

（右圖）最簡單的顯示器（A顯示器）是以橫軸代表時間，縱軸代表振幅（影像脈衝的強度）。比對以固定間隔傳送到顯示器的同步脈衝，代表發出脈衝電波的時間，以此為基準，可以算出影像脈衝的時間差，藉此計算出目標與雷達之間的距離。

另外，轟炸機的回聲較強，比戰鬥機更容易發現。

（監修・防衛廳防衛研究所戰史部　橫山久幸）

接著，德國空軍又和德律風根公司、勞倫茲公司簽訂契約，研發早期的無線電探測警報裝置。至於美國方面，則是由海軍研究所從1935年起開始進行雷達的相關研究。

●帶領英國贏得勝利的雷達系統

英國在1935年1月成立了防空調查委員會，同年2月，國立物理實驗所的無線電部長羅伯特・瓦特森・瓦特爵士要求防空調查委員會提出搜索飛機用的電波脈衝與回聲的相關報告。到了1935年6月中旬，在實驗中成功探測到距離27㎞遠的飛機，因此，在短短5個月內，就從書面構想進展到了實用化的探測系統。

1935年12月，英國在東海岸建造了5座雷達基地，組成世界第一個實戰用雷達系統。到了1937年8月，雷達基地又增設到15座。

這些雷達基地，在「不列顛之役」初期就遭到德國空軍襲擊，但是機能並未受損，一直運作到大戰結束。英國靠著這個雷達系統，得以探知低空接近海岸的飛機；此外，凡是超越北海中線的飛機也都逃不過偵測。甚至當敵機從法國、比利時的海岸機場起飛時，就能立即確認敵機方位。

●美國的雷達開發歷程

美國的海軍研究所的科學家們，在1939年初開始進行海上的雷達測試。不過，在此之前的1938

英軍的防空雷達管制系統

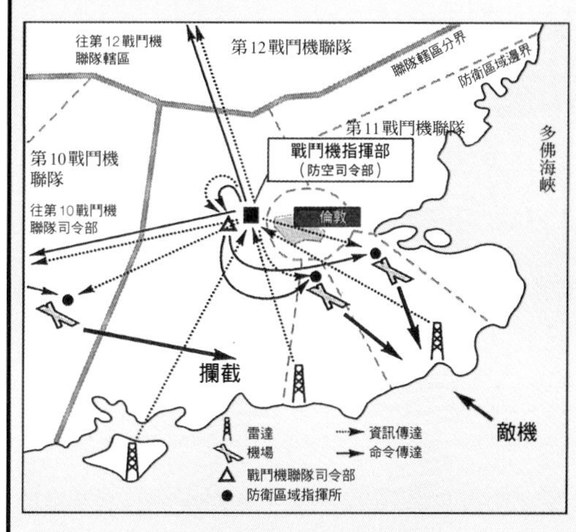

英國的防空體制是由戰鬥機指揮部統籌指揮。首先，海岸雷達一旦發現敵機，就將資訊送到戰鬥機指揮部，在這裡，會將英國全國的敵機情報彙整，然後分送給各個防衛區域和戰鬥機聯隊，下令聯隊前往特定區域攔截敵機。收到指示的各聯隊，向轄下戰鬥機部隊發出指令，派遣一定數量的戰鬥機前往防衛區域執行戰鬥任務。另外，出擊部隊會依照該防衛區域的指示，留在4個空域待命，準備攔截敵機。

（監修・防衛廳防衛研究所戰史部 橫山久幸）

年11月，美國陸軍的海岸砲兵局就已經設計出了防空火砲用的射擊管制系統，並且試著用雷達來提供相關資訊。1939年11月，陸軍開發的長程飛機偵測雷達的實驗也成功了。

在1940年以前，雷達先進國家英國的物理學家就已經投入了多腔（空洞）磁控管的研發，利用這項器材，能將無線電波長從1m50㎝縮短到只有10㎝。這種器材可以製造出微波（一種電波，請參閱

德國空軍的雷達管制系統

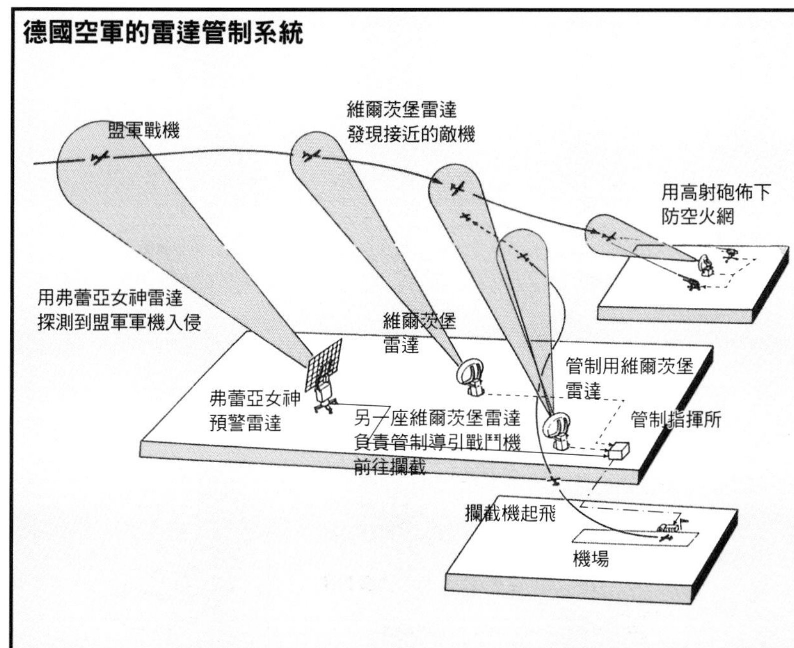

德軍的管制方式又稱為「頂蓋大床（Himmelbett）」。為了盡早發現盟軍轟炸機，在1943年夏季從挪威南部到法國中部的地區建構了一連串這樣的雷達網方陣。

首先，弗蕾亞女神預警雷達（設在地面的防空搜索雷達）發現敵機入侵領空，高射砲陣地立刻依據敵機航向和距離佈下防空火網。當弗蕾亞女神確認敵方機隊入侵時，維爾茨堡近距離雷達就隨機鎖定追蹤敵軍機隊中的一架飛機，並且將情報傳回管制指揮所的棋盤上。這時，另一座管制用的維爾茨堡雷達則鎖定了友軍的攔截機，當管制官判斷敵我戰力後，就導引友軍攔截機上前攻擊。

這個雷達系統的致命缺點是，雖然能夠探測出目標距離，但是卻沒辦法計算出敵機高度，再者，偵測的範圍也比較小，而且只能鎖定其中一架敵機。到了戰爭後期，德國才開發出水瓶座（Wassermann）雷達這類精確度更高、偵測範圍也更遠、還能夠探測出敵機高度的雷達。

50頁），讓雷達的精確度更高，如此一來，雷達的機能就有了顯著的提升，使得螢幕的顯示更為清晰，探測的精準度也更高。

1940年，英國在敦克爾克撤退之後元氣大傷，於是將雷達科技讓渡給美國，兩國共同進行研發。畢竟美國有充足的電子產業的材料和技術，能夠投入雷達裝置的生產。美國的新研究多半是由1940年11月創設的麻瑟諸塞州科技輻射實驗研究所來負責，這個研究所是由李・A・迪布里吉擔任所長，延攬了國內優秀的物理學家，人數甚至曾一度突破4000人。

另一方面，海軍研究實驗所的雷達班也聘僱了600位技師；此外，通訊實驗所和航空無線電實驗所也都投入基礎雷達的研究。

在緊鑼密鼓的過程中開發出來的雷達，被運用在船艦、飛機、防空火砲、潛艇等方面，投入飛機警報、航空識別、航空攔截管制、偵測防空位置、探索地表、射擊管制等任務。在望遠鏡等光學儀器也難以偵測的遠方，雷達能夠正確的標定出位置，所以後來被當成雷達火控射擊系統。此外，航空與導航雷達則可協助領航與精準轟炸。

想當然爾，雷達的深入研究與生產，在當時都被當成是最高機密，加以嚴格控管。1942年，10cm波雷達開始量產，而科技輻射實驗研究所則完成了3cm波雷達，具備極為優越的性能，可以偵測到夜間來襲的戰鬥機。在戰爭終結之前，這個實驗所已經開發出運用150種不同方式來偵測的雷達系統。

其中之一是最高出力的警報雷達MEW（Microwave Early Warning：微波預警裝置）。雖然這種雷達早在1942年就已經提出概念，但是一直到1944年還無法大量供應。這時，英國在德文郡海岸上設置了偵測距離達200英里的雷達，在1944年6月的諾曼第登陸時，用來導引在戰區掃蕩敵軍的戰鬥機和轟炸機，成果相當顯著。

雖然英國在預警和轟炸用雷達等方面拔得頭籌，但第一款射擊管制用雷達SCR268是由美國製造出來的。這種雷達可朝著目標發出電波，確認目標位置，然後指引火砲精確命中目標。SCR-268的改良型SCR-584雷達，性能凌駕在德國的「維

脈衝寬度與距離分析能力

帶有指向性的電波（寬度較寬）
帶有指向性的電波（寬度較窄）
輔助電波
①超短波 精確度低
②極超短波 精確度高

左圖是發射具有指向性的電波來探測飛機的模式。從天線發射出來的帶有指向性的電波，會像圖示一樣形成水滴形。首先，用相同電力發送超短波（米波）和極超短波（釐米波）。一般來說，電波的波長越短，指向性就和直線發送能力就越強。而指向性越強，方位的探測精確度就越好，直線發送能力越強，就能精確探測出距離和方向。①所表示的超短波，這種電波的波長比較長，一如下方圖表所示，波長的範圍較寬，所以，能在遠距離發現飛機。可是，電波籠罩住整架飛機時，就無法正確判斷飛機的飛行方向和距離。這時就算派出戰鬥機攔截，也可能找不到敵機。②是發射極超短波來探測，如圖所示，可以迅速判斷出入侵的敵機的航向和距離，精確度相當高。可是，這種微波的波長太短，無法發射到遠距離，是最大的弱點。單就理論來說，輸出的電力越強，雷達的探測能力就越好，如果要克服極超短波的弱點，只要加強功率就行了，但實際上並沒有這麼簡單。因為發射的電波出力越大，就會更不容易收到反射波。因此，雷達會使用極超短波的脈衝電波，以斷續的間隔持續發射電波，只有被目標反彈的部分電波，才會返回被天線接收。相對的，也有連續發出電波的方式，稱為FMCW雷達（Charp Rader）。這個方式是一面發射電波、一面接收反射波，利用變頻的方式來解析目標。今天，雷達已經進步到連目標的移動速度都能正確測定的地步了。

電波的分類

周波數（頻道）的分別		波長的分別		周波數的範圍	波長的範圍
簡稱		名稱	以公尺來區分		
VLF	相當低的周波數		10公里波	3～30kHz	10～100km
LF	低周波數	長波	公里波	30～300kHz	1～10km
MF	中等周波數	中波	100公尺波	300～3000kHz	100～1000m
HF	高周波數	短波	10公尺波	3～30MHz	10～100m
VHF	相當高的周波數	超短波	釐米（公分）波	30～300MHz	1～10m
UHF	非常高的周波數	極超短波（微波）（毫米波）	毫米（公釐）波	300～3000MHz	10～100cm
SHF	特別高的周波數			3～30GHz	1～10cm
EHF	極高的周波數			30～300GHz	1～10mm

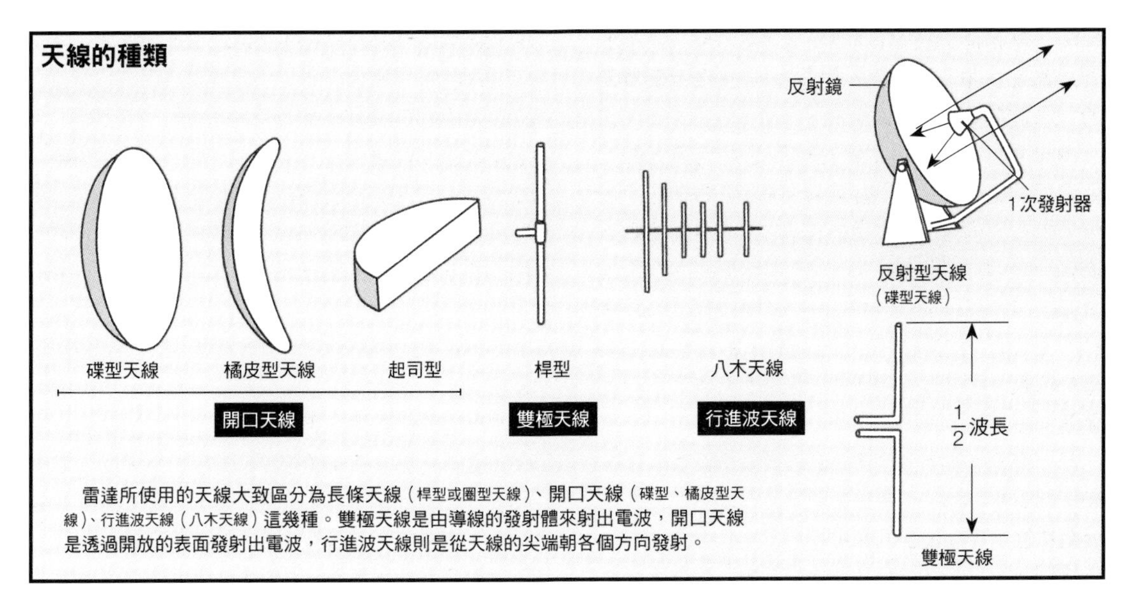

雷達所使用的天線大致區分為長條天線（桿型或圈型天線）、開口天線（碟型、橘皮型天線）、行進波天線（八木天線）這幾種。雙極天線是由導線的發射體來射出電波，開口天線是透過開放的表面發射出電波，行進波天線則是從天線的尖端朝各個方向發射。

爾茨堡雷達」（德國空軍在1939年2月委託德律風根研發的雷達，在1940年開始量產）之上，堪稱是當時盟軍最優秀的雷達。

這些雷達不僅可以指揮防空射擊，也能用於導引戰術航空部隊正確飛向目標區。

●多變的雷達活用方式

當時的飛機已經開始配備IFF發訊機（Identification Friend or Foe：敵我識別裝置），有了IFF發訊機，盟軍的雷達就能輕易識別出現的飛機是敵是友。此外，又開發出H2S這類能夠用於領航和轟炸的空中雷達，後來又改良成為H2X。有了H2X，飛機和艦艇可以在陸地、空中、以及海洋上，在未達目視距離之前、或在黑夜與大霧等環境下，預先發現目標、且精準度越來越好，當時使用H2X的雷達轟炸瞄準儀甚至被取了個暱稱叫「米奇」，非常有名。

如此一來，從英國本土飛往德國的轟炸機，即使目標區天候惡劣或是被雲層遮蔽，也一樣能夠正確轟炸目標。在1943年秋季採用米奇之前，第8航空軍若是碰到天候惡劣情況，就只能留在地面上待命，在冬季甚至一個月裡出擊不到2次。米奇的後續改良型稱為「吉」，則是一款優秀的空中雷達系統。

至於在領航方面的重要發明則是羅蘭（LORAN：Long Range Aid to Na Ⅵ gation的縮寫）。這個定位系統能夠靠著兩座基地所發出的電波交叉點，來計算出自己所在的正確位置。使用羅蘭的飛機或船艦，能夠清楚得知自己的方位，而且不擔心敵人發現這個定位方法是極大的優點。

雷達基本上比無線電還要更容易受到干擾，可以用電波或是物理手段來干擾雷達運作。

隨著雷達系統發達，盟軍開發出能夠讓德軍雷達失效的反雷達裝置，從此開啟了電子戰的領域。

德軍在1942年初期開發出干擾裝置，當德國戰艦香霍斯特與格內森瑙進行破壞通商航路作戰時，曾經發揮過功效。盟軍派出許多飛機分批攻擊這兩艘戰艦卻得不到成果。後來，德軍下令這兩艘戰艦返回安全的港口，竟然在英國控制著制海權與制空權的情況下，成功的穿越英法海峽。這次的海峽穿越作戰令美國和英國大為震驚，因為這趟任務的幕後，德國預先干擾了英國的雷達，讓英國得不到所需的情報。

能夠擾亂敵方雷達的並非只有反制裝置，更簡單的方法是使用因應雷達波長而切割成適當長度的金屬箔片，灑佈在空中。這些金屬箔片的電波回聲看起來就跟飛機一模一樣，讓敵方雷達出現誤判。這個方法直到今天仍舊在繼續使用當中。

盟軍將這項科技稱為「窗戶」或「箔片」。德國也曾做過類似的實驗，不過對當時的盟軍來說，使用這項科技，對德軍造成的困擾極大，遠勝過德軍對盟軍造成的不便。

英國空軍在1943年空襲漢堡時，就曾使用過「箔片」科技，當然，「箔片」導致德軍雷達難以判別敵機正確方位，功效卓著。因此，直到戰爭結束，英國空軍在歐洲總計投下了總計1000磅重的鋁箔片。

V.T.引信由於性能優越，美國、英國等盟軍非常擔心不發彈落入德軍手中，
所以剛開始使用時，限定只能在海上使用。
這種在實戰中都要選擇運用地點的劃時代武器，究竟有何厲害之處呢？

THE DEVELOPMENT OF WEAPONS IN W.W.Ⅱ

V.T.引信 VARIABLE TIME FUSE

除了原子彈之外，第二次世界大戰期間軍事科技的最大貢獻之一，就是近接引信的發明。近接引信一般又稱為V.T.（Variable Time＝可以調整改變引爆時間的）引信，在太平洋戰爭的馬里亞納海戰中，美國海軍曾經靠著裝有V.T.引信的彈頭，殲滅日本的飛機，因而聲名大噪。

V.T.引信是一種由發電機、發訊機、收訊機組合而成的小型雷達組，安裝在高爆彈頭的前端。彈頭發射之後，一旦接近目標，引信就會發出電波，電波打到目標之後會反彈回來，藉由都卜勒效應，電波的頻率會急速改變，當電波頻率升高、彈頭達到預估距離時，就會自動引爆炸藥。

一般火砲進行大範圍射擊時，會使用延發引信當作引爆彈頭的裝置。使用延發引信時，必須先正確測定敵機的距離和彈頭抵達的時間，然後調整引信在時間一到就自動引爆。相較之下，V.T.引信根本不必事先設定，只要發射的彈頭接近到和目標大約20～50英尺（約6～15m）的有效範圍內，就會自動引爆，擊毀敵機。這種V.T.引信是由英國的伯塞研究所的W.A.S.布特門和無線電公司的D.J.羅遜提出構想，1940年英國的提沙德使節團將這個概念告知美國。在美國海軍武器局的要求下，卡內基研究所的M.A.杜威和約翰・霍普金斯大學應用物理學研究室展開合作研究，終於在

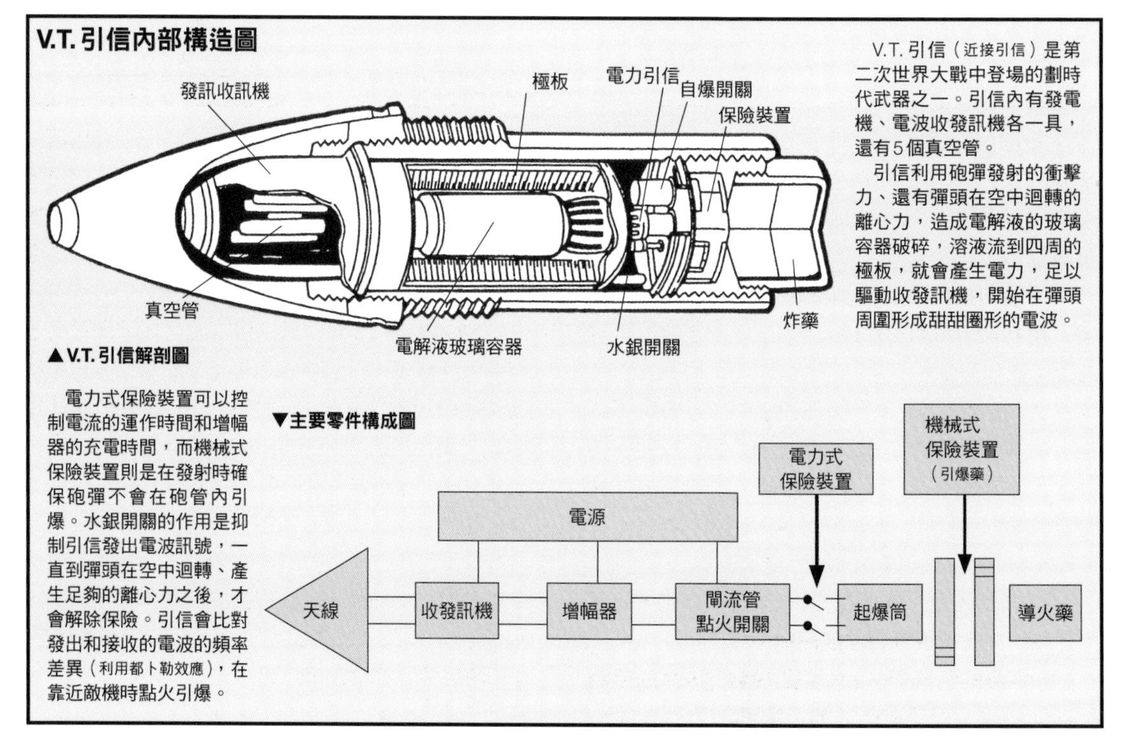

V.T.引信（近接引信）是第二次世界大戰中登場的劃時代武器之一。引信內有發電機、電波收發訊機各一具，還有5個真空管。

引信利用砲彈發射的衝擊力、還有彈頭在空中迴轉的離心力，造成電解液的玻璃容器破碎，溶液流到四周的極板，就會產生電力，足以驅動收發訊機，開始在彈頭周圍形成甜甜圈形的電波。

▲V.T.引信解剖圖

電力式保險裝置可以控制電流的運作時間和增幅器的充電時間，而機械式保險裝置則是在發射時確保砲彈不會在砲管內引爆。水銀開關的作用是抑制引信發出電波訊號，一直到彈頭在空中迴轉、產生足夠的離心力之後，才會解除保險。引信會比對發出和接收的電波的頻率差異（利用都卜勒效應），在靠近敵機時點火引爆。

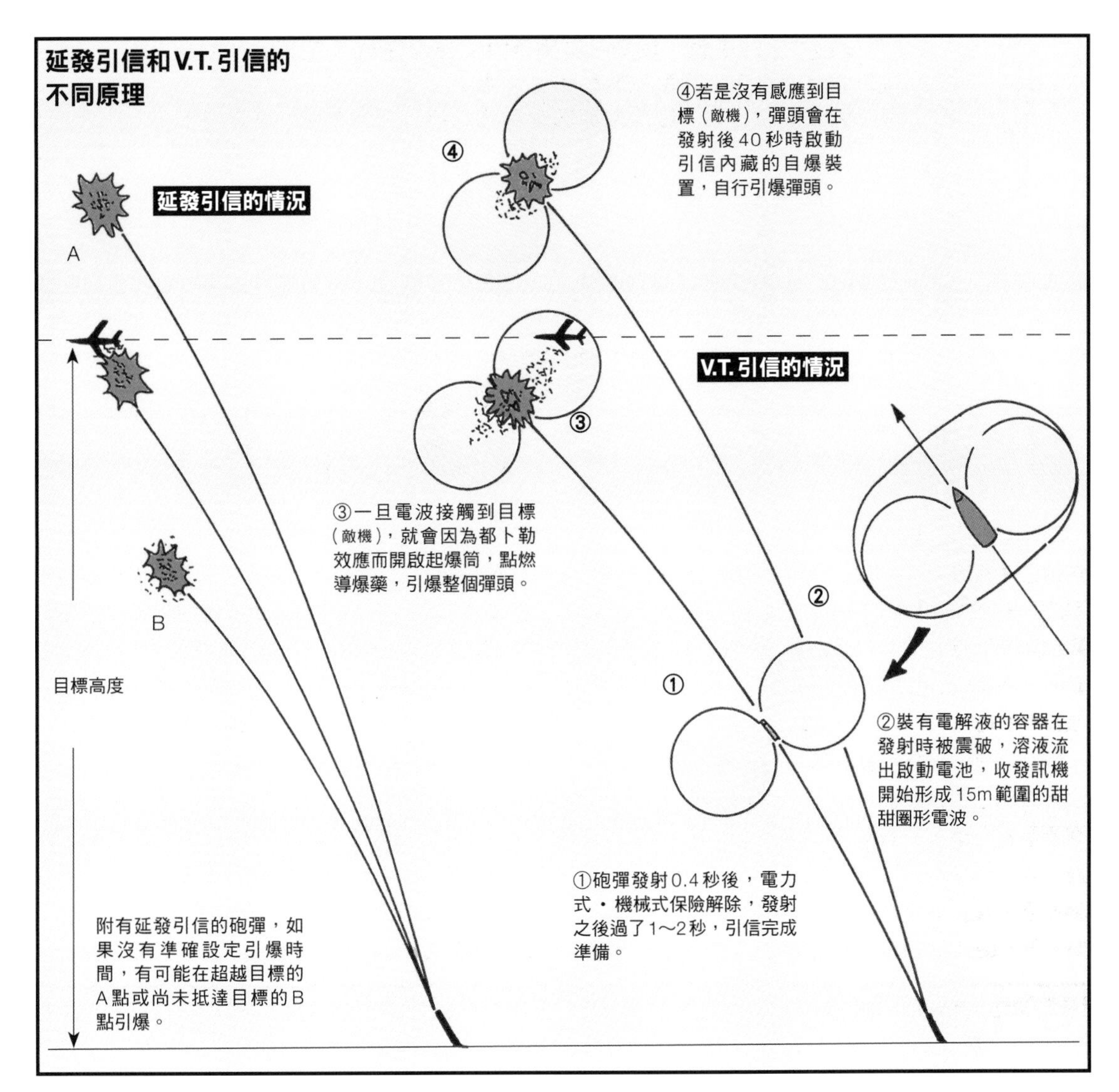

1944年開發完成。這些科學家也都有參與火箭的研發，在光學電子和雷達引信這兩方面都取得了不錯的研究成果。當初設計引信時，是開發給美國海軍主力防空火砲5英吋（約150㎜）砲的彈頭使用，最初推出的試製品交給了巡洋艦克里夫蘭號，在1942年8月10日和11月2日於乞沙比克灣進行了實彈測試。

這次測試的結果相當令人滿意，甚至讓美軍產生了疑懼。要是V.T.引信拿到歐洲戰場去使用，不發彈或者運送途中的引信被德軍擄獲的話，德國將會輕易破解引信的機構，開始大量生產，導致英國空軍和美國第8航空軍遭到德軍殲滅。所以，V.T.引信成功開發完成的消息一直沒有公布，而且限定只能在海上射擊時才能使用。

德國開發的新武器V-1火箭從1944年6月底起開始轟炸倫敦，但是在此之前，歐洲的盟軍情報部門已經知悉有這種火箭存在。為了對抗V-1火箭，盟軍思考了各種對策，結果決定宣布V.T.引信已經開發完成的消息。在第一枚V-1朝英國發射前，盟軍已經用SCR-587雷達、M-9計算機、以及V.T.引信組成了一個防空系統。

等到1944年12月16日，盟軍確信在歐洲戰場必定會贏得勝利，就算德國取得了V.T.引信，也來不及量產使用的時刻，V.T.引信才終於可以放寬使用限制。可是，這一天卻剛好是德軍調派3號戰車與4號戰車穿越阿登森林發動大反攻的日子。在這場突出部之役中，美軍野戰榴砲部隊將V.T.引信用於射擊地面目標和空中目標，是首次在陸地上使用V.T.引信。當時德軍即使躲在濃霧中或散兵坑中，也逃不過用V.T.引信精確引爆的榴彈破片，造成士氣迅速崩潰。後來，德軍用V-2火箭攻擊英國時，英國也動用V.T.引信來攔截火箭。

射擊管制裝置是從雷達管制系統衍生而來的裝置，
能夠精確的射擊相對速度較高的移動目標──！

THE DEVELOPMENT OF WEAPONS IN W.W. II

射擊管制裝置 FSC

第二次世界大戰時，除了V.T.引信之外，還開發出了非常優秀的射擊管制裝置。在此之前，軍方致力於研發防空雷達、領航及轟炸用空中雷達系統，構築有效的防空系統，射擊管制裝置就是利用這些科技開發出來的。

在戰場上，無論是射擊的一方還是射擊目標，經常是不停在移動的。

假如瞄準目標的方向開火，當彈頭抵達目標位置時，目標早已經離開那個位置，根本無法命中。

所以，必須開發出一種能夠偵測目標移動方向和速度、加上射擊者（彈頭等）的速度、飛行性能等要素，計算出彈頭未來和目標交會的地點，藉此決定射擊方向的裝置。射擊管制裝置就是這樣的東西，能夠從目標現在的位置預測出目標稍後可能的位置，然後下令火砲單位朝著預測的目標射擊。

這樣的裝置，打從發現目標、測定速度和距離、到計算配合射擊諸元，全都會自動進行，甚至可以用遙控方式瞄準，一旦目標進入射程內，指揮官就

射擊管制裝置（FCS）系統圖

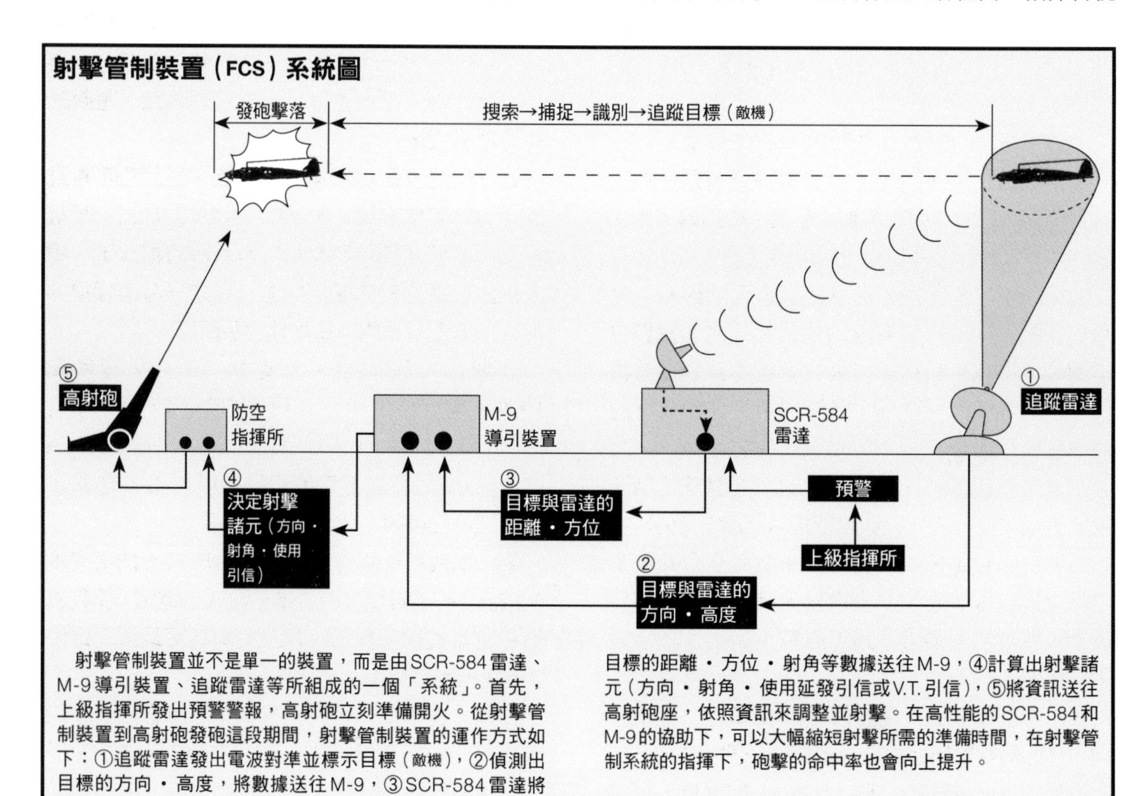

射擊管制裝置並不是單一的裝置，而是由SCR-584雷達、M-9導引裝置、追蹤雷達等所組成的一個「系統」。首先，上級指揮所發出預警警報，高射砲立刻準備開火。從射擊管制裝置到高射砲發砲這段期間，射擊管制裝置的運作方式如下：①追蹤雷達發出電波對準並標示目標（敵機），②偵測出目標的方向・高度，將數據送往M-9，③SCR-584雷達將目標的距離・方位・射角等數據送往M-9，④計算出射擊諸元（方向・射角・使用延發引信或V.T.引信），⑤將資訊送往高射砲座，依照資訊來調整並射擊。在高性能的SCR-584和M-9的協助下，可以大幅縮短射擊所需的準備時間，在射擊管制系統的指揮下，砲擊的命中率也會向上提升。

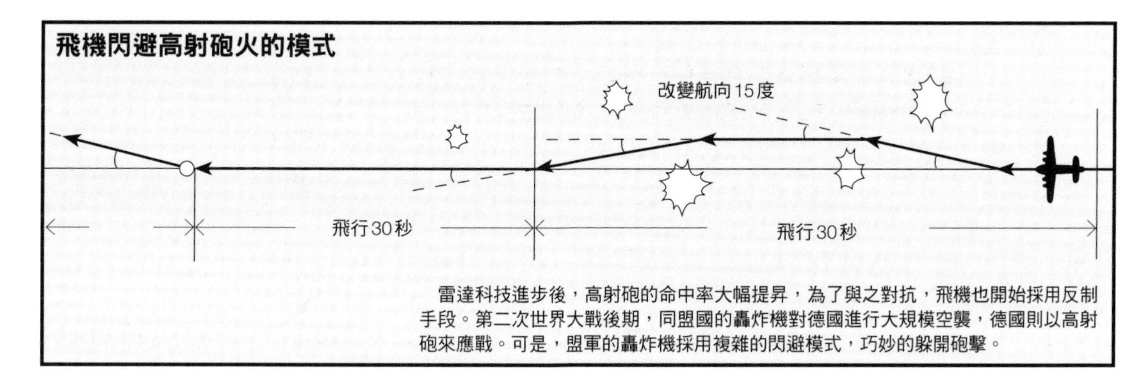

飛機閃避高射砲火的模式

雷達科技進步後，高射砲的命中率大幅提昇，為了與之對抗，飛機也開始採用反制手段。第二次世界大戰後期，同盟國的轟炸機對德國進行大規模空襲，德國則以高射砲來應戰。可是，盟軍的轟炸機採用複雜的閃避模式，巧妙的躲開砲擊。

能同時指揮一門或多門火砲發射。

想要達成這個目的，射擊管制裝置需要偵測及追蹤雷達、計算機、發電機、以及各種輔助裝置配合。

射擊管制裝置的開發，比數學家們的預測還要早上好幾年，而且獲得了難以置信的成功。尤其是防空砲火的射擊管制作業，需要精確計算出目標的角度，因此格外困難。

之前提到，戰場上的射擊者（艦艇、戰車、防空戰車等）還有射擊目標，常常是處於移動中的狀態。

尤其是高速移動的飛機，想要預測之後的航向，得要進行非常快速的計算。面對這個難題，麻瑟諸塞州理工學院的查爾斯・S・德雷帕的研究貢獻最為卓著。他和斯佩里陀螺儀公司設計出奧立岡20㎜機砲用的陀螺儀前置運算裝置MARK-14瞄準具。

接著，可以用來控制艦砲射擊的運算導引裝置M-9隨即開發完成，就如54頁的插圖所顯示的，射擊管制裝置的運用範圍越來越廣，在攔截德軍的V-1火箭時更成了不可或缺的重要幫手。

艦砲的射擊指揮系統由於機能方面的因素，常常得要配置在離艦砲較遠的位置。一開始我們也提到過，不只有目標會移動，軍艦本身也會有縱搖和橫搖等狀況。此外，前置運算裝置和火砲的視角差距也要納入考量，在瞄準的過程中，火砲又和軍艦一起移動，這許多問題，在射擊管制裝置電氣化之後，終於得到即時的資訊傳輸效率。

隨著射擊管制裝置的發達，新型的全自動和半自動火砲也跟著誕生。全自動火砲只要一直扣住扳機，就會自動裝填、連續射擊，是操作非常簡單的機砲。

其中最為知名的就是波佛斯40㎜機砲，這是各國生產的防空機砲之中最為成功的一款機砲。

波佛斯40㎜機砲比2磅（約906g）砲更重，可發射長度為口徑1.5倍的高射砲彈頭，可以用2門4組砲架來搭載，各個砲架都連結著射擊管制裝置。波佛斯40㎜機砲被美國海軍當成中程防空機砲，至於短程防衛方面，則是交給防空機槍和艾立克森20㎜防空機砲。

在第二次世界大戰接近尾聲時，科學家們開發出了單一控制就能自動運作的飛機射擊管制系統PUSS。「PUSS」是「Pilot's Universal Sighting System」的縮寫，這個系統能夠讓飛行員單人控制轟炸投彈、火砲及火箭射擊，只需要瞄準目標，儀器就會自動接手其他的運算和操作動作。

射擊管制裝置從1930年代後期起逐漸開發出來，一開始是類比電力機械式的機械裝置，被運用在第二次世界大戰中，但是當時遭遇到兩個問題。

第一個問題，是操作上有太多機械在運作，不僅結構複雜，裝置也很巨大，可想而知，運算的速度也很緩慢。

第二個問題是1830年代查爾斯・巴貝奇所構思的電力計算機系統（分析機——大型的計算機）。再繼續沿用這個系統、不改用其他系統的情況下，電腦無法發揮應有的運算能力，只是一台消耗電力驚人、缺乏效率的計算機代替品而已。

關於第一個問題，莫克立・J・莫齊利和J・P・埃克特在1943年投入研究，於1946年推出了ENIAC（Electronic Numerical Integrator And Computer），終於得到解決。這種ENIAC廢除了計算機內的齒輪，改以電力開關取代。

第二個問題則是在1947年、由ENIAC的研究團隊成員J・范紐曼發明了儲存程式型電腦（將程式裝在記憶體內的作法，現在的電腦都是採用這個概念）而得到解決。

因此，在第二次世界大戰當時射擊管制裝置所使用的電力計算機，成了大戰中和大戰後的電子計算機的先驅。

為了減少兵員損失、又要對敵方造成有效的打擊，
因此開發出了火箭武器。
其中的V-2火箭，甚至是個比V.T.引信更高科技的「超級武器」。

THE DEVELOPMENT OF WEAPONS IN W.W.Ⅱ

火箭武器 ROCKET WEAPON

●火箭和飛彈的差別

火箭和飛彈，都是我們耳熟能詳的武器名詞，平常人們習慣將這兩者混為一談。一般來說，所謂的火箭，是在飛行途中將燃料用盡、或是自動關閉引擎，之後藉著慣性繼續飛行，以拋物線軌道行進的彈道飛彈。

另一方面，我們現在常說的飛彈，大都是指具有導向能力的武器。不過，追究語源的話，凡是任何能用手或工具來拋投、藉以打擊遠方目標的武器或物體，都可以稱之為飛彈。比方說投石機拋出的石頭、弩箭、或彈丸，這些會飛的攻擊武器都可以統稱為飛彈。飛彈這個名詞，在現代變的越來越狹義，專指無人控制、能夠自力飛行、以彈道或非彈道模式飛行的武器。飛彈又可分為導引飛彈和無導引飛彈，導引飛彈在發射之後，要使用某些方法讓飛彈沿著路線飛行，至於非導引飛彈，則像是火砲發射的彈頭一般，發射後便衝向目標。在第二次世界大戰之後，各國開發出多款反戰車飛彈，飛行距離相當短，讓火箭與飛彈變的更難以明確定義。

●火箭的變遷和各國的開發腳步

人類很久以前就開始運用火箭，不過都是很傳統的設計，在100多年前就已經銷聲匿跡，直到第二次世界大戰時，才再度出現了被稱為「嗡嗡炸彈」的德軍V-1火箭，以另一種面貌復活。早在西元1232年成吉思汗的第三子窩闊台在攻擊開封的時候，開封的守軍第一次使用了火箭這種武器，「火箭」這個詞源自於中文，在當時的文書中已經出現這個字眼，算是定向火箭的始祖。

火箭科技後來流傳到歐洲，但是，隨著火槍等

V-1火箭的內部結構

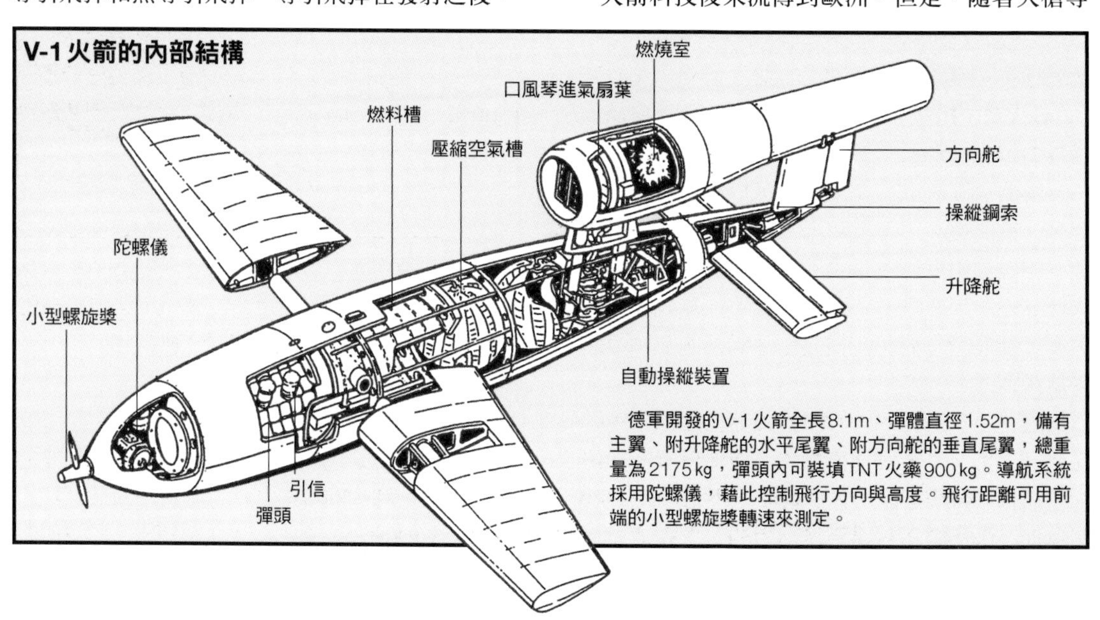

德軍開發的V-1火箭全長8.1m、彈體直徑1.52m，備有主翼、附升降舵的水平尾翼、附方向舵的垂直尾翼，總重量為2175kg，彈頭內可裝填TNT火藥900kg。導航系統採用陀螺儀，藉此控制飛行方向與高度。飛行距離可用前端的小型螺旋槳轉速來測定。

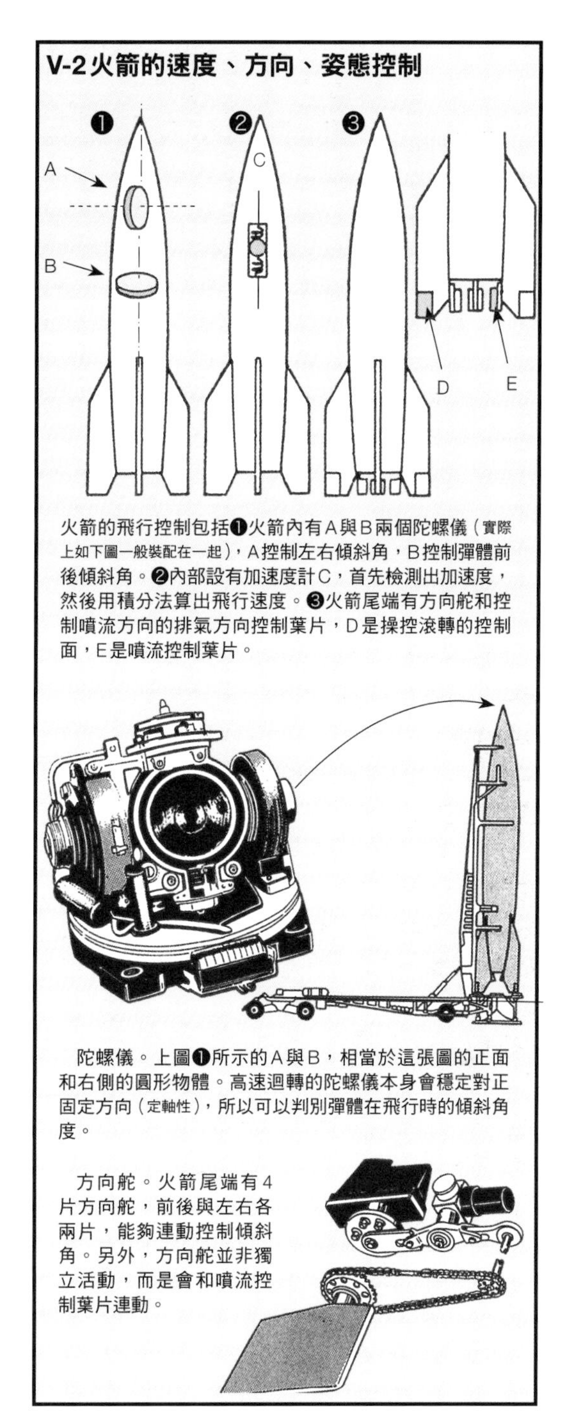

火箭的飛行控制包括❶火箭內有A與B兩個陀螺儀（實際上如下圖一般裝配在一起），A控制左右傾斜角，B控制彈體前後傾斜角。❷內部設有加速度計C，首先檢測出加速度，然後用積分法算出飛行速度。❸火箭尾端有方向舵和控制噴流方向的排氣方向控制葉片，D是操控滾轉的控制面，E是噴流控制葉片。

陀螺儀。上圖❶所示的A與B，相當於這張圖的正面和右側的圓形物體。高速迴轉的陀螺儀本身會穩定對正固定方向（定軸性），所以可以判別彈體在飛行時的傾斜角度。

方向舵。火箭尾端有4片方向舵，前後與左右各兩片，能夠連動控制傾斜角。另外，方向舵並非獨立活動，而是會和噴流控制葉片連動。

武器出現並且發達，火箭就逐漸失去了舞台。1806年英國陸軍引進了威廉・康格里孚爵士的火箭，威靈頓甚至還曾經使用過，可是因為命中率低、而且不僅對敵方、甚至對友軍都很危險，所以威靈頓頗為感嘆，認為難以發揮功用。

進入19世紀後，火砲科技越來越進步，射擊命中率越來越高，相形之下，命中率低的火箭就不再吸引人了，這樣的空窗期一直持續到1930年代。

第一次世界大戰結束後，美國、德國、英國、蘇聯都開始研究火箭科技，打算用於探索太空，但德軍高層從1927年初就開始進行火箭的實驗。英國的起步較晚，到了1936年才在歐爾文・克羅爵士的指導下開始研究。

第二次世界大戰初期的火箭命中率很差，而且欠缺貫穿裝甲的必要動能，所以導入了巴祖卡火箭筒和現在大部分反戰車飛彈都採用的成型裝藥彈頭。成型裝藥彈頭能夠利用*門羅效應，以超高溫的瓦斯噴流熔解並貫穿裝甲。巴祖卡火箭筒不僅是便於攜行的反戰車武器，也常常被拿來對付敵軍碉堡，彈頭口徑為2.36英吋（約15㎝）、全長21.6英吋（約55㎝）、重量僅有3.4磅（約1.5kg），是非常容易操作的武器。另外，在德國奮戰不懈的M4雪曼戰車，則被改造成能夠搭載60連發火箭彈的「卡利俄佩」。卡利俄佩採用4.5英吋（約11㎝）火箭，連射速度高達每分鐘120發。但是，最早把火箭視為現代武器、並且投入戰場的是蘇聯軍，從1930年起就已經開始測試運用火箭彈了。

蘇聯開發出使用6.5磅（約3kg）彈頭的固態燃料推進火箭「卡秋夏」，以及渾名為史達林風琴的82㎜火箭彈迫擊砲，這些武器在1941年7月被拿來對付入侵的德軍，一輛卡車能夠搭載36發的火箭發射架，多輛卡車可以發動齊射。接著，又改用132㎜火箭，搭載高性能炸藥彈頭，口徑又陸續擴增為210㎜、280㎜、310㎜。

英國的火箭研究，在第二次世界大戰爆發時已經有一定的進展，在戰時仍繼續研發，導入了22種不同的火箭武器。其中的5英吋（約13㎜）高速火箭HVAR又被稱為「神聖的摩西」，屬於多用途火箭，能夠用來對付支援登陸部隊的艦艇，也能夠摧毀碉堡。

美國在第一次世界大戰時，由克拉克大學的物理學家羅伯・H・戈達德指揮，在史密森尼安研究所進行了某種程度的火箭實驗，不過，在1940年以前，都不是以軍事用途為目的。戈達德是大戰時期的頂尖火箭科學家，他基於多項專利科技，熱心提出相關計畫，想V-2類型的火箭，但是在1940年以前，他的申請屢屢遭到駁回。

●德國的終極火箭武器

填補火箭研發空窗期的是1934～1937年成立的佩內明德・德國陸軍火箭研究所旗下的技師群。近代導彈的始祖V-1和V-2（A4）火箭都是在佩內明

*門羅效應＝成型裝藥的效果。引爆的炸藥會將衝擊力集中在單一方向，不僅能貫穿裝甲，還能摧毀內部。

德開發出來的。

V-2火箭首次實驗成功，是在1942年10月。

V-1是一種無人的噴射推進陀螺儀穩定飛機，又稱為飛行炸彈。內部安裝有各種計時器組成的自動操縱系統，因此能夠設定飛行路徑。V-1全長約27英尺（約8.1m），翼展16英尺（約4.9m），彈頭內可裝填1噸的高性能炸藥。最高時速達350～400英里（約560～640㎞），續航距離則有150英里（240㎞）。使用的燃料是液態烴（碳氫化合物），在氣化槽內和空氣混合之後，導入發動機內連續點燃噴發，藉此取得推進力。

盟軍其實早已得知德國開發出了V-1，也做好了迎擊的準備，同時大肆轟炸佩內明德和其他火箭研究所及火箭發射基地。雖然沒能影響德國方面的實驗進度，但是的確干擾了預定的發射時程。

德軍原本預定每個月要朝英國本土發射5000枚V-1，但是，在V-1實際發動攻擊的80天期間，只有發射1萬零500枚。其中有7400枚是從法國發射，800枚是從荷蘭發射，在這些V-1火箭中，有大約2300枚飛抵倫敦地區。

面對V-1的攻擊，英國唯一的對抗辦法是用防空砲火或是戰鬥機來擊落V-1。在攔截V-1時，SCR-584雷達、M-9導引裝置、以及V.T.引信的射擊管制系統組合發揮出極大的功效。在80天的最後4個禮拜內，V-1的擊墜率依序是第一週24%、第二週46%、第三週67%、第四週79%。可是，同樣的戰法卻很難防範V-2（A4），之所以難以防範，得要先瞭解一下V-2的性能諸元。

V-2全長約47英尺（約15.5m）、重達15t、彈道末端的最高速度達3500英里（約5600㎞）、續航力為200英里（約320㎞）、彈道最高可達70英里（約113㎞）。動力來源方面，燃料主要是7600磅（約3500kg）的乙醇、液態氧、和提供液態氧的過氧化氫1100磅（約500kg）。V-2的彈頭可裝填2100磅（約950kg）的炸藥，在剛發射時可以進行導引飛行，不易受到敵方干擾，在飛行時則是達到超音速，無法用防空砲火和戰鬥機攔截擊落。V-2首度轟炸倫敦是在1944年9月。

盟軍的最佳對抗方案，是直接攻擊或是佔領V-2的發射基地。只是，如果要用轟炸方式摧毀，得要消耗10萬噸以上的炸彈，而且V2發射基地大都經過精心偽裝，實在難以發現，所以實際上最可行的辦法只有派兵攻佔。

假如諾曼第登陸延後實施的話，或者V-2更早完成攻擊準備的話，盟軍是否能夠順利的反攻歐洲大陸，還真是一個大問號。

打造這性能優越的「終極武器」V-2火箭的是W・馮布朗博士等多位德國科學家，這些人材在戰後被美國和蘇聯延攬，在冷戰時期的飛彈競爭中，協助開發ICBM（洲際彈道飛彈），後來甚至用火箭發射人造衛星，並且將人類送上了月球，達成太空旅行的夢想，全都是同一批人的努力成果。

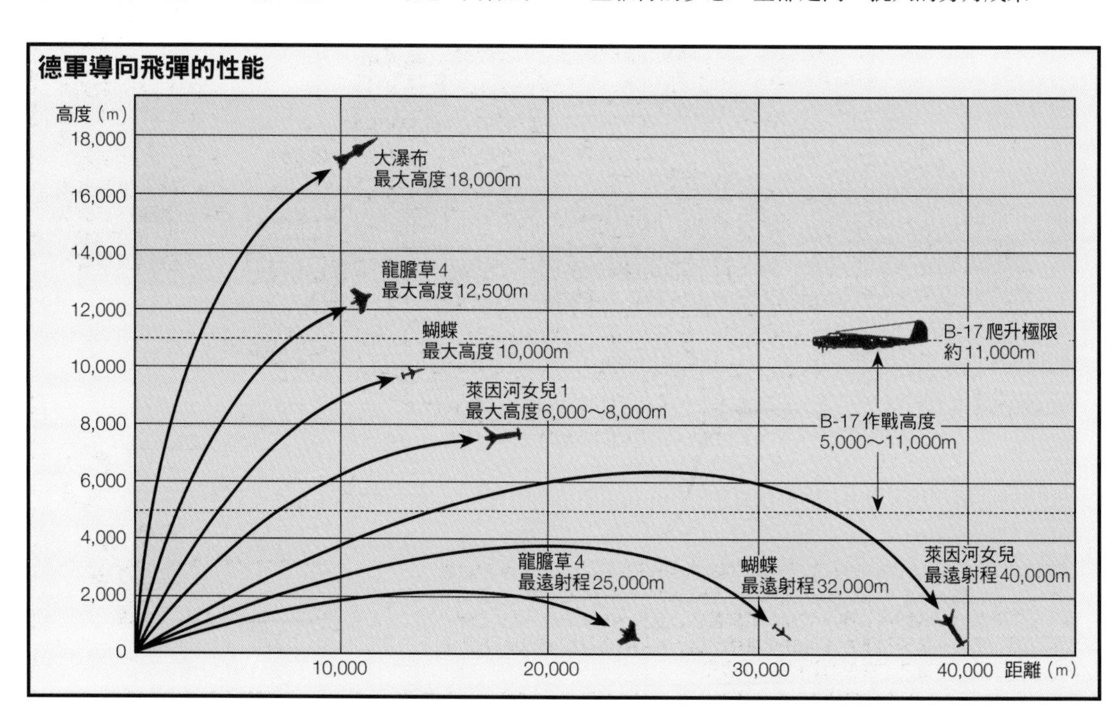

火箭砲的構造

第二次世界大戰時，德軍使用的火箭彈依推進劑和配備的不同，大致區分成兩大類。第一類是下圖所舉例的15cm火箭彈，推進劑位於前段，炸藥位於後段，噴嘴位於側面。另一類是以28cm火箭彈為例，推進劑位於後段，噴嘴設在彈體尾端，彈底的中央有噴嘴，而在噴嘴周圍則有一圈小洞，能夠讓彈體在飛行時轉動，保持飛行路徑穩定。15cm火箭彈和28cm火箭彈都裝填TNT（成型炸藥）。

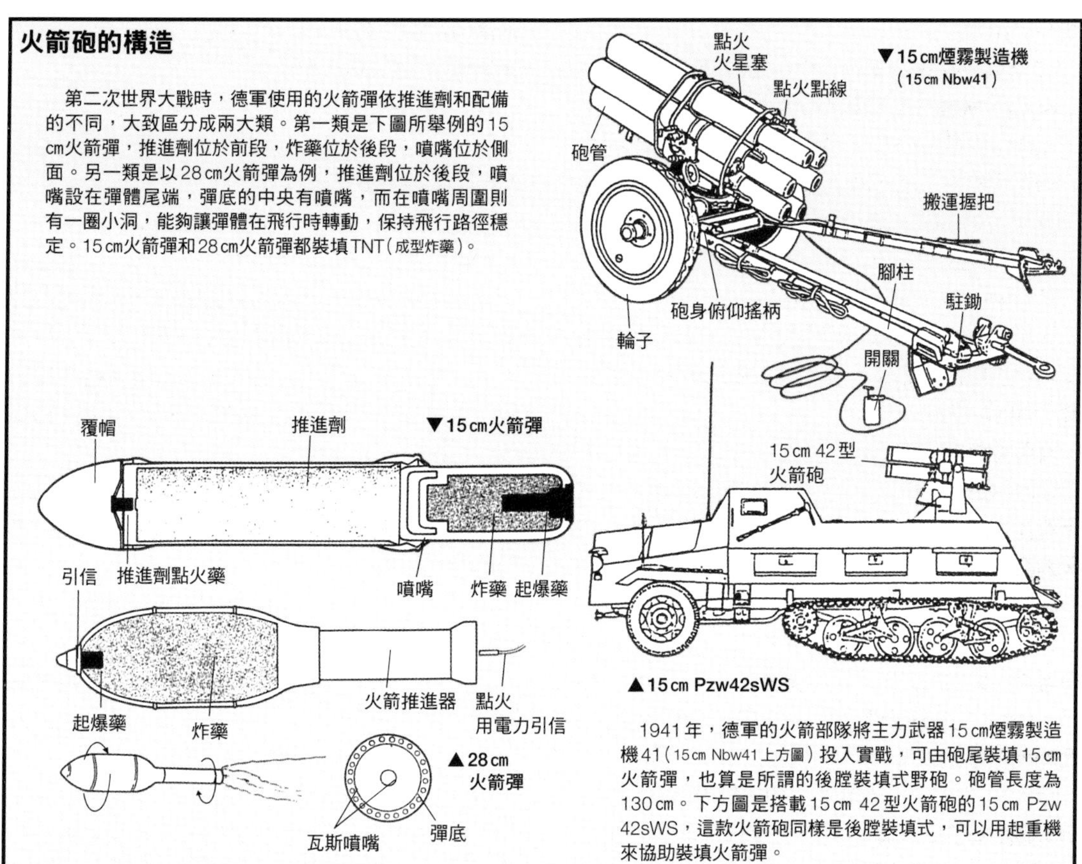

▼15cm煙霧製造機（15cm Nbw41）

▼15cm火箭彈

▲28cm火箭彈

▲15cm Pzw42sWS

1941年，德軍的火箭部隊將主力武器15cm煙霧製造機41（15cm Nbw41上方圖）投入實戰，可由砲尾裝填15cm火箭彈，也算是所謂的後膛裝填式野砲。砲管長度為130cm。下方圖是搭載15cm 42型火箭砲的15cm Pzw 42sWS，這款火箭砲同樣是後膛裝填式，可以用起重機來協助裝填火箭彈。

搭載火箭砲的德軍自走砲

▼突擊虎式（Sturmmörser Tiger）

突擊虎式使用的PW61火箭彈重量達324kg，無法以人力來裝填，所以砲尾後方備有協助裝填的起重機。火箭彈的細部說明如下：①引信、②炸藥、③固態燃料、④噴嘴、⑤火箭點火藥、⑥主噴嘴、⑦彈道穩定用噴嘴。

▼PW61火箭彈

突擊虎式是一款搭載著38cm口徑火箭彈發射器的虎式臼砲，由於採用重達324kg的巨型彈藥Pw61，無法以人力裝填，因此車內備有彈藥裝填機。德軍原本並沒有突擊虎式的開發計畫，這種火箭砲當初是要安裝在U艇上，當成對地攻擊武器，可是，後來陸軍從海軍那裡接手研發，就臨時修改成自走砲用的火砲了。製造是由生產虎Ⅱ式的阿爾凱特公司負責。

以燒毀一切目標為目的所開發的燒夷彈——。
還有為了防禦而誕生的武器・煙幕——。
這兩者如果運用得當，就能發揮出極高的效果。

THE DEVELOPMENT OF WEAPONS IN W.W.Ⅱ

燒夷彈、煙幕 INCENDIARY BOMB SMOKE SCREEN

昭和20年（1945年）3月10日，美軍出動279架B-29轟炸機，在東京市區投下1900t的M69燒夷彈，這次以燒夷彈為主力的東京大空襲，將東京中心的15平方英里範圍（約24平方公里）捲入烈火風暴之中，一個晚上就造成了大約10萬人喪生。

戰後，美國的戰略轟炸調查團進行調查後指出，燒夷彈的效能超出原先預期。對於容易燃燒的目標，重量70磅（約32kg）的M69燒夷彈的燃燒效率，要比裝填高性能炸藥的500磅（約229kg）炸彈還要高出12倍，就算是不易燃燒的目標，效能也高出1.5倍。

德軍在空襲倫敦時，也發現燒夷彈的效能超乎預期，但儘管如此，隨後還是暫停了燒夷彈的研發。

英國也曾開發過燒夷彈，是一種4磅（約1.8kg）的鎂金屬炸彈，但是在戰時鎂的供應量不足，所以放棄量產，改而製造在生橡膠內混合膠狀汽油的製造材料，這種燃燒劑容易引火、燃燒溫度高，且燃燒速度容易控制，是相當優越的燃燒劑。

另一方面，美國的科學家沒有直接使用鎂金屬，而是開發出4磅鋁熱劑炸彈（鋁粉和氧化鎂的混合物，可產生3000℃的高溫）。接著，哈佛大學的科學家、還有亞瑟・D・利特公司及梭迪克斯製造公司的技師則是投入研究汽油的濃縮劑，在研究萘化鋁的過程中，開發出了凝固汽油彈。使用了這種膠狀汽油的M47燒夷彈，日後經過改良，追加了包裹著白燐的TNT核心，改良的成果就是M69燒夷彈。由於投擲這種燒夷彈有可能影響轟炸機編隊飛行，所以將38枚M69以雙層方式收納在集束筒內，形成E46集束燒夷彈。當轟炸機以數千公尺高度投下E46時，墜落的集束筒暫時不會打開，直到一定高度才會裂開，灑出內部的M69燒夷彈。截至戰爭結束為止，總共生產了3000萬枚M69。

煙幕是在第一次世界大戰時開始運用，當初是作為反潛防禦用途，用燃燒不完全的重油來製造煙霧。第二次世界大戰時，邱吉爾下令英國的科學家研究如何讓煙幕能夠均勻散佈，但是沒能成功。後來英國海軍部燃料實驗所終於開發出在特定條件下能夠產生褐色煙霧的機油發煙機。

第二次世界大戰初期，美國陸軍所擁有的最高等級煙幕製造機，其實原本是柑橘田驅除害蟲用的原始機械。後來美國的艾文克・蘭格穆爾和維克多・拉梅爾發現了氣膠現象（液態和固態粒子浮游在空中）和煙幕之間的關連，找出了能夠讓煙幕完全遮蔽光線、或是遮蔽視線的原理。於是，蘭格穆爾發明了能夠施放出有效煙幕的發煙機。這些發煙機後來在安齊奧橋頭堡、火炬作戰的港灣補給路線、以及諾曼第海岸、和1944年底至1945年春季的埃納河渡河任務中發揮不少功用，製造出遮蔽敵方視線的煙幕。

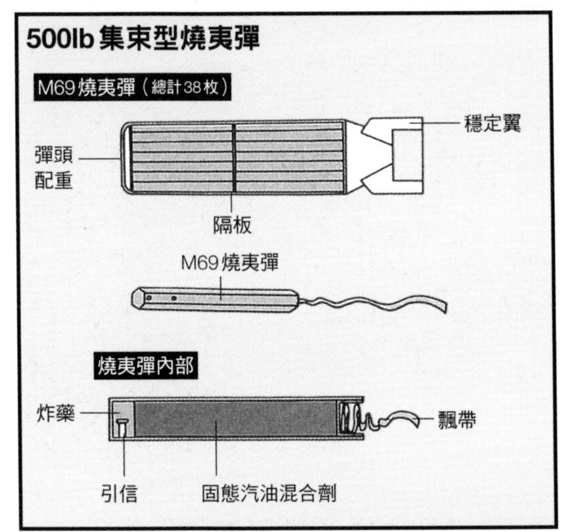

Armoured Division

金村伸哉（Nobuya Imamura／P62～77, 112～116） 福田　稔（Minoru Fukuda／P78～81）
桑田悦（Etsu Kuwada／P82～95） 真田守之（Moriyuki Sanada／P98～111）

德軍戰車營的閱兵典禮，照片中為1號戰車。

第一次世界大戰的各種問題和機械化思想

從膠著戰線引來機械化戰爭的時代

第一次世界大戰末期，戰場上出現了「戰車」這種新式武器。
歐洲各國不斷摸索著如何才能將這款新式武器的威力發揮到最強，於是，裝甲部隊就此誕生了。

演變成持久消耗戰的第一次世界大戰

第一次世界大戰的戰爭型態的特色，是無法採用運動戰來達到速戰速決的目標，結果陷入長期且大範圍的縱深防禦陣地戰。和過去的戰爭不同，第一次世界大戰投入了大量的人力、物力，將地球的整個西半球都化為第一線戰場，演變成國家總動員、投入全球規模的龐大戰爭。

協約國陣營動員了約3700萬人、同盟國陣營動員了3500萬人，使用發展完備的步槍、機槍、火砲、毒氣、潛艇、及初期的戰車和飛機，導致戰鬥越發激烈。交戰雙方的動員人數有多達40%的傷亡，簡直就像是人間煉獄。

本篇在進入正文之前，得要先探討一個命題，就是這場大戰究竟能不能避免？

從大戰爆發前的國際關係來看，法國亟欲搶回亞爾薩斯和洛林，俄國虎視眈眈的想要取得達達尼爾海峽，奧匈帝國被獨立問題所糾纏，俄國在幕後推動泛斯拉夫主義，打算瓦解奧地利。當時的歐洲列強，已經將帝國主義推到最高峰，德國與英國之間為了解決海軍軍備競賽而訂定條約，卻沒有收到成效。歐洲各國早已預期在不久之後的將來必定會引爆戰爭，但是，沒有一個國家想要投入戰爭。

就連引發第一次世界大戰的德國，儘管首相貝特曼失策鼓動戰爭，德皇還是不希望戰爭爆發，於是在情勢緊張的局面下，依舊照著預定行程前往挪威近海進行海上巡航。另外，大毛奇的姪子、別號小毛奇的馮・毛奇當時擔任參謀總長，因為健康不佳，常常需要療養休息，早已是眾所周知的事。

可是，想要緩解國際緊張局勢的政治努力，在軍事層面上卻使不上力。當時各國會預期各種狀況來擬定作戰計畫，採取動員—集中—戰略推動這樣的流程來進行，集結大軍和補給的任務都是交給鐵路運輸，當時的作戰計畫裡，甚至連火車要用哪一種輪子都編入計畫當中，因此變的毫無融通與彈性。一旦國家宣布開戰，就會依照作戰計畫的程序來走，容不下政治力介入，也就毫無遏阻之力了。稍後會提到的施里芬計畫就是這種典型。

在大戰爆發前，還有諸多問題，例如國際關係、軍民合一（Civil–military relations）的戰爭統御體制等等，但是在此限於篇幅，只好留待日後有機會再談。現在我們將討論的焦點放在「為什麼敵我雙方都有決戰的打算，卻沒能達到速戰速決的目標」，以戰爭末期德軍和協約國軍雙方所發動的攻勢，來觀察未來的戰爭型態是如何受到影響。

首先，在第一次世界大戰期間，除了東線戰場和若干戰役特例之外，幾乎都沒有辦法進行速戰速決的運動戰，而是陷入長期的陣地攻防戰，這是為什麼呢？

在此之前，歐洲經歷了兩次工業革命，在第一次世界大戰當時，步兵的步槍已經自動化、可以連續射擊，而機槍與火砲的科技也日益成熟，使得火力大幅提昇，防守的一方只要藉助倒刺鐵絲網和側防機槍，就能發揮強大的防禦力，然而，用於速戰速決的攻擊力，卻仍舊在步兵、騎兵衝鋒的窠臼上打轉，無論打擊力道還是速度，都沒辦法超越防禦力。

在戰爭初期，企圖速戰速決的德軍施里芬計畫，在馬恩河會戰中破綻百出，結果戰線就此陷入膠著。無論是協約國還是同盟國，其實都想早一點從這膠著的陣地戰中脫身，但是在軍事面和政治面都欠缺有力的戰爭指導，結果整個大戰都陷入了持久消耗戰當中。

施里芬計畫和馬恩河會戰

現在我們就來觀察一下問題的根源，也就是施里芬計畫和馬恩河會戰。1894年俄法結為同盟，協定要一同防範德國，一旦戰爭爆發，就要迫使德國陷入東西兩線開戰的窘境。感受到兩面受敵的德國，面對東西兩線的敵手，決定應當盡快動員，以最快的速度擊潰法國，然後抽調兵力去對付剩下的敵人俄國。

負責訂定這個戰略方案的，是當時的參謀總長阿爾弗烈德・G・馮・施里芬（1833.2.28～1913.1.4）。他決定了先攻擊西線的策略，要在6週之內擊敗法國，然後調頭對付俄國。之所以定下6週這個時間，是因為俄國利用鐵路動員官兵需要2週時間，而德國的東線部隊則預計能固守4週，這樣計算之後，就得出了要在6週之內解決法國的時間表。

當年和現在不同，動員軍人需要耗費相當長的時間。從宣戰開始到實際發動攻擊，要經歷動員—集中—戰略推進這幾個階段，所以估算動員時間變的非常重要。

1914年6月28日爆發塞拉耶佛事件，到了7月23日，奧地利對俄國發出48小時的最後通牒，俄國在24日得到消息後，派出部分軍隊前往俄羅斯—奧地利邊境佈防。7月31日，俄國和奧地利兩國都開始發起全國總動員，俄國的動員速度有多快，這成為德國施里芬計畫能否成功的關鍵。於是，德國在8月1日向俄國宣戰，到了3日則向法國宣戰。

施里芬計畫早在1905年就已經定案，施里芬本人說明這個計畫的方針是「從法軍的左翼突擊，由毛瑟要塞、侏羅山脈、以及瑞士邊境方向，將法軍推回法國本土」，這個計畫完全無視於克勞塞維茨的「軍事行動必須優先將政治考量納入其中」的原則，施里芬藉著摧毀比利時的中立來訂定這個戰略計畫，雖然構想宏大，卻無視於德國陸軍的現狀，所以計畫成功的可能性幾近於零。1914年8月時，能夠在西線發動攻勢的德軍步兵師數目太少，而且調動部隊和提供補給用的鐵路路線只有一條，根本達不到要求。

當初在訂定作戰計畫時，其中的第1方案已經決定要無視於盧森堡的中立地位，到了1898年時，施里芬又規劃出更大膽的計畫，規模遠超過第1方案，新的方案要求「所有兵力的8分之1（5個軍團）配置在東線防守，其餘的8分之7（35個軍團）全部投入西線的攻勢，在6週之內逼法國屈服，然後抽調所有兵力朝東方進攻」。

這個計畫的巧妙之處，並非在地理上的迂迴攻擊手法，而是在這個兵力分配方式和戰略指

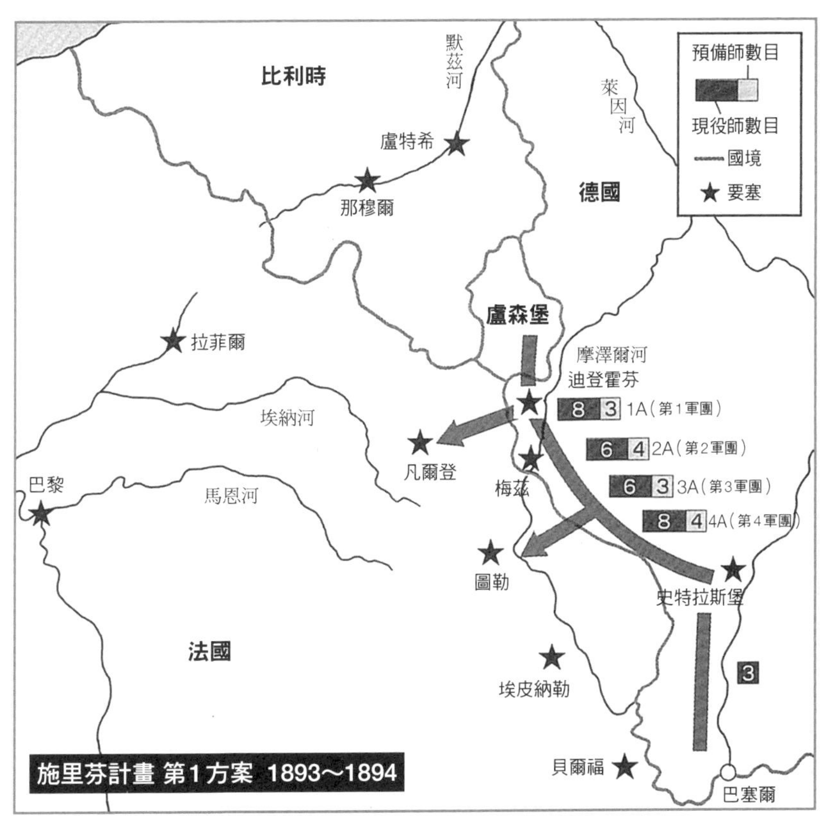

第1方案還處於小規模作戰計畫的階段，缺點是正面有容易遭受攻擊的風險。

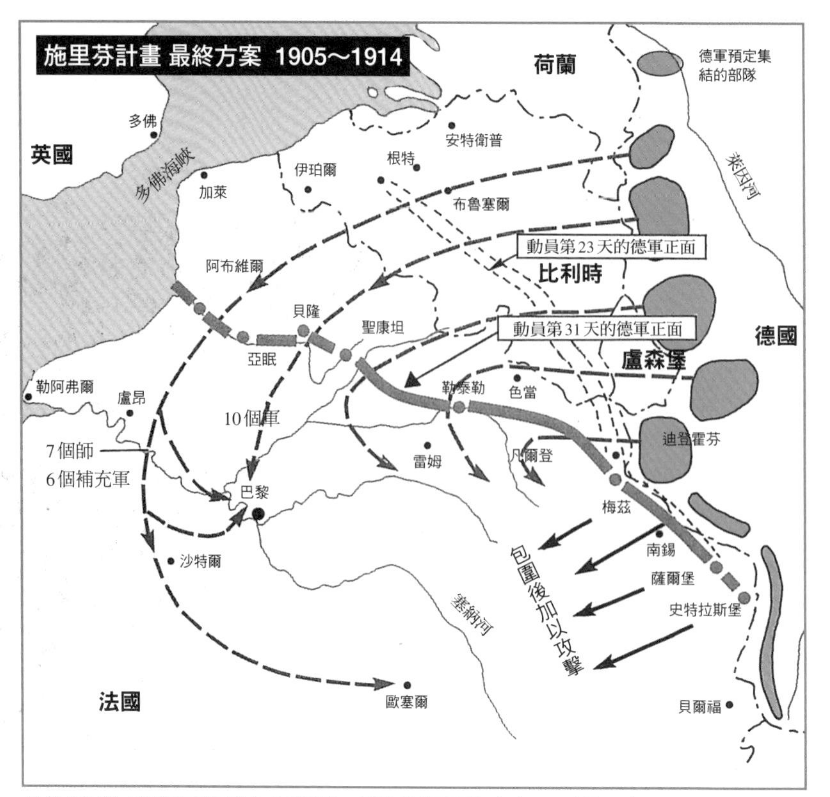

最終方案變成快速包圍巴黎的大型計畫，即使被敵軍得知方案，也會被認定不可行。

揮構想。在開戰之際，就要將預備部隊和現役部隊混編成攻擊部隊，力求在戰爭初期收到奇襲效果。主力部隊形成一個可以迴轉的大部隊，繞著迴轉軸從梅茲等地攻入法國邊境，只有主力的左翼兵力需要投入攻勢。假使法軍在洛林地區進攻，想要將德軍的左翼推回萊因河的話，德軍仍舊保有大部隊的右翼，可以擊潰法軍，讓施里芬計畫更容易成功，這個計畫就是這樣一個經過縝密計算的方案。

可是，1906年時小毛奇接替了施里芬的職務，開始進行戰前準備，大幅修正了施里芬計畫的內容。修改的計畫認為不能小看東線的現代化俄國，要派更多兵力到東線戰場上。再者，從1905年到1914年這段期間，小毛奇為了調度可用的兵力，極端重視迴轉大部隊的左翼兵力，而忽略了右翼兵力，結果，迴轉大部隊和國境守備隊的兵力比從原先的7：1調整到3：1，導致計畫出現破綻。

另一方面，法軍的對德作戰計畫，在普法戰爭結束後的1872年到1914年，經歷了五個階段的變遷，每個階段都訂定了兵力召集計畫，從1號計畫起算，到了大戰爆發前，已經累計到17號計畫，改變相當大。法國在普法戰爭後的復興期，最初是以防守作為戰略思想，可是後來改為發動反擊的「攻勢防禦」戰略，於是在埃皮納勒、圖勒、以及凡爾登等地建造邊境防衛要塞群。

但是，在1914年之前的10年期間，以杜・格蘭梅森上校為中心的新理念派出現，公然批判過去制訂的對德作戰計畫「攻勢防禦」思想。1912年，霞飛被任命為參謀總長，他放棄了參謀本部既定的計畫，另外訂定「17號計畫」。這個計畫的內容，是「德軍主力從北方繞過比利時的時候，法軍要從梅茲以南的地方突破德國邊境，一舉粉碎德軍的迴轉軸，由背後包圍攻擊、並殲滅德軍主力」。在兵力配置方面，則將一開戰就能迅速動員的5個軍團之中的2個軍團配置在德法邊境，另外2個軍團配置在左翼的法國・比利時邊境，剩下的1個軍團則在中央的後方待命。

英國陸軍兵力也被納入法軍的防守計畫中，1913年當時預定要投入10個步兵師和1個騎兵師，但是實際開戰時，英國只派出了16萬兵力。依照作戰計畫，英軍應當迂迴攻擊貼在法軍左翼的德軍右翼，與比利時軍合作，威脅德軍的右側後防。

德軍最初的國境會戰，由於犧牲了右翼來強化左翼，在戰爭爆發後又調派部隊去增援東線的東普魯士，結果演變成一場和施里芬計畫完全不同的戰爭。儘管如此，年輕的德軍參謀總長赫爾穆特・馮・毛奇（小毛奇）仍舊率領德軍取得了1914年8月的國境之戰的勝利，對法軍造成嚴重打擊。可是，隨著德軍入侵比利時和法國，後勤補給問題導致第一線的打擊力大幅衰退。此外，和臨接部隊的聯繫也出現問題，甚至位於盧森堡司令部的毛奇本人都聯絡不上前線的野戰軍團。另一方面，法軍總司令霞飛則趁這段期間秘密的將部隊從東方調動到西方，並且用預備役官兵編組了第6、第7軍團，準備進行逆襲。

8月31日，在最右翼向前挺進的德軍第1軍團司令馮・克魯克，遭遇到英國遠征軍和法國第5軍團，發現自軍戰力已經低於預期，無法照原訂計畫衝向巴黎西方，於是擅自下令改變作戰方向，改朝東南方。這項舉動等於是把巴黎和法國的鐵路中樞劃歸到包圍網之外，但是至少可以在朝馬恩河前進時，與臨接的比洛的第2軍團取得聯繫。克魯克軍團於是在9月2日抵達馬恩河。

9月4日，霞飛手下的協約國軍隊停止撤退，下令摩努利的第6軍團攻擊克魯克所暴露的西翼側面。翌日，奧爾克河爆發戰鬥，馬恩河會戰於是正式展開。巴黎防衛軍司令加里耶尼立刻調集巴黎的所有預備隊，徵用所有的計程車，將部隊送往前線。面對這新的威脅，克魯克再度改變進攻方向，經過7天的鏖戰，德軍判斷戰況不利，於是從左翼抽出2個軍團增援右翼，結果導致克魯克軍團和正遭到福煦第9軍團攻擊的比洛軍團之間出現了間隙，英軍一見到缺口，就朝那裡衝鋒。這場會戰遍及第1、第2、第3軍團的整個前線，毛奇於是派遣亨奇中校擔任聯絡官前往第一線，並且給他允許右翼各部隊撤回埃納河的權限，於是在9日當天，比洛接到了撤退的命令。至於克魯克則是和法軍第6軍團繼續接戰，但是受到相當沈重的壓迫，最後也不得不接受命令向後撤退。

13日，德軍在埃納河阻擋住了法軍的追擊，戰況至此趨於穩定。此後，雙方多次進行突擊或包圍，卻都沒能成功。因為一再地想要包圍敵方側翼，導致戰線一直延伸到了英吉利海峽。這場馬恩河會戰雖然是由協約國軍贏得勝利，但是，敵我雙方已經造成了約25萬人傷亡。

結果，這場會戰演變成了雷馬克所著作的《西線無戰事》的膠著陣地戰，在膠著的戰線上，屢屢發動戰史上前所未見的大規模攻防戰。除了西部戰線之外，其他戰線也陸續爆發大戰一有加里波底登陸戰（協約國軍傷亡約25萬人／參戰人數約41萬人）、薩羅尼克登陸戰（協約國軍傷亡超過50萬人／參戰人數約60萬人）、阿巴登攻防戰（協約國軍傷亡93,500人／參戰人數414,000人，其中217,000人為非戰鬥人員）、巴勒斯坦作戰等大規模戰役。

令人鼻酸的人間煉獄和戰車的登場

在西部戰線上，從1914年秋季起，德軍和英軍競相打造戰壕陣地不斷延伸，終於在新港附近抵達英吉利海峽。

當側翼包圍戰延伸到英吉利海峽時，在凡爾登西方的香檳省到阿拉斯之間，同盟國軍出現了一個以蒙迪迪耶為頂點的突出部。協約國於是計畫在此發動攻勢，規模最大的就是第3次阿爾特瓦之戰（1915年9月25日～10月15日）及第2次香檳省之戰（同年9月25日～10月6日）。這次大攻勢以失敗收場，只有少數幾處在德軍陣地

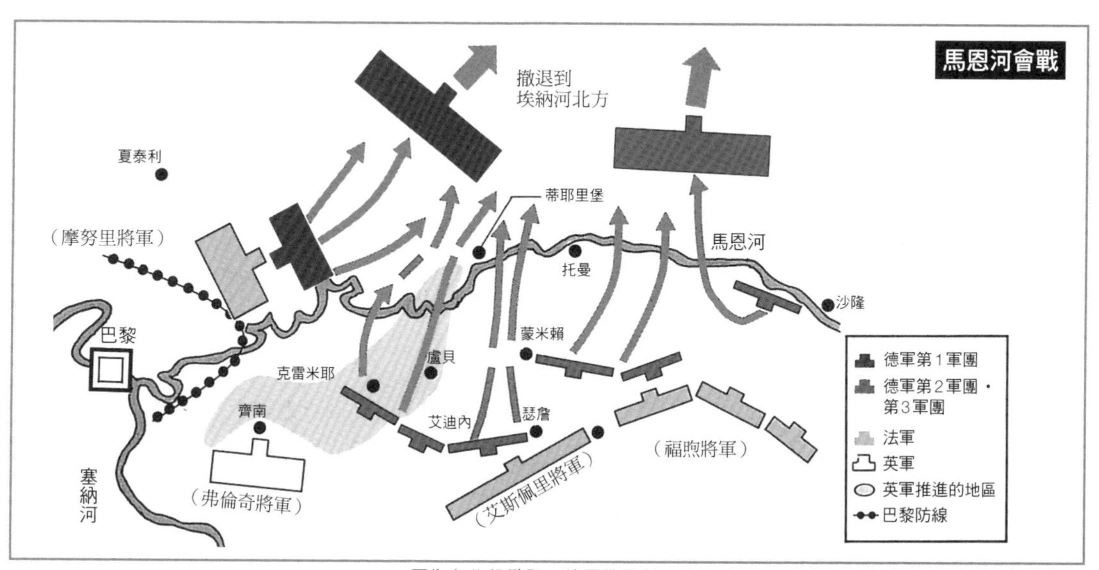

因為在此役戰敗，德國的勝利只維持了6週，此後便陷入長達4年的長期膠著戰。

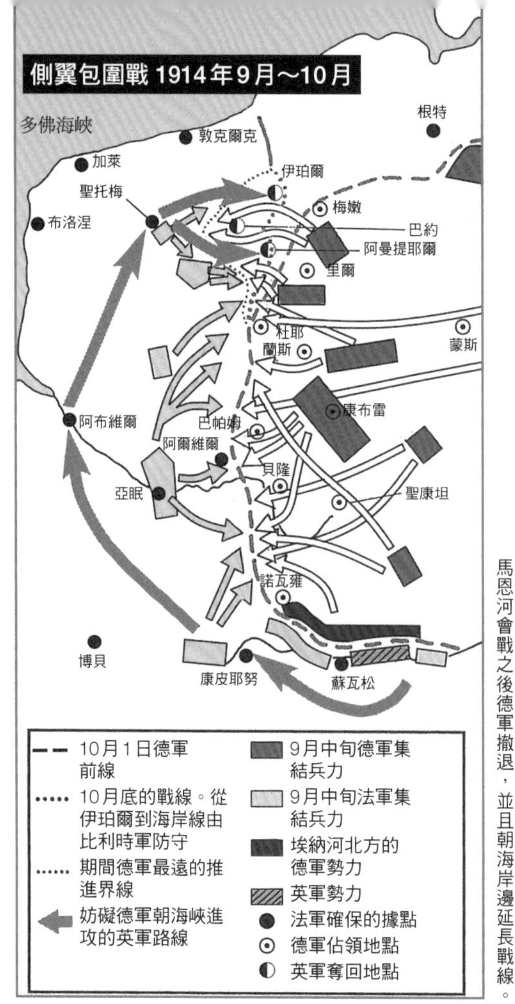

馬恩河會戰之後德軍撤退，並且朝海岸邊延長戰線。

上推進佔領了大約3000碼（約2740m）的縱深，可是，在第3次阿爾特瓦之戰中，英軍傷亡達48,200人、法軍則傷亡48,267人，第2次香檳省之戰中，法軍則傷亡了143,567人。

1915年底，協約國在會議中決定，要在翌年1916年春季再度發動攻勢，正在準備時，德軍就已經發起凡爾登攻勢（1916年2月21日～7月10日）。這時小毛奇已經被撤換，改由法金漢繼任參謀總長。法金漢發動的凡爾登攻勢，並不是想要突破防線、將戰爭重新導向運動戰，而是把戰爭當成吸血幫浦，不斷的消耗法軍官兵，為法國造成精神上的打擊，如此一來英國自然也就孤掌難鳴了。可是，德軍發動的攻勢，只有在20英里（約32㎞）的正面向前推進了5英里（約8㎞），到了8月底，德軍已經損失了28萬人，法軍則是有315,000人傷亡。

1916年堪稱是第一次世界大戰的決勝關鍵，而這場凡爾登戰役則是1916年前期的戰爭焦點，當時默茲河（又稱為馬士河）左岸的馬爾高地和304高地等激戰地點被人們起了「凡爾登的石磨」、「凡爾登的地獄」、「死亡山丘」等等別名，兩軍反覆爭奪，屍體堆積如山、血流成河，一如法金漢預期，變成了消耗戰的戰場。可是，法金漢企圖摧毀法軍意志的目標並未達成，對戰局毫無影響，結果，戰線又恢復到原本的膠著狀態。

為了緩解凡爾登所面臨的壓力，協約國軍決定發動之前延期舉行的索穆河大攻勢（1916年7月1日～11月14日）。這時的防禦戰術已經比大戰初期更為進化，防線的縱深極寬，而且有多重防線組合，第一次世界大戰可說是防禦戰術最為發達的一場戰爭。當時的步槍已經可以進行連續射擊，又導入了輕機槍，使得步兵火力大幅提昇。此外，火砲的彈藥消耗量也變的非常驚人。自1915年以來，陣地戰無論攻方還是守方，都非常倚賴砲兵，尤其是攻方出現了「用砲兵耕田、用步兵佔領」的砲兵至上主義。因為想要靠著火砲摧毀敵軍的縱深陣地，火砲的性能和砲兵編組運用方式都有飛躍的進步。在索穆河會戰中，英法軍連續發動8天的砲擊作為攻擊前的準備，有173萬發砲彈落在德軍陣地上，一旦發起攻擊後，砲兵又調整射程，提供掩護，讓步兵繼續推進，這樣一步一步的佔領敵方陣地。

至於防禦的那一方，為了阻擋敵方推進，則是建立了多層次的戰壕陣地，在陣地前佈下倒刺鐵絲網，然後在戰壕兩頭設立側防機槍。在索穆河地區，德軍的防線是由3～5條戰壕重疊在一起形成第1陣地，在後方3～8㎞處則設置了第2陣地，至於第3陣地則是設在弗雷爾。在第1陣地和第2陣地之間，預留了中央地帶，砲兵主力就配置在中央地帶，而重砲則是設置在第2陣地的後方。

諷刺的是，大量用來攻擊敵軍的砲彈，在戰場上挖出了無數的彈坑，反倒成為攻擊部隊向前推進的阻礙。在彈如雨下時，幾乎所有部隊都無法行動，當步兵終於向前推進時，後方的補給卻送不上來，想要讓火砲和補給車輛跟上部隊，又必須在戰地中建設道路。至於守方則會趁此機會重新建構陣地來抵抗。

在索穆河會戰中，英軍傷亡419,654人、法軍傷亡194,451人，至於德軍的傷亡則推估達到50萬人。義大利軍在索穆河畔發動的攻勢也受阻。在東部戰線上，勃魯西洛夫攻勢雖然以成功收場，但是卻損失了多達100萬名官兵，雖然這時已經有聲浪要求和談，但是沒有一方願意坐在和談桌前。德皇難以忍受這樣的耗損，於是在1917年1月31日下令，為了突破膠著戰局，重新展開潛艇的無限制攻擊作戰，此舉最後引來美國參與歐陸的大戰。

1917年4月9日，270萬枚砲彈落在德軍陣地上，協約國軍發動了尼維爾攻勢。可是，在阿拉斯一帶的會戰中，英軍一直打到5月3日，也只在20英里寬的戰線上向前推進5英里而已。英軍和德軍雙方都各損失了約15萬人。至於朝埃納河方向進攻的法軍，在攻擊發起後第8天攻勢受阻，法軍傷亡187,000人、德軍傷亡163,000人。

協約國軍抱著極大期待的春季尼維爾攻勢以失敗收場，結果，在5月25日到6月10日這段期間，有多達54個師發起抗命叛變，法軍士氣已經極度低落。至於東線的俄軍，在1917年2月27日由瓦爾伊尼團點燃了叛變之火，連帶的，聖彼得堡引發暴動，吹起了革命的風潮，在11月革命時，誕生了蘇維埃政權，並且與德國和談，結束戰爭。德國方面，在10月29日發生了威廉港海軍水兵叛變，不久，又延燒到基爾軍港，水兵們佔領了港口，呂貝克和漢堡也都爆發叛變風潮。

在世界各國政治與軍事都陷入僵局、民意開始動搖時，5月4日的英法兩國高層軍事會議中，法軍統帥部主張在美軍抵達前，要暫停攻勢。可是，強硬派如英國首相勞合・喬治和英國遠征軍司令黑格元帥則強硬要求繼續進攻、以維持戰線不墜。

在這樣的主張下，展開了法蘭德爾會戰（6月7日～12月3日）。這場作戰計畫的目標是佔領比利時境內的德軍潛艇基地、以及那些用來空襲英國本土的機場。協約國軍在6月到12月期間發動了3次大攻勢，包括第3次伊珀爾之戰（7月31日～11月10日）和康布雷戰車戰（11月20日～29日），可是，第3次伊珀爾之戰只有在10英里正面向前推進5英里，付出的代價卻是英軍傷亡20萬人、德軍傷亡30萬人以上。

此時，協約國開始深刻體會到，這種吸血的戰壕戰必須要想辦法加以阻止。過去在七年戰爭戰敗後，法國產生了新的軍事理論，建立起拿破崙的軍事基礎，但是現在法國卻什麼也發明不出來。而盎格魯・薩克遜人這邊則是有太多新點子，不知該選擇那一種。

想要突破膠著的陣地戰的攻略法，大致區分為戰略方案和戰術方案這兩大類。

戰略方案就是不在戰壕陣地上直接對決，改

索穆河戰役中的英軍坦克。

而在主戰場之外的地方另闢戰場，給予致命一擊。英國的作法就是傳統的登陸作戰，在德國沿岸、土耳其南部的伊斯肯德倫灣、薩羅尼克灣登陸，還有1915年4月25日由邱吉爾主導、在加里波底登陸的「達達尼爾遠征計畫」。這些登陸作戰都以慘敗收場，不過，在硬體面和軟體面取得的經驗都活用在第二次世界大戰的登陸作戰中。

戰術方案就是直接和戰壕陣地對決的辦法，也就是開發出新武器，能夠對付躲在戰壕和鐵絲網後方、操作步槍和機槍的敵軍，並且克服戰場上的惡劣地形。

關於前者——對付敵軍的方法，是由德軍率先採用。德國雖然是1899年黑格條約的締約國，卻率先違背使用毒氣的禁令，在1915年4月22日下午5點，對伊珀爾的協約國軍陣地動用氯氣瓦斯，在1917年7月11日又同樣在伊珀爾使用芥子毒氣。雖然毒氣能夠造成敵方官兵傷亡，但是沒有辦法扭轉戰局。後來，世界各國紛紛投入毒氣研發，發現毒氣的可怕之處，反而抑止了第二次世界大戰的參戰國使用毒氣，無論軸心國還是同盟國都沒有在戰場上使用毒氣。

至於後者——克服戰場上的惡劣地形，則是由史雲頓開發出能夠和戰壕陣地對決的戰車。在法國領軍的黑格總司令催促本國提供戰車，於是調集了2個戰車連共40輛戰車，縮短訓練日程，儘速送上戰場。當時一個戰車連配備有24輛戰車，還有1輛作為預備車，轄下分為4個排，每一排擁有6輛戰車，至於運用的最小單位是一對兩輛戰車。

當時使用的戰車是1型（Mk.I）戰車，裝甲足以抵禦步槍子彈和砲彈破片。由於機械的可靠度不佳，送往戰場的49輛戰車中，能夠開上攻擊發起線的只有32輛（17輛分配給第一線各師，8輛分配給第二線軍級單位，7輛作為備用），有9輛在越過攻擊發起線時故障，在攻擊時，又有5輛重彈而停頓，能夠和步兵一同前進的18輛戰車之中，只有9輛撐到任務完成。

戰車之父史雲頓並不希望戰車被這樣打散使用，他主張應當集中運用。可是，受限於實際狀況，卻不得不分散使用。

原因之一，是燃料和道路問題，使得戰車在長距離運輸時必須仰賴鐵路，而且是超過標準軌距的鐵路。即使如此，用火車運送Mk.I時，車身兩側的砲座還是太寬，只好暫時拆卸下來，等到抵達目的地之後再裝配回去，作業相當繁瑣。所以，當時要大量運輸戰車是非常困難的任務。

另外，從訂定戰車製造計畫到實戰運用，中間只有短短的14個月，無論戰車還是操作的官兵，都還處於摸索狀態，不易發揮最大效能。

機械化時代的到來

後來，戰車在越來越多場的戰役中出現，Mk.I型戰車也陸續改良成II、III、IV型，增厚裝甲提升抗彈性。在康布雷之役中，德軍採用鋼芯彈頭的機槍和13㎜反戰車步槍，所以隨後又開發出裝甲厚度達12～14㎜的Mk.V型戰車。隨著戰車性能不斷提升，史雲頓最初提倡的運用法也獲得採納，在戰車容易進行機動戰的戰場環境集結運用。在康布雷戰車戰（11月20日～29日）中，英國

Mk.V型戰車

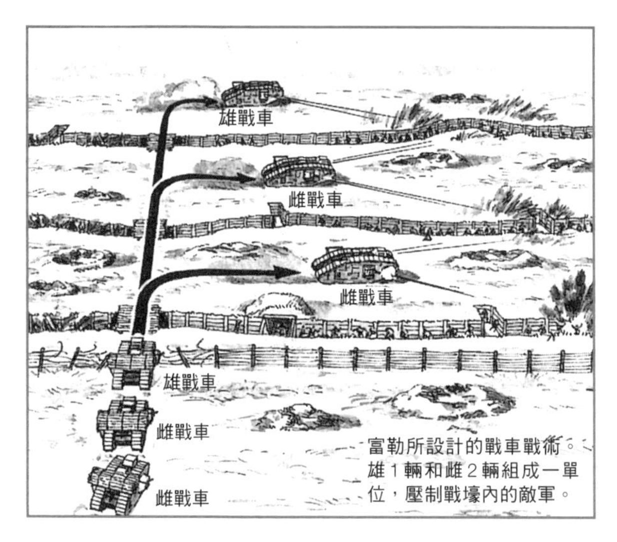

富勒所設計的戰車戰術。雄1輛和雌2輛組成一單位，壓制戰壕內的敵軍。

戰車軍調集了400輛戰車集中運用，這是戰車軍長休・艾爾斯少將和參謀長J・F・C・富勒上校（後來晉升為少將）極力建議的結果。這場戰役中，除了成功的以奇襲方式突破戰壕陣地之外，也對未來的戰車運用戰術產生了影響和教訓。

在這場戰役中，富勒思考如何用戰車克服敵軍的戰壕，在他的規劃下，雄戰車1輛和雌戰車2輛合計3輛編為一組，以相互支援的方式突破敵軍縱深防線。戰車的雌雄分類其實並沒有明確的定義，不過，雄戰車都搭載有破壞碉堡用的火砲，而雌戰車則是配備壓制敵軍的機槍，這樣的編組單位可以突破戰線、支援步兵前進。在突破的時候，首先由雄戰車1號車作前導，用2門6磅砲（57㎜砲）一面行進一面射擊，雌戰車則是在火力支援下輾平鐵絲網，雌戰車的2號車在跨越過第1線戰壕後提供火力支援，雌戰車3號車則是跨過第2線戰壕後，為1號車及2號車提供火力支援，最後，雄戰車跨越第3線戰壕，支援雌戰車前進，攻克敵方散兵坑，每輛戰車旁邊都有2個步兵排以平行隊形隨行。

為了實行這項戰術，在康布雷投入戰鬥的戰車，都在戰車的砲台上裝載樹幹木材，在跨越戰壕時，就用木材填平戰壕，讓戰車能順利通過。Mk.Ⅳ型戰車長度為26英尺，很容易陷入戰壕內，所以用木材填平戰壕這個方法相當有用，只不過，戰車重量超過1噸，在實際跨壕時還是會遇到不少困難。

走向複合武力概念

法國的戰車之父埃斯提耶砲兵上校在1914年8月25日對下屬軍官發表訓示表示：「在這場戰爭中，能夠克服任何地形的車輛，誰能搭載75㎜砲，誰就能獲得勝利。」以「攻擊砲兵」為目標的他，開始思考在汽車上增設裝甲和履帶。但是法國陸軍很厭惡這個「攻擊砲兵」的理念，一直要等到1918年，埃斯提耶才得以實現他用大量戰車集中突破的構想，證明這種運用方式確實有效。從這個角度來說，他算是建構戰車運用概念的重要人物之一。

被任名為「攻擊砲兵」總監的他，認為戰車團應該多樣化，以輕戰車來提供直接支援、重戰車鑿開突破口、中型戰車則用於追擊敵軍。此外，還提倡開發特殊功能的裝甲車，用來聯絡軍情。他還繼續研究戰車與其他兵科的協同運用方式，並且設計出迫使敵軍進入運動戰的戰鬥隊形。

法國戰車部隊在第一次世界大戰的第一戰，是在埃斯提耶的推動下、獲得福煦元帥的支持，在1917年4月在貴婦小徑的戰鬥中，投入了130輛的「攻擊砲兵」。之後法國開始動員產業，增產輕戰車雷諾FT，在戰爭結束前已經生產了數千輛的戰車。許多戰車都沒有實際投入戰事中，不過性能頗受好評，因此戰後成為戰車外銷大國。

第一次世界大戰時出現的新武器戰車，雖然在戰時不斷改善機械性能、開發新戰車，在運用層面上，雖然已經出現集中運用的戰術，但僅止於萌芽階段。不過，戰爭結束後，任何人都看得出戰車改變了戰爭型態。此後，不僅戰車和飛機迅速發展，連帶的也出現了摩拖化步兵和自走砲兵，迎向機械化時代。從1920年代中期到1930年代初期，大戰中的戰車先進國家英國，由曾經親身參與康布雷戰車戰的參謀長富勒為中心，出現了許多研究戰車運用方式的理論家，對世界各國裝甲部隊創建了理論基礎。在英國，有一派認為應當以戰車為部隊主力，另一派則認為要建立武力均衡的機械化部隊，理論家與實務者之間引發了論爭，在實踐方面也出現諸多分歧。這些理論的歧異我們之後會在英國裝甲師的軍事戰略變遷章節再做探討，不過在下一場世界大戰來臨時，將戰車視為步兵支援武器的英國和法國，都早在戰前就已經決定了命運。

另一方面，戰敗的德國受到凡爾賽和約的約束，俄國則是剛革命結束，這兩國都深受西方國家的理論影響。在這樣的苦難中，德國和日後成為強敵的蘇聯一起進行聯合教育和訓練，從瑞典那裡取得硬體科技，在西班牙內戰中吸取實戰經驗，終於奠定了「閃電戰」的概念和現代化的裝甲師。裝甲師是一個步兵具有高度機動性和獨立性的單位，能夠和各兵科協同作戰，等於是複合武力的部隊。在德國空軍的近接空中支援下，裝甲師能夠從敵陣中央或側翼進行突破。在蘇聯，則是設計出了日後在史達林格勒攻防戰中擔任主力的T-34系列戰車，編組了比德國「閃電戰」時更為強大的複合武力部隊，並且在第二次世界大戰後期到戰後冷戰時期，建立起了驚人的戰車王國。

裝甲師的軍事戰略變遷

U.KINGDOM〔英國〕

第一次世界大戰後，領先全球的戰車先進國家英國，因為錯誤的理念而無法因應時代潮流。

戰車先進國家一英國為什麼喪失主導權？

文＝今村伸哉

戰車先進國家的內部矛盾

戰車在運用時產生的諸多問題，以第一次世界大戰為例，在戰略・戰術層面最為人所詬病的，就是機動打擊力不足、以及各兵科的複合武力觀念尚未成熟（這裡指的複合武力，是武器或兵科的組合，舉例來說戰車得要和步兵緊密結合、協同作戰，此外還需要野戰砲兵或空中近接支援，讓戰車和步兵能夠順利推進的體系）。當實戰車和飛機都屬於剛誕生的新武器，還處於發展階段，自然在開發武器系統的運用方式這方面欠缺經驗，一直要等到第一次世界大戰末期，才逐漸顯露出這類武器系統的未來運用開發路線。凡是能夠敏感的察覺這樣的變化，並且預作準備的人，就能在下一次世界大戰中取得優勢。第二次世界大戰序戰初期的結果顯示，英國和法國都在這方面遠遠落後。

英國是第一次世界大戰期間最早開發並且運用戰車的國家，戰爭末期還曾經在康布雷戰車戰之中贏得勝利，堪稱是戰車先進國家。此外，英國還有富勒和李德・哈特等裝甲戰爭理論家潛心研究。然而，在1939年的歐洲列強之中，英國擁有的戰車都是效能不佳的舊式車型，無法遂行裝甲戰爭，在沙漠戰（北非戰線）的初期和德軍交手，又在裝甲戰爭中慘敗。這些事實不禁讓我們要問，過去在第一次世界大戰中曾經領先各國配備戰車的英國，為什麼會落到如此的下場。

改革太慢的原因

首先，我們先來瞭解一下，巴塞爾・李德・哈特爵士對這個問題有何看法。李德・哈特對這個狀況所提出的解釋，是第一次世界大戰結束後的1920年代至1930年代初期，戰車先進國家英國在編組裝甲部隊、並且建立教範（軍事作戰中，作為軍隊或部隊的行動準則的基本原則和作戰概念）時，其實是佔有優勢的。因為有戰車支持派如J・F・C・富勒、喬治・林賽、珀西・霍巴特、以及已經從陸軍退伍的李德・哈特等人在推升戰車的地位。

其中，影響力最大的人物莫過於戰車理論的先驅、在康布雷戰車戰中擔任戰車軍參謀長的富勒。富勒在1966年以88歲高齡去世前，留下了46冊著作，是一位智將。第一次世界大戰末期的1918年3月，他為進攻德國而擬定了『1919年計畫』，內容源自於他的實戰經驗，並且以戰爭如果持續下去作為立論目標。文中提到，為了避免陷入膠著的消耗戰，必須使用戰車和飛機打贏決定性的戰役，這時，就務必要採用緊密的協同作戰模式，這等於是現代戰爭研究的第一道曙光。不過，為了得到軍方的認可，他只能以個人學說方式發表這項研究，希望得到軍方採納。富勒身為戰車運用的先驅，在理論和實踐兩方面都具有影響力，而與富勒極為友好的李德・哈特，則是以一名採訪記者的身份，探討第一次世界大戰後英國的機械化部隊及裝甲部隊的建構過程。李德・哈特在1959年出版他所著作的《The Royal Tank Regment's Official History》第1卷和1956年出版的《Memories》等書中，曾提起這份『1919年計畫』，並且探討第一次世界大戰時的戰車先進國家英國，為什麼在第二次世界大戰剛爆發時會被打的一蹶不振，他的著作影響力一直延續到1980年代。

李德・哈特從1925年到1935年這段期間，在每日電訊報服務，從1935年到1939年則是成為泰晤士報的軍事特派員。因此，他認識了第一次世界大戰和第二次世界大戰期間所有塑造英國裝甲理論的人物。當時，他獲准出入陸軍部，認識了建構起英國裝甲部隊的富勒等裝甲理論家，而李德・哈特本人也是個戰車支持者。李德・哈特在著作中表示，戰車的啟蒙和改革，會遭遇各種各樣的抵抗和反動，有很多抗拒者都是軍方的高階軍官，李德・哈特點名這些頑抗的軍官，認為他們的經歷不適合擔任戰車部隊指揮官。到了1939年至1941年，德軍已經靠著裝甲部隊贏得了耀眼的勝利，英軍裝甲部隊的無能暴露無遺，李德・哈特於是認定軍方沒能重用戰車支持派的軍官，這是因為軍方的高階軍官和官僚一直奉行保守主義，只求個人自保的緣故。

戰車理論先驅，富勒（J.F.C Fuller）將軍。

從敦克爾克撤回英國本土的英軍士兵。

相較於李德・哈特的見解，也有些學者認為不應如此偏頗批判，這些學者包括布萊恩・龐德、羅伯特・H・拉爾森、哈洛德・溫頓等人。龐德認為，在第一次世界大戰和第二次世界大戰之間，參謀本部的氣氛並不如李德・哈特所言那麼抗拒，事實上參謀本部一直在為即將到來的戰爭作準備，但是內閣卻一直想躲避戰爭，一直到1939年2月。因此，軍方是受限於經費問題，才會如此無力。

拉爾森認為，參謀本部其實蠻喜歡機械化這個概念，他以英國戰車軍（TC＝Tank Corps的縮寫）的軍官身份進入參謀大學深造，並且晉升到陸軍的最高官階，可見陸軍部的高階將領早已對戰車的用途和重要性有了認知。而且，騎兵軍官也沒有全面抗拒機械化，反而是接納了機械化，以換取騎兵團的永續生存。

溫頓則是表示，英國陸軍內部早就對機械化這項改革做過了複雜深入的討論，並非毫不在意。

欠缺「裝甲理論」的參謀本部

英國參謀本部其實隊於裝甲化與機械化並沒有偏見和反對，說穿了，是沒有明確的「裝甲理論」，促使軍方採取接納或是反對的動作。戰車支持派所建立的理論之中，並沒有說明在下一次歐洲戰爭中，戰車應當如何作戰、還有戰車部隊應該如何編組。

雖然在第二次世界大戰後，李德・哈特對此有強烈主張，但是，他本人在1939年以前，也並沒有完全掌握或建構裝甲戰爭理論。他在1928年出版了《近代軍隊的重生》一書，但是書中內容大都是英國參謀本部在一戰當時留下的官方資料記錄。李德・哈特最具影響力的1930年代後期，也就是重整軍備時期，他對變化的戰場和戰車的能力並沒有抱持獨特的信念。

李德・哈特當時的觀念，是現代戰爭的防禦力十分強大，他深信防禦陣地不可能被突破。此外，他也認為英國不應介入歐陸的戰爭。假如英國陸軍介入戰爭，當時的假想敵法國必定會以堅強的防禦來對抗英國，因此英國陸軍的攻擊將毫無作用。這些見解都不是在提出裝甲戰爭理論，對陸軍的發展並沒有助益。

富勒在『1919年計畫』之中，以他的實戰經驗為基礎，說明了戰車的功用和對士兵的心理影響，也強調要和飛機協同作戰，但是，並沒有寫到戰車和步兵的協同作戰、戰車戰、和反戰車作戰等內容。1932年出版的《戰爭的革新（The Reformation of War)》也是一樣。富勒算是英國最有智慧的戰車支持派將領，也是裝甲戰爭概論的唯一提出者，在他的《F.S.R. Ⅲ（Field SerⅥce Regulation Ⅲ）的相關講義》中，談到過以相對少數的精銳機械化陸軍作戰方式這個主題，這是過去從未寫過的野戰軍事教範，有著條理分明的記敘。

然而，這本書的問題出在觀念太過先進，並沒有預料到他的主張能否適用於下一場戰爭。富勒的先見之明有其缺陷，他在《F.S.R. Ⅲ的相關講義》書中所提出的預言，並沒有正確命中之後爆發的戰爭型態。

1939年當時，英國裝甲部隊的貧弱，主要是源自於預算遭到擱置、陸軍重建步調太慢、還有內閣對歐陸戰爭缺乏遠見這幾點。英國裝甲部隊受限於科技與工業問題，阻礙了戰車的開發進度是事實，不過這方面還需要更多調查研究才能有所定論。在第二次世界大戰的大部分時期，英國使用裝甲部隊來遂行戰鬥的機能太差，一般人大都認為是高階軍官抗拒所致（這也是受到李德・哈特的主張所影響），但是，戰車支持派本身的思想體系也有許多未解難題。

生存下來的戰車軍——RTC

在第一次世界大戰終結前，英國的戰車軍（ETC）總計有20個戰車營和12個戰車連。這個ETC在1918年的協約國軍大攻勢中扮演著重要角色，也在英國的1919年戰爭計畫中帶有重要地位。可是，1919年實施了戰後大舉裁軍，一舉消滅了英國戰車部隊的發展基礎。此後，英國陸軍的軍事活動僅限於弭平帝國殖民地的叛亂和暴動，ETC的戰車和裝甲車在這些相對較小的紛爭中顯露出極高的價值，而且運作成本低廉，所以勉強生存了下來。

在那段時期，有些學界提出戰車無用論，也有些高階軍官對戰車的未來抱持著疑問。不過，陸軍審議會並沒有認同這類論調，並且裁撤戰車軍。現實情況剛好相反，在大幅裁軍的時代，ETC生存下來，到了1923年10月18日，又被賦予「皇家」稱號，這個稱號象徵著戰車已經在部隊中擁有極高的地位，這樣的地位將會持續下去。

皇家戰車軍（RTC）一開始是在步兵師底下配置1個戰車營，總計成立了4個營。這些戰車營並非步兵師的轄下單位，而是由RTC來調度運用。儘管周遭環境並不優渥，但RTC這樣的軍事思想已經在英國開花結果。到了1920年代末期，英國在裝甲戰爭思想、戰車設計、裝甲編組訓練、戰術運用等方面，都領先全球，建構了獨自的一套觀念。

創建實驗機械化部隊

英國的軍官團傳統，在要求軍官的資質時，重視貴族的明朗豁達更甚於軍官的智能，對改革派軍官和智慧型軍官抱有不信任的態度。不過，第一次世界大戰後的1920年代，陸軍基於大戰的嚴酷經驗，調高了高階、中階軍官的比率，這些軍官都有體驗過戰爭，所以對自己的職業擁有極高的自覺。再者，1918年的協約國軍大反攻之中，已經確認了戰車的價值和重要性，參謀本部於是調派富勒這類的軍官，以使用大量戰車在1919年結束戰爭這個非現實構想來立論撰述（1919年計畫）。富勒每次受邀到各個學會演講，都會熱情的宣揚戰車理論和戰車的實效。結果，許多優秀的軍官加入了RTC，而戰車部隊也成為其他兵科軍官嚮往的職位。在改革派軍官中聲望頗高的富勒，主張戰車將取代步兵和騎兵，而砲兵則要比照戰車改用自走砲。富勒甚至提出了陸上戰艦這樣的構想，認為未來戰場將由這樣的「艦隊」來主導勝負。雖然富勒對英國裝甲部隊的建立有極大的影

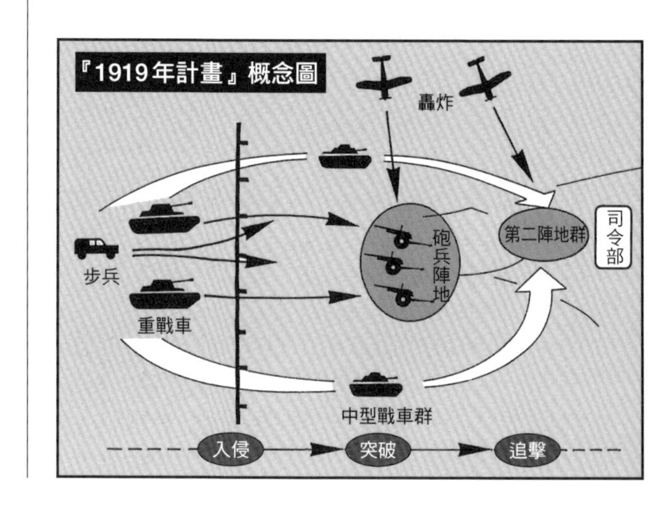

響，但是一直到第二次世界大戰終結，英國還是沒有建構起明確的教義。當然，他的思想在1920年代初期傳遞給了認真思考未來戰爭面貌的眾多軍官，這是不可抹滅的事實。

結果，參謀總長卡凡公爵禁止富勒發表論文，還把他從能夠發揮影響力的參謀本部計畫中除名。卡凡的繼任者參謀總長喬治・米蘭爵士又把富勒請了回來，擔任軍事顧問，提供最新的軍事思想、及戰車與機械化的相關資訊給米蘭爵士。

富勒到任後不久，米蘭參謀總長就大力支持RTC總監喬治・林賽上校所推動的試用機械化部隊構想，在1927年創建了試用機械化部隊。林賽是個為英國裝甲部隊發展竭盡心力的人，他在第一次世界大戰後進入參謀大學進修，在1920年代當時成為戰車頭號提倡者查爾斯・布洛德的門生，也成為富勒非常欣賞的後輩。

林賽在1924年4月28日提出試用機械化部隊的創設提案，他所構思的機械化部隊編組是由①飛機、②裝甲車、③高速戰車、④摩托化砲兵、⑤摩托化迫擊砲、⑥摩托化機槍等單位所組成。在這個方案裡，並沒有加入步兵部隊。1926年5月15日，林賽透過富勒，將論文追加一篇編組理由，提交給米蘭參謀總長。論文內容強調，未來的戰爭不再倚賴傳統步兵和騎兵部隊，而是由機械化編組的部隊來作戰。米蘭贊同這項方案，於是大力支持籌建試用機械化部隊。

兩種方案的對立

另一方面，機械化部隊編組負責人參謀次長E・O・魯文上校，則提出了另一種的編組方案。①戰車營×1、②裝甲車連×2、③特別偵察連×1、④皇家砲兵野戰旅（近接支援）×1、⑤步兵營×3、⑥皇家工兵部隊×1、⑦通訊部隊×1，在這個架構下，相較於步兵數目，戰車數量較少，因此引來批判，不過，擁有特別偵察連（摩托車連）的構想相當好，步兵也都予以摩托化。至於近接支援砲兵旅則考慮配備18磅砲自走砲。魯文所提議的並非單純的機械化步兵部隊，而是能夠遂行騎兵部隊原本任務的組織，例如1個摩托車連和2個裝甲車連都歸屬於騎兵團，此外，魯文也認為戰車軍以外的部隊在未來也都應當轉為機械化部隊。

這樣的編組和理念，對一向主張以戰車為主體來編組部隊的林賽及富勒來說是個異數。林賽曾公然反對，表示不應當把戰鬥車輛一到騎兵部隊轄下，並且向陸軍部提案，認為不該加入步兵等其他要素。在這波反對戰車軍以外的部隊加以機械化的浪潮中，唯一的例外是砲兵。林賽認為裝甲自走砲能夠擔任戰車軍的近接火力支援角色，認為自走砲應當由皇家砲兵部隊來開發運用。

日後在英軍裝甲戰鬥中衍生出的諸多問題，其實都源自於富勒、林賽、以及其他RTC幹部們對其他兵科的見解有誤。林賽的戰車軍編組法，不僅流於戰車偏重主義，在軍事方面也不是健全的組織。在富勒、林賽、以及後來的查爾斯・波德和珀西・霍巴特等人的影響之下，RTC對裝甲戰鬥車輛的戰鬥力有著過度的評價，對摩托化步兵的本質和重要性則是太過於輕視。林賽雖然知道砲兵在裝甲戰鬥中有著重要地位，但是他做這樣的論述，是在推動能夠以直接火力射擊敵軍的自走砲兵戰車。對裝甲戰鬥之中步兵和傳統牽引砲兵地位頗為輕視的林賽和富勒影響所及，導致英軍在沙漠戰中失去了正確接戰的能力。

在試用機械化部隊的編組競爭中，林賽在富勒的支持下獲得勝利。1927年5月12日，當初預定由富勒出任的試用機械化部隊指揮官改由吉亞克・柯林斯就任。柯林斯並非RTC出身的軍人，而是個不折不扣的步兵軍官。因此，在每日電訊報就職的李德・哈特對他多所批判。李德・哈特的態度，表現出他對友人富勒的忠誠，認為富勒比任何人都有資格擔任這個職務。

柯林斯看待這支部隊的編組方式，基本上和戰車主力派的林賽相近，不過他還是自行追加了摩托化步兵營。在演習中，經常參與空軍和陸軍的協同作戰編組，雖然演習過程免不了發現新問題，而RTC的軍官們又對柯林斯那欠缺熱情的統御能力表達不滿，但試用部隊至少讓裝甲部隊獲得了較多的關心。1928年訓練期結束時，這支成立過程曲折迂迴的試用部隊，變成了陸軍內部批判戰車支持派的口實。

「紫色教範」

三種方案的試用機械化部隊在1929年開始進行實驗，不過更重要的，是要利用試用機械化

德軍在非洲的裝甲軍團，佈防於突尼西亞的凱撒林隘口。

部隊的實驗結果，當作日後的指導教範。

在陸軍內，有關裝甲部隊的最早一本教範，是RTC的查爾斯・布洛德中校撰述、於1929年出版的《機械化與裝甲部隊編組》。由於這本教範是採用紫色封面，所以又被稱為「紫皮書」或「紫色教範」。接著，布洛德又在1931年推出修訂版《近代軍隊的部隊編組》。這兩冊著作正好足以看出1930年代初期英國對裝甲戰鬥的軍事思想程度，而且在英國陸軍內廣為流傳閱讀。李德・哈特在他自己的著作中，大力宣傳這些教範在本質上有所進步，可是，若是仔細去看，會發現教範中忽略了裝甲戰爭中的某些重要領域，還有些錯誤觀念未得到修正。

布洛德將機動部隊和戰鬥部隊組成的陸軍描寫成具有高度效能的組織，但事實可不是如此。再者，教範中還宣揚錯誤的裝甲運用理念，例如將巡航戰車與步兵戰車分開來運用，這種二分法裝甲概念是跟步上時代潮流的產物。現代的裝甲戰力必須同時兼具機動性和強大的戰鬥力，而且隨著戰車性能日益提升，能夠同時達成兩方目標的戰車也必定會出現。

照布洛德的分析，機動部隊是由騎兵師或騎兵旅、以及輕裝甲師或旅來組成，戰鬥部隊則是由步兵師和中型裝甲旅來組成。布洛德的輕裝甲旅構想是由①司令部及通訊部門、②輕戰車營×2～3、③近接支援戰車部隊×1、④防空裝甲部隊×1所組成，而中型裝甲旅的構想是由①司令部及通訊部門、②中型戰車營×1、③輕戰車營×2、④近接支援戰車部隊×2、⑤防空裝甲部隊×1所組成。

布洛德所構思的輕裝甲師和輕・中型裝甲旅的弱點顯而易見，因為這種單位在獨力作戰時所需的裝甲戰鬥力有限，具體來說，編組中不包含步兵，所有單位都是戰車所組成，甚至沒有林賽所主張的機槍部隊，至於砲兵的任務則是交給近接支援戰車，把野戰砲兵也排除在外。因此，「紫色教範」距離所有兵科都機械化的概念還十分遙遠，或者說的極端一點，把這樣的概念給抹煞了。

和林賽相比，布洛德的RTC色彩更為濃厚，他沒有談到旅級以上規模的編組法，在他心目中，裝甲旅全都是由戰車組成，RTC就是一切。在1931年版的教範中，也沒見到使用多個裝甲部隊同時發起戰鬥、切入敵軍前線，製造決定性且戰略性的突破口等觀念。甚至沒談到裝甲部隊的戰車預備隊，以及敵我雙方的戰車部隊發動戰車戰的狀況。

第一個裝甲旅是在《近代軍隊的部隊編組》一書出版的1931年編組而成，一開始是用於訓練的試用部隊。指揮官就是布洛德本人。這個裝甲旅中，混編著輕、中型戰車和配備卡登・洛伊德機槍車的3個營，輕戰車主要用於偵察任務，而且一如預期，是排除其他兵科的純RTC單位。

參謀本部和裝甲部隊的組織

1933年2月，野戰軍團元帥A・A・蒙哥馬利・馬辛本特公爵就任參謀總長，這對RTC來說實在不是個好消息。因為馬辛本特是個保守派將軍，對戰車支持派的極端要求始終抱著疑問，甚至與富勒敵對。不過，馬辛本特卻展露出他願意進步的決心，1933年11月他將裝甲旅定調為永久編制，又在1934年的陸軍會議中倡議將RTC包含在內的完全機械化師。

馬辛本特比起同時代的軍人更看重即將到來的戰爭，而且他有正確的見解。在1935年9月時，他在標題為「英國陸軍將來的重新編組」的文件中，對戰爭初期容易發生的幾種狀況做了細節的預測，也用很長的篇幅去敘述可能的過程。這份資料送交給國防大臣哈里法克斯公爵，並且在陸軍會議中傳閱。馬辛本特明確指出，未來的歐陸戰爭中，英國陸軍的主要任務是和法軍協同抵抗德軍。他以優異的洞察力分析，看出德軍在戰爭初期會以機械化的地面部隊和戰術空軍聯手，進行陸空聯合作戰。為了讓英軍能在下一次歐陸戰爭中做好準備，他主張調高遠征軍的機械化裝備，以達到完全機械化為目標。

參謀本部在1935年所構想的機動師是由①擔任偵察部隊的戰車團×2、②擔任戰鬥部隊的機械化騎兵旅×2、裝甲旅×1、③擔任支援部隊的砲兵旅×2、野戰工兵部隊×1、④管理部隊所編組而成。機械化騎兵旅則是由輕戰車團×1和摩托化騎兵團×1所組成。另外，馬辛本特認為，攻擊時用的正規野戰部隊中，每4個步兵師就要搭配1個裝甲旅（含4個戰車營），而且每個步兵師轄下都要準備輕戰車騎兵團。換言之，在他眼中，機械化機動師所負擔的任務，就和19世紀的騎兵師一樣。

馬辛本特雖然知道德軍會用陸空聯合作戰方式來製造戰略性的突破，但是當時英國陸軍僅保有一個機動師，在戰爭初期階段無法實施這種陸空聯合作戰。當時已經在思考如何阻擋敵方的裝甲部隊製造突破口，但是卻沒談到機動師能夠在這其中負擔什麼任務。

馬辛本特的編組方案承受的另一股批判聲浪來自於騎兵部隊。英國陸軍一直維持著騎兵的悠久傳統，現在則是打算將馬匹替換為車輛。機械化騎兵總計有12個團，其中4個團被用在機動師的摩托化狙擊兵單位中。這顯而易見是英國陸軍傳統的騎兵意識在作祟。因為騎兵大都是地主貴族階級，他們的統御觀念還相當陳舊。雖然部隊機動化是不可遏阻的潮流，但是在軍隊編制上，有沒有必要安插這類單位，則是大有問題。相較之下，RTC的擴充卻因為缺乏足夠資源而受到阻礙。是否要廢除騎兵這項論爭，此後還會繼續下去，變成陸軍揮之不去的煩惱。

戰術思考的轉換

英國歐陸遠征軍在1940年的敦克爾克撤退中，幾乎拋棄了所有的戰車與裝甲車，可是，卻還是拋不開「以戰車為重心的裝甲部隊編組」的思維。敦克爾克大撤退之後不久，北非戰線燃起戰火，這是一場與歐陸戰場截然不同的沙漠戰。英軍的組織架構還是繼承著純裝甲戰鬥信念。1940年6月投入沙漠戰初期戰役的第7裝甲師，都是由戰車至上理念的霍巴特所訓練出來的，這個裝甲師的妥善率不佳，不過一如87頁的表格所述，由2個裝甲旅、1個支援群、1個工兵部隊所組成，每個裝甲旅轄下有3個團，支援群包含2個摩托化步兵營和輕型反戰車、防空武器團及野戰砲兵團。依比例來算，相較於2個步兵營和1個砲兵營，戰車數量卻多達340輛，比例偏高。在西迪・雷塞克的戰鬥中，這個師以3個步兵營加上超過500輛戰車、72門反戰車砲、58門輕型防空砲、84門野砲的第3裝甲旅和1個支援群、以及3個戰車團這樣的編組投入戰鬥。

至於沒有裝甲旅的第8軍團步兵部隊，則是由3個旅組成的步兵師為基礎，步兵師轄下配備有輕戰車，各個1939年編組的旅都有1個連的輕戰車，1940年則改為由師部直轄的1個戰車團。理論上，防禦時要用地雷、戰壕、反戰車火砲擊野戰砲兵進行有組織的防線建構，可是，實際上大多數的步兵指揮官都期待戰車能夠協助他們防禦，原因之一是步兵部隊中反戰車武器的數量還是不夠。

在理查・奧康納將軍執掌沙漠戰兵符的時候，第7裝甲師被譽為訓練精良的部隊。可是，對付義大利軍時能夠發動快攻的奧康納，在隆美爾抵達北非增援的往後一年，根本不是德國非洲軍裝甲部隊的敵手。德軍的裝甲師重視團隊合作，在攻守兩方面，戰車都和反戰車武器及野戰砲兵密切支援。相對的，英軍的兵科合作能力極差，而且戰車的比率過高，在隆美爾有組織的反戰車火網前，缺乏明確運用準則的英軍實在毫無招架之力。

第7裝甲師在1941年末的西迪・雷塞克的戰鬥中受到重創，於是，英國中東軍團總司令克勞德・奧欽列克上將著手填補裝甲師和步兵部隊之間的巨大鴻溝。

第一個構想，是把裝甲師內的裝甲旅數目減為1個，替換成一個步兵旅當作支援部隊。至於裝甲旅則由3個戰車營和1個摩托化步兵營組成，摩托化步兵旅則是由3個步兵營組成。這麼一來，裝甲單位和步兵單位的比率就達到正常水準，照理說，兩種兵科之間就能進行有效的協同作戰。

第二種構想，是在各裝甲旅轄下安插足夠的支援兵科，讓旅能夠從師獨立出來自行作戰，也就是所謂的「旅級戰鬥群」。這樣的單位是自給自足的戰術單位，有足夠的戰鬥機能，而且是相當公式化的配置法。奧欽列克看到德國的非洲軍有這樣的單位，所以拼命想要仿效，並且與之匹敵。

經過一年的時間，1個戰車旅搭配1個步兵旅的裝甲師終於重新整編完成。不過，「旅級戰鬥群」的嘗試卻無法成功，還引來很大的爭論。「旅級戰鬥群」真正得以實施，要到1942年初。經過訓練之後，兵科間的平衡終於達到了奧欽列克的要求。

此時距離歐陸會戰的慘敗已經過了2年以上的時間，英軍的裝甲戰略在奧欽列克將軍的努力之下，總算看到一點成果。可是，一旦指揮官更迭，思考方式也跟著改變。在短短16個月之間，英軍指揮官不斷換手，由奧康納、佩雷斯福德・佩魯茲、康寧漢、賴托奇、奧欽列克、最後到蒙哥馬利，根本沒時間站穩腳步，結果平白放過了掌握近代戰術的絕佳機會。亞歷山大和蒙哥馬利兩位將軍上任後，首先明示旅級戰鬥群非正規編制，唯有師級單位才是戰術單位。

1942年夏季以後，基於武器租借法案，美製的M4戰車成了英國裝甲部隊的主力，最後終於打敗了隆美爾，可是，這是耗費了長達2年時間和繞了一大圈遠路才得到的結果。英國勝利的原因說來諷刺，並不是靠著裝甲師進行戰略突破，而是靠著盟軍優越的物資實力，打了一場消耗戰而獲勝。英國陸軍最重大的障礙，竟然

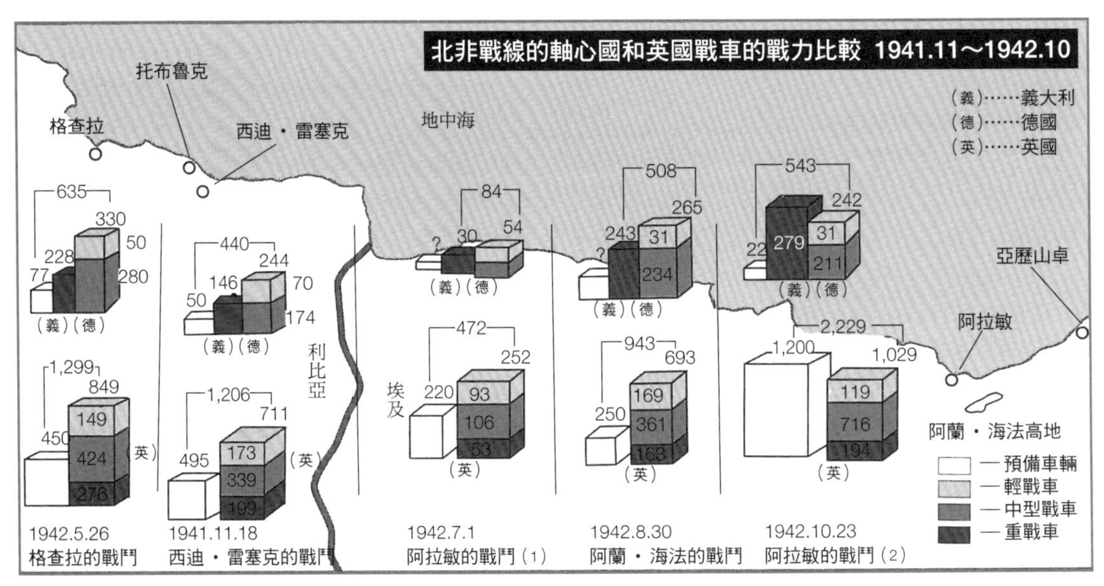

隨著戰鬥進行，軸心國的戰車數量補給減少，盟軍逐漸佔有優勢。

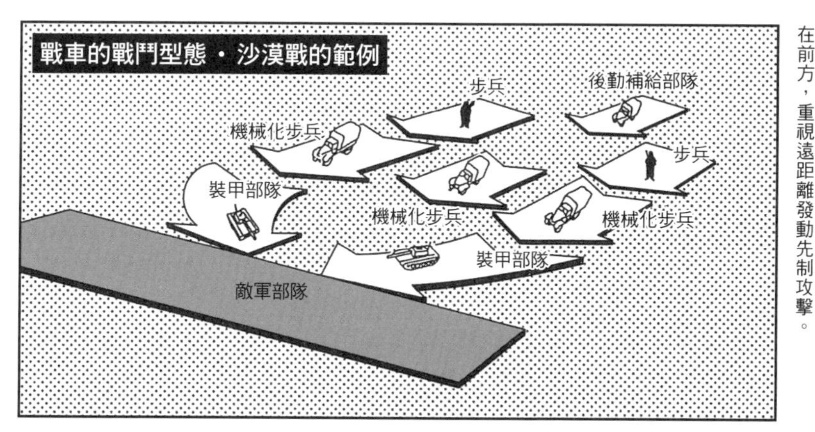

沙漠中視距較遠，因此將裝甲部隊配置在前方，重視遠距離發動先制攻擊。

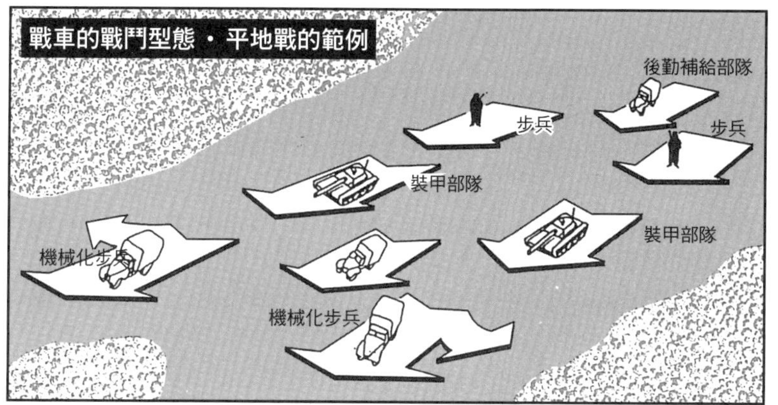

機械化步兵在前方為裝甲部隊開路，掃蕩前方利用地形掩蔽的反戰車火砲。

是來自於富勒等戰車支持派和純粹主義。

經歷這場沙漠戰之後，照理說英軍會馬上學習到新的作戰原則。但是，沙漠上沒有留下任何足跡。高級司令部得不到任何有權威的建言，訓練教程也沒有從戰地情報得到啟示。以致於戰車部隊指揮官必須靠自己的風格來調整戰術，沒有任何學習標的。

德國從英國方面學到的「理論」

英國的反戰車火砲科技不如德國，但更重要的是，兩軍的戰術觀念有著極大的差異。英國陸軍長期以來認定，戰車戰主要是由戰車來對抗戰車。相對的，在戰車發展較晚起步的德國，在第一次世界大戰當時就深刻意識到自軍戰車有其極限（包含多個問題），因此牢記著要用反戰車砲佈下火網，來協助戰車作戰。英軍戰車習慣在戰車混戰中向前猛衝，德軍則是習慣在低矮的反戰車砲火網的掩護下遂行戰鬥任務。講究所有兵科聯合作戰的德軍，坦然接受了第一次世界大戰的失敗教訓，也就是千萬不要陷入陣地戰，而要以戰車為核心，統合車輛・戰術空軍・裝甲師等單位，用最快的速度打敗敵手。1939～42年的德國陸軍快速進擊，其實是重現了第一次世界大戰時失敗的施里芬的構想。施里芬念茲在茲的坎尼會戰，到頭來是靠著裝甲師來實現的。

推動這場攻勢作戰的海因茨・古德林在1920年代至30年代讀遍了富勒、布洛德、馬泰爾、戴高樂、李德・哈特等人的著作，他最關心的就是英國進行的裝甲部隊實驗。布洛德以試用機械化部隊在薩里斯佩里平原進行的實驗為基礎，所寫下的《機械化與裝甲部隊編組》與《近代軍隊的部隊編組》兩本書都被迅速翻譯成德文，成為德國陸軍戰車與裝甲車訓練的初期臨時規範之外的另一份教範。可是，並沒有證據顯示德軍構築了多麼革命性的軍事理論，德軍所做的，只是整理出一些簡單明確的原則，也就是把裝甲戰力和近接空中支援及野戰砲兵等其他兵科統合起來，利用機動打擊力在敵軍陣地上切穿突破，並且提升反戰車作戰機能。

德軍的優勢在於軍人的職業意識，軍中的幕僚極有素養，會將開發出來的戰略戰術做好整理，如此一來，軍官團就有了學習的根據，而部隊指揮官也就不必面臨那許多的混亂狀況。相較之下，英國的戰鬥指揮官則是鄙視幕僚，對於把作戰策劃的權限都交給幕僚這件事有所抗拒。

英國陸軍的問題，在於儘管有了裝甲戰爭的理論背書，也只把它當成模糊的概念，這是最大的失策。本來應當在裝甲師內併入各種兵科部隊，用正確的方法讓各個兵科發揮組織戰力，但是，英軍卻缺乏這種戰術的遠見。

裝甲師的軍事戰略變遷

FRANCE〔法國〕

在第一次世界大戰時生產優秀輕戰車的法國，戰後致力於強化馬奇諾防線，調整為攻勢防禦戰略。

傳統砲兵至上主義導致決策錯誤

文＝福田稔

1916年以後的裝甲部隊演進

第一次世界大戰末期，開發速度最快的新武器，就是戰車。

法軍在1916年春季編組了由14.6t施奈德戰車及25.3t的聖夏蒙戰車所組成的裝甲部隊，不過，法軍的132輛施奈德戰車首次上陣是在1917年的4月16日，在法國東北部的貴婦小徑使用戰車對德軍發動攻勢。可是，在當時負責貴婦小徑防禦的尼貝爾將軍看來，戰車其實並沒有預期中那樣活躍。因為當時的法軍把戰車當成一種步兵武器，而且，法軍整體來說偏愛小型戰車更勝於大型戰車。

在此之前，在法國指揮協約國軍的英國黑格將軍，就已經在索穆河會戰中運用過戰車了，但是法國還是執意要發展帶有本國特色的戰車。

法國的戰車研發是由埃斯提耶上校（後來晉升為將軍）來主導，可是開發出來的戰車在威力方面不如英軍的Mk.I型等大型戰車，於是法國把研發目標轉向輕量的小型戰車，並且在1918年推出了雷諾FT-17這款性能優異的小型戰車。

這款小型戰車FT-17，在1918年夏季德軍對巴黎發動大攻勢時，投入反擊作戰之中。輕戰車的優點是能夠迅速對應戰況轉變，而且在兩地之間調度時，可以用卡車來載運。第一次世界大戰結束後的1918年11月，法軍已經擁有大約4000輛戰車，其中有3187輛是雷諾FT-17、還有400輛施奈德、400輛聖夏蒙。到了1922年，又生產了400輛FT-17，一直擔任法

德軍正在檢視在作戰中被擊毀的法國雷諾FT-17輕戰車。

軍裝甲部隊的核心戰力，一直到1930年代為止。

在1920年到1934年的這段期間，法國提撥了多達1億1600萬法郎的龐大經費，用於編組裝甲部隊。到了1934年時，在東北部國境已經配備了2285輛戰車，用於防衛邊境。但是，這個數量仍不及德軍10個裝甲師所擁有的2574輛戰車。所以，法國在1930年後半又開發出D戰車、S-35戰車、B-1戰車、25㎜反戰車砲、47㎜反戰車砲、105㎜長程榴砲等武裝。

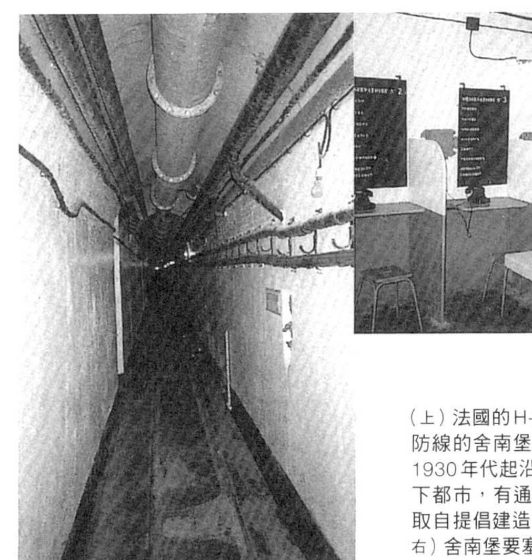

（上）法國的H-35輕型戰車。（下左）馬奇諾防線的舍南堡要塞內部。馬奇諾防線是從1930年代起沿著萊因河構築，內部如同地下都市，有通道和運輸補給線。名稱則是取自提倡建造要塞的馬奇諾陸軍部長。（下右）舍南堡要塞內的監視哨司令部。

「火力殲滅」戰略和馬奇諾防線

從1919年到1939年，法國的政局非常不穩，在這20年間，經歷了43次的內閣更迭。光是1932年12月至1939年9月，內閣就經過16次改組。即使是不太容易調職的國防部長，在這7年間也替換了5次。個別來看，保羅・邦庫爾就任時間最短，只有3天，愛德華・達拉第任職4年6個月，約瑟夫・摩蘭將軍任職1年，菲利普・貝當元帥任職9個月，尚・法伯利任職約8個月。

至於軍人主導的國防委員會的副委員長一職，貝當元帥任期是1920年至1931年，魏剛將軍任期是1931年至1935年，甘末林將軍任期則是1935年至第二次世界大戰爆發。國防委員會可說是決定法國軍事戰略和方針的最高指導機關，在這期間，法國陸軍部隊並不重視裝甲化和機動化，而把戰略方針擺在「火力殲滅」。

馬奇諾防線是甘末林將軍取得比利時陸軍參謀長克蒙將軍同意後，從1936年起開始興建的對德防線。這其實是甘末林在戰略大學時期的學長德比尼將軍等法國戰略家所期望的國防戰略。簡單的說，建構馬奇諾防線、並且派兵駐守維護，需要消耗大筆的軍事預算，而且敵軍必須從這個地方入侵法國，這條防線才有作用。

在這樣的國防戰略構想下，法國沒有加強大型戰車的機動力，而是寄望能夠發揚最大火力。只要採取精密砲擊、加上高度發達的航空戰力協助，這並非毫無可能。以現在的美軍和聯軍部隊來說，就是抱持這種集中火力到極限的戰法。在法國，則是把這種戰法稱為「火力殲滅」，朝這個方向去努力。

當然，法國不可能只靠馬奇諾防線，在馬奇諾防線以外的地方，還是訂定計畫，使用具有機動力的裝甲部隊來對應。但是，遭遇到把戰車及裝甲車當成主力、靠著優越機動力入侵法國的德國裝甲部隊，馬奇諾防線根本沒機會派

法國的D2戰車。

上用場，難以發揮原訂的功用。

主張創立裝甲部隊的戴高樂

法軍的機械化進程，始於在國防委員會擔任副委員長到1935年的魏剛將軍。法國陸軍的傳統是火力至上主義，只要不破壞這個大原則，並沒有刻意阻撓部隊的機動化與近代化。只是，魏剛將軍的陸軍部隊機械化概念，在1936年甘末林接任國防委員會副委員長時，演變成贊成與反對兩派的爭論，甘末林只想站在中央當個調停人，不願介入其中。

新銳軍官派的代表人物戴高樂將軍，懇切希望能夠建立強悍的裝甲部隊。戴高樂將軍在1934年出版的著作《Vers l'armée de métier（走向職業化陸軍的改革）》中，就已經主張編組裝甲軍。他理想的裝甲軍是由6個裝甲師組成，配備3000輛機動力高的戰車與裝甲車。不過在戴高樂眼中，並不打算使用當時量產已經上軌道的

法國的Char B1戰車。

D-2小型戰車，而是B-2中型戰車。換言之，他要憑藉著戰車的高機動性，使用攻勢防禦戰術擊破來犯的敵軍機動部隊，藉此防守本國防線。

魏剛將軍也把B-1戰車視為重點生產車型，並且打算用B-1來編組裝甲部隊。被當成中型戰車來運用的B-1戰車，是機構極為複雜的優秀戰車，可是，在1934年當時只生產了3輛而已。B-1的生產成本是小型D-2戰車的兩倍半，因此完全沒有大量生產的計畫。魏剛將軍認為，繼續生產D-2戰車沒有意義，因為D-2無法撐過伴隨徒步步兵攻克敵方防線的慘烈戰鬥。這時贊成魏剛主張的，是已經退役成為平民的法國戰車之父埃斯提耶將軍，他也認為往後法國應當以量產中型及大型戰車為目標，並且不斷的宣揚這個理念。

機械化的破綻

建立優秀、大規模、機械化的裝甲軍的聲浪，在新銳軍官派之間迅速擴散。到了1935年，終於編組了第一個輕機械化師。可是，國防部長貝當元帥認為，這種輕機械化師應該要和步兵部隊搭配使用，而且專門用來進攻敵方脆弱混亂的防線。在貝當的堅持下，國防委員會在1936年決定，先充實能夠和步兵部隊一同行動的小型戰車，等到還有多餘的產能時，再用來生產中型和大型戰車。更糟的是，在國防委員會佔多數的都是文官委員，認為這些軍人委員在痴人說夢。

從魏剛將軍起步的法軍近代化，也就是脫離傳統砲兵至上主義、走向部隊機械化與機動化的軍人改革愛國運動，就此受到頓挫。法國的領導階層之所以遲遲沒有下定決心讓陸軍部隊邁向近代化，主因是1935年至1939年這段期間國內的政局混亂。當法國發現臨接的德國陸軍已經走向近代化時，才趕忙編組中型戰車的裝甲師，這時已經是1940年1月了。

1940年5月至6月，在法國西北部的法軍守軍仍舊維持著法軍的傳統戰略，也就是25個步兵營配備1125輛戰車，作為支援步兵作戰的工具。另有3個機械化步兵師配備有582輛輕戰車，5個騎兵師配備110輛輕戰車。另外，又在5月前緊急編組了3個裝甲師共624輛戰車。這些戰車之中有半數是H-39型輕戰車，沒有法國最引以為傲的B型戰車。

法國的混亂裝甲化過程，在第二次世界大戰的初期，遭遇到德國的裝甲師快速進擊，就顯露出破綻，只過了短短40天，就被迫休戰投降。原本期望能在攻勢防禦中發揮威力的馬奇諾防線，直到戰事終結都沒有機會一展長才。

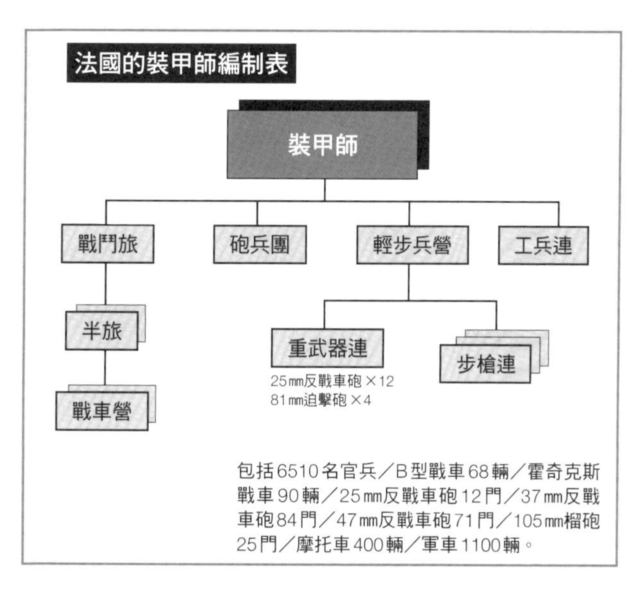

各國的裝甲師編成年次表（●=1個師）

	1939年以前	1939年	1940年	1941年	1942年	1943年	1944年	合計
美國	—	—	●●	●●●	●●●●●●●●●	●●	—	16
英國	●	—	●●●	●●●	●	—	—	8
法國	—	—	●●●●	—	●●●	—	—	7
德國	●●●●●	●●●●	●●●●●● ●●●●●●	●●	●●●●●	●●●●● ●●●●	●	38

最早編組裝甲師的是德國，可以看出德國全力且大規模的增加裝甲師的數量。

基於近接空中支援構想而誕生的
俯衝轟炸機斯圖卡 JU-87。

裝甲師的軍事戰略變遷

GERMANY〔德國〕

第二次世界大戰初期，讓盟軍驚愕不已的德軍閃電戰，究竟是如何誕生的？我們將從地政學和軍事史層面來探討。

震撼全球的「閃電戰」的誕生

文＝桑田悅（戰史研究家）

將裝甲師和近接空中支援緊密結合的德軍閃電戰，與四周被強國包圍接壤的德國的軍事戰略傳統有著密不可分的關係。本篇，我們不僅要探討第一次世界大戰後德國的戰車軍事戰略演變，還要檢視德國在這種立國環境下衍生出來的的軍事戰略傳統。

德國的地理位置和軍事戰略傳統

和三大強國接壤的脆弱地點

在陸權地政學（地緣政治學）上，拉采爾、契倫、豪斯霍夫等人提出的理論最為知名。英國的海權論學者麥金德在第一次世界大戰結束後，曾說：「控制了東歐，就等於控制了心臟地帶。控制了心臟地帶，就等於控制了世界島。控制了世界島，就等於控制了世界」，以這段警世之言強調東歐在地政學上的重要性。他所看重的心臟地帶東歐，雖然在文化及產業方面略微落後，但是所處的地點特殊，所以在歷史上不斷上演著國家興亡的戲碼。

德國和德國的前身普魯士，由於周圍和多個大陸國家接壤，因此難以避免和周遭國家發生衝突。

拿破崙借重法國大革命所產生的徵兵兵源，以就地徵收的方式取得食糧補給，調度機動性高的國民軍，擊敗了周邊那些出兵干涉法國革命的王國，後來甚至轉守為攻，開始進軍全歐洲。

在此之前的歐洲戰爭，經常要進行兵力耗損嚴重的決戰，固執的爭奪邊界上的要塞和補給倉庫，拿破崙的戰法卻完全不同。拿破崙的戰鬥方式，是將國民軍的長處——例如憑恃著自我意志而戰、補充替換傷亡官兵和長距離調度都更容易等——發揮到極限。首先集中大批兵力，擊潰敵國軍隊，然後迅速追擊，佔領敵國首都，訂定城下之盟。這也就是為什麼軍事學家將拿破崙戰爭比喻為「戰爭的革命」的緣故。

從19世紀中葉起，發生了第二次工業革命，隨著機械工業發達，工廠得以製造出性能更好的步槍與火砲，鐵路、汽車、蒸汽輪船也出現了，讓國民軍的破壞力和機動力都向上提升。克勞塞維茨所說的：「更像戰爭的戰爭——絕對的戰爭」，也就是在國境上決戰→追擊→攻佔敵國首都→要求敵國全國投降的戰爭，不僅在歐洲發生，也蔓延到全世界。在這個戰爭革新的漩渦中，普魯士＝德國在東方有俄國、南方有奧匈帝國、西方有法國這三大強權，與德國接壤，導致德國腹背受敵，立場危險。柏林～維也納、柏林～華沙距離均為500㎞，柏林～巴黎則約有900㎞，柏林～列寧格勒約有1100㎞，如果只計算邊境到首都的距離，那麼這些距離又得要減半。以當時的軍事戰力來說，都處於攻擊範圍之內。1806年的拿破崙戰爭時期，拿破崙軍就曾經攻佔柏林，逼迫普魯士屈辱求和。

秘密武器—參謀本部的創建與發展

當普魯士沈溺於腓特烈大帝時代的昔日榮耀之中時，怠於軍事改革，結果在1806年戰役中慘敗在拿破崙大軍旗下，屈辱的簽下和約。有鑑於這樣的屈辱經驗，香霍斯特和格內森瑙等改革派於是投入軍政改革，創建了參謀本部。這條改革之路走的並不平順，但是終於確立了制度，在平時就要為下一場戰爭作準備，培育高階軍官的幼苗，加強科學的戰術訓練，準備好將來的戰場地區所需的地圖，並且研究鄰國的軍隊特性。

參謀本部區分為對俄、對奧匈帝國、對法三個班，各自研究作戰方策，另外還有一個班研究戰史，在研究戰史時非常重視戰爭、作戰的真實過程。在拿破崙戰爭結束後的反動時代，參謀本部一度遭到冷落，直到1858年毛奇就任參謀總長，開始強調鐵路的重要性並進行諸多改革。在毛奇的指導下，對丹麥、奧地利、法國的戰爭都已成功收場，對德國統一貢獻卓著，歐洲的軍事學者都把德國參謀本部視為德國的秘密武器，於是許多國家開始仿效，成立類似的組織。第一次世界大戰結束後，在簽訂和約時，協約國甚至要求德國廢除參謀本部，由此可見歐洲國家對德國參謀本部抱著多大的恐懼。

在毛奇看來，拿破崙所重視的「在主戰場上盡可能集中兵力」這個原則，如今已經能夠用鐵路運輸網來達成。至於約米尼所提倡的「外線作戰——包圍攻擊的優勢」勝過「內線作戰的優勢」則已經成為常識，平時就藉由幕僚教育來加強前線指揮官與幕僚的主導性。此外，又在參謀本部內設置「鐵道部」、以及戰時分派到各野戰軍團中的「通訊隊」。在毛奇的指導之下，培育出了一批能夠透過戰史來理解作戰實貌、將最新科技投入軍隊之中、並且各自負責特定前線、專精研究戰場地形和敵軍特性的幕僚群。

以突破—包圍法殲滅敵軍主力

陸上邊境被三大強國包夾的普魯士＝德國，在戰爭型態產生變革時，瞭解到他們必須面對三個方向的地面攻勢威脅，對普魯士＝德國而言，這是攸關國家命運的戰爭。在毛奇的時代，藉著俾斯麥的傑出外交手腕，始終能夠避開兩面作戰的困境，無論是對丹麥戰爭、對奧地利戰爭、對法戰爭，都只有在單一正面的戰線上作戰，所以能夠贏得勝利。

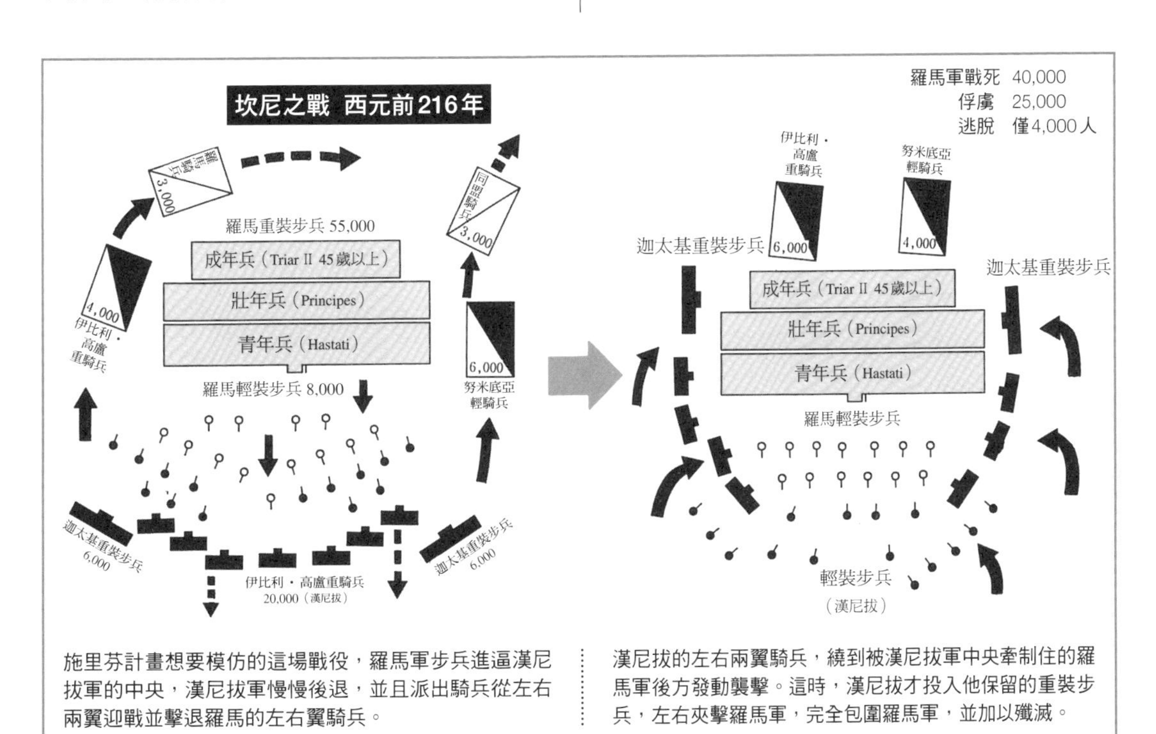

施里芬計畫想要模仿的這場戰役，羅馬軍步兵進逼漢尼拔軍的中央，漢尼拔軍慢慢後退，並且派出騎兵從左右兩翼迎戰並擊退羅馬的左右翼騎兵。

漢尼拔的左右兩翼騎兵，繞到被漢尼拔軍中央牽制住的羅馬軍後方發動襲擊。這時，漢尼拔才投入他保留的重裝步兵，左右夾擊羅馬軍，完全包圍羅馬軍，並加以殲滅。

可是，德皇威廉一世在1888年去世，繼位的威廉二世疏遠了俾斯麥，也把俾斯麥精心策劃的德俄密約給取消，結果使得德國得要同時防備東線的俄國和西線的法國兩大強權。當時擔任參謀總長的施里芬，對德國政治家的領導能力感到失望，知道德國遲早得面對兩面作戰的局勢，所以開始研究如何打贏這樣的戰爭。

研究對俄國、法國這兩大國的戰爭，首先注意到的是俄軍動員較慢的特性。因此，必須竭盡全力在6週之內擊敗法國，然後把兵力調往東線對抗俄軍。至於如何在6週內擊潰法軍？施里芬想到的計畫是重現「坎尼包圍殲滅戰」。

1898年完成的施里芬計畫相當大膽，只用少數德軍在德法邊境擋住法軍，而德軍主力則是不顧比利時的中立，一路衝向英法海峽的亞眠，然後繞過巴黎後方，回師抵達瑞士邊境。施里芬一心想要讓這個戰略實現，在臨死前還念念不忘的留下遺言「務必徹底強化右翼」，希望能夠基於這個方案來訓練部隊。在這種「避免兩面作戰」的強迫觀念下，德軍的軍事思想便傾向於突破—包圍、快速殲滅敵方主力，並且依照這個準則來訓練官兵。

威瑪共和國和塞克特所追求的機動戰

凡爾賽和約的嚴苛限制

凡爾賽和約簽訂後，德國喪失了所有殖民地，並且割地賠款，軍力受到嚴苛的限制（陸軍兵力10萬、海軍兵力1萬5000、禁止生產軍用飛機與戰車、廢除參謀本部、廢除徵兵令等）。美國總統威爾遜所提出的14點和平原則對德國國民來說更是難以忍受，雖然名為和談，但是條約方案全都由戰勝國議定，德國只能選擇接受或不接受，這引來德國人極大的不滿，認為這是「強制的和平」。

塞克特指導下的國防軍重建構想

在皇帝退位後，德國政治陷入混亂，當時擔任德國國防軍指導者的塞克特將軍，為了避免國防軍分崩離析、同時鎮壓共產主義勢力、維繫威瑪共和國的生存，決定巧妙的躲開凡爾賽和約的條文限制，著手重建國防軍。

戰後不久，德國和俄國陸軍就已經簽訂了軍事合作的密約。德國成立公司，秘密援助蘇聯的紅軍重建，在此同時，蘇聯則提供國內地區作為軍機、戰車的訓練場，協助生產軍機和戰車、並且訓練官兵。1922年兩國又簽訂拉帕洛條約（德蘇恢復邦交條約），讓德蘇私下的軍事合作更為緊密，成為德國重建空軍和裝甲部隊的基礎。

至於受限於10萬名額的國防軍，則是雇用舊制德軍的年輕軍官與士官，當作重建陸軍時的基礎幹部。接著，塞克特又成立了等同於

1919年在巴黎的 宮簽署凡爾賽條約

參謀本部的後繼機關軍務局，下令徹底分析第一次世界大戰戰敗的原因。

經過研究之後，認為德軍在戰爭初期失敗的原因，主要出在實行手段和裝備層面，而非基本原則（教義＝戰略思想）錯誤。簡而言之，失敗的原因在於①沒能阻礙法軍動員、②沒能阻礙法軍調整配置、③在遂行包圍機動戰時，對馬匹牽引和人力行動的軍隊的極限缺乏認知這幾點。

基於這個結論，軍務局重新審視德國東方與奧地利、捷克、波蘭接壤，西方與法國等國接壤的防衛政策，決定要以速度和機動性作為追求目標。未來的國防軍必須①極力活用汽車來取得機動力、②後勤補給也要使用汽車、才能支援機動作戰、③在敵國動員完畢前先行動員完成，以達到先制攻擊的目標、④強化航空部隊的支援能力，藉此強化地面部隊的打擊力。這種活用科技的態度，正是源自於德國軍事傳統，而這樣的規劃所得到的結果，就是各兵種密切合作的機動戰。

德國裝甲部隊和俯衝轟炸機隊的誕生

古德林的貢獻

曾經擔任步兵軍官的古德林，在第一次世界大戰期間是投入通訊相關的職務，因此深深體認到無線電在未來戰爭中的重要性。從陸軍大學深造畢業後，古德林在1922年被拔擢擔任德國陸軍推動機械化的核心單位——汽車運輸部隊總監轄下的第7摩托化運輸營，在這個領域從事研究。

古德林和汽車運輸部隊總監不僅參與摩托化運輸部隊的實務管理，也致力於開發汽車運輸部隊、戰車、及裝甲車的戰鬥部隊的運用新構想。在這段期間，他遇見了第一次世界大戰的戰車軍官、對各國戰車運用頗有研究的英國沃克漢中將，沃克漢將英國陸軍機械化部隊實驗演習和外國陸軍的戰車運用相關文獻介紹給古德林研究。

1924年，古德林主張將汽車運輸部隊的機能從補給變更為戰鬥，可是卻遭到上司訕笑，結果被調到陸軍訓練部門擔任戰術及軍事史教官。從1924年至1927年的這3年間，他潛心研究機動戰的戰史，在軍事思想上有了很大的進步。而這個時期德國陸軍內部看待摩托化部隊

第一次世界大戰後重建德國國防軍的塞克特將軍。

的觀念也有了轉變，在1926年將摩托化部隊變更為摩托化戰鬥部隊。

1928年，古德林被調到運輸部隊的研究部門，1929年則取得機會試乘了瑞典開發的第一款戰車。古德林主張戰車只是裝甲部隊之中的一種單位，而裝甲師則是由各種兵科均衡配置所編成的組織。他帶著這個明確的結論回國，這時的德國陸軍已經接納了塞克特所提出的各兵種協同作戰的軍事準則，古德林的主張恰巧和德國陸軍的傳統不謀而合。

1930年，德軍編組了數個實驗性的機械化戰鬥部隊，古德林成為其中一支部隊的指揮官。這支部隊是由1個摩托車連、1個戰車連、1個反戰車連所組成（轄下的戰車與反戰車砲都是模擬用的替代品）。

翌年春天，盧茨就任機械化戰鬥部隊總監，古德林被拔擢成為他的參謀長。盧茨和古德林的搭檔，成為德軍機械化的領導者。這時對戰車和機械化戰爭有所認識的德軍軍官仍屬少數，但是德國軍事雜誌已經在文章中提到，決定未來戰爭趨勢的是裝甲部隊，還出版相關書籍講解裝甲兵團集中戰力襲擊敵方側翼和後方的戰術概念。這時德國還沒有開始量產戰車，不過，德國技師在蘇聯所進行的研究已經有了

德軍機械化的領導者、創建裝甲部隊貢獻卓著的古德林。

成果，以開發農耕拖拉機的名目來研發戰車底盤，為德國戰車的巡航速度、行動半徑、機動性等層面打下堅實的基礎。

納粹體制下誕生的裝甲師

1933年1月擔任總理的希特勒，在翌年8月成為總統，並且在1935年3月宣言德國重整軍備。在希特勒的推動下，已經打好理論基礎、在軍事科技面也有所準備的德國裝甲師，開始朝著建軍目標邁進。1934年推出I號戰車、1937年推出II號和IV號戰車、1938年開始量產III號戰車。雖然這些戰車在火力方面不盡理想，但是都屬於高速且行動半徑廣大的車型。

1934年春季，依照陸軍擴編計畫，同意成立3個裝甲師，盧茨成為統籌這些裝甲部隊的裝甲軍總司令，古德林依舊擔任他的參謀長。1935年德國陸軍進行大型軍事演習，在側翼遭遇突然出現的敵軍時，裝甲部隊快速轉向，在85分鐘內就展開了反擊，證明了裝甲師具備機動戰的能力。同年10月，3個裝甲師編組完成，每個師轄下包括2個戰車團（各2個營）、1個摩托化步兵團（2個營）、1個摩托車營、1個裝甲偵察營、1個砲兵團、1個反戰車營和各種支援部隊。雖然裝甲師是以戰車作為主力，但是轄下的各個兵科都具有和戰車同等的機動力，依舊遵循著各兵科協同作戰的基本原則。

參謀總長貝克上將戰車應當以裝甲部隊之姿、獨立執行戰鬥任務，在此同時，也要兼具有為步兵師提供密接支援的能力，所以希望能成立3個裝甲師和3個裝甲旅。可是，當時步兵支援用的重戰車還在試製當中，當時的德軍，並沒有足夠的產能來因應這樣的需求。

重視近接空中支援的空軍構想

第一次世界大戰時，德國航空部隊已經開發出全金屬製的對地攻擊機，編組成對地攻擊群，1917年在康布雷反攻時，航空部隊在地面部隊發起攻勢前，先行掃射並轟炸英軍構築的防禦陣地，取得了不錯的戰果。翌年，德軍發動春季大攻勢，派出27個對地攻擊機中隊，對協約國軍的據點、砲兵陣地、預備隊發動攻擊，證明了近接空中支援的價值。到了戰後，德軍召集約130位有經驗的航空部隊指揮官與參謀軍官，對空戰技術與實戰教訓進行分析，檢討未來的大致走向。這些軍官大都在戰時擔任過戰鬥機、偵察機的飛行員，或是負責指揮戰術航空部隊，所以德國空軍一開始就被賦予了戰術空軍的定位。

戰後德國航空部隊的理論基礎，是由陸軍的航空相關幕僚來策劃，所以被囊括在陸軍基本作戰理論之中。其中最有影響力的人物就是塞克特將軍，他從陸空協同作戰的觀點，賦予航空部隊使命，第一要務是消滅敵軍航空部隊以取得制空權，第二要務是從空中攻擊敵方軍事基地和交通網，阻礙敵軍集結，並在戰線上提供空中近接支援，阻止敵軍前進。這些都成為德國空軍發展時

一輛正在行進中二號戰車。

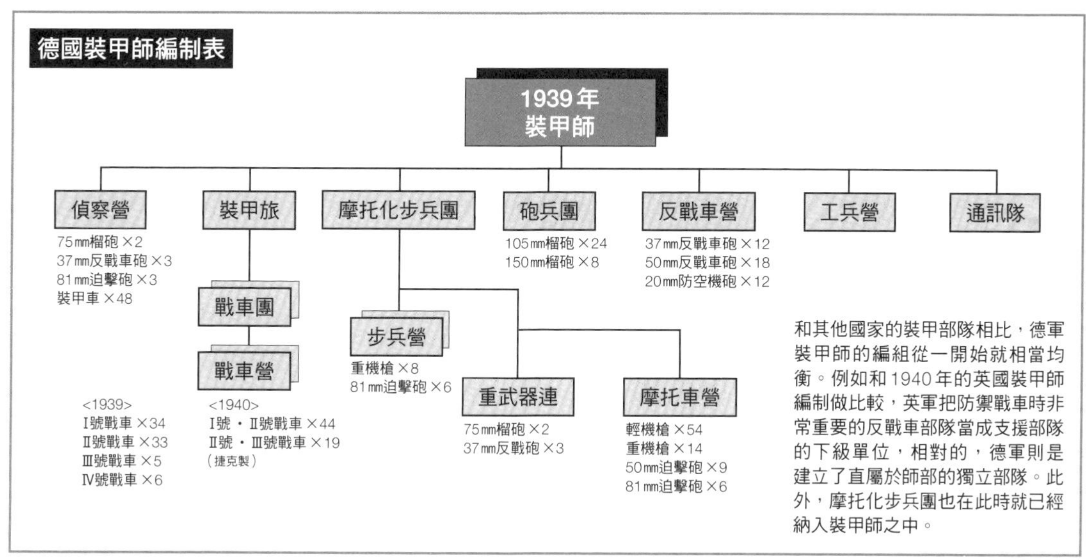

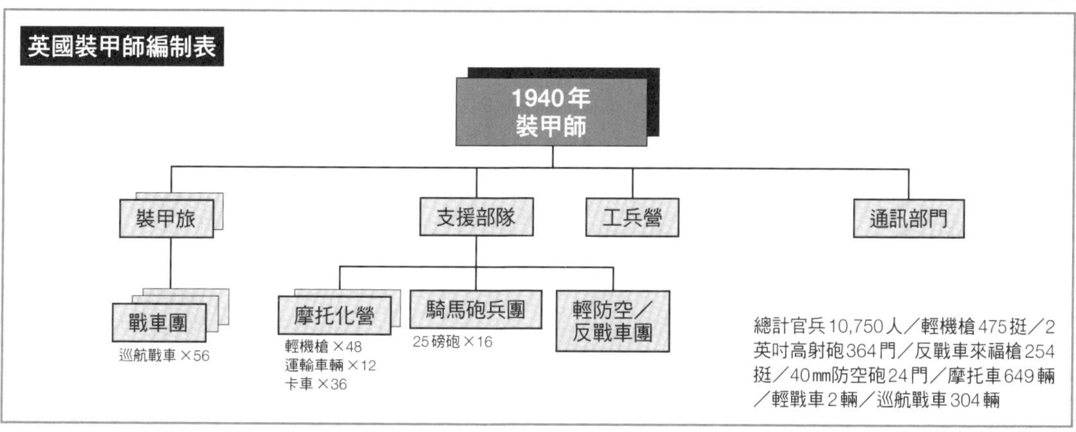

的重要課題。

當時，義大利的杜黑和英美等國的學者，都強調戰略空軍的地位，認為空軍應當對敵國政治經濟中樞實施戰略轟炸。相較之下，德國空軍則更強調戰術機能。畢竟德國四周被強國環繞，講求速戰速決，而且又被禁止擁有軍機，發展受到諸多限制，所以德軍在空軍這方面沒有多大的轉圜空間。

1935年開始重整軍備後，納粹高層之一的戈林創建了德國空軍，調派數百名前陸軍軍官到空軍任職。由於納粹對空軍的軍事科技、軍事理念沒有深刻研究，所以戈林旗下的德國空軍只能按照陸軍既定的支援任務這個方向來發展。1935年刊行的德國空軍規章，將航空戰力至於陸空協同作戰的領域中，雖然戰略轟炸也相當重要，卻不是優先事項。空軍在戰時的基本目標，就是摧毀敵方的軍隊。

近接空中支援的最重要課題，是陸軍前線部隊如何和航空部隊溝通聯繫。1936年，空軍參謀長在陸軍軍級司令部與空軍中隊之間設立了負責聯絡的「聯絡班Flivos」，配備有適用的無線電等裝備，這是近接空中支援的重要里程碑。另外，為了讓空軍和陸軍的軍官能夠彼此理解對方的作戰概念，進行了大規模的訓練計畫。同年，首任裝甲軍軍長盧茨將軍，就下令裝甲師和空軍部隊進行協同訓練，實施無線電和偵察的運用演習。

另一方面，斯圖卡（俯衝轟炸機）的開發也在快速進行中。1930年，軍方制訂了輕型斯圖卡（搭載200kg炸彈的重型戰鬥機）和重行斯圖卡（搭載500kg炸彈的俯衝轟炸機）的規格，無論是哪一款，都要求具備在前線臨時機場起飛的能力，到了1935年重整軍備時，才決定將重型斯圖卡的開發列為第一優先。

這樣開發出來的重型斯圖卡就是Ju-87，輕型斯圖卡則是Hs-123。兩者都能在短短400公尺的前線臨時跑道上起飛，快速投入戰場。JU-87在前方配置了2挺7.93㎜機槍，能夠掃射移動目標，但火力並不強大，只能算是心理作戰的武器。

裝甲師對各地紛爭的影響

被當成實驗場的西班牙內戰

1936年西班牙內戰爆發之際，德軍戰車兵帶著裝備投效「兀鷹兵團」，支援保皇黨作戰，後來編組成4個德國・西班牙戰車營，配備I號戰車和擄獲而來的蘇聯戰車。這時的戰車營並沒有取得什麼輝煌戰果，所以裝甲戰爭的基本教義也沒有多大的變化。

不過，兀鷹兵團的航空部隊，則是在1936～38年的西班牙內戰中，實戰驗證了近接空中支援等概念，逐漸發展出特定戰術。有8種JU-87和6種Hs-123等最新型機種投入戰場，把實戰當成了大規模演習。

兀鷹兵團的航空部隊在取得制空權優勢後，就攻擊鐵路和公路網，將戰場孤立，再用近接空中支援來削弱敵方據點和陣地的防禦力。航空部隊可說是最為豪華的支援部隊，德國、西班牙的戰車部隊甚至能夠在一天之內突破並推進36㎞。

在這場戰爭中，德國空軍再次確認了集中攻擊和波狀攻擊能夠對敵軍士氣造成決定性的打擊，因此，在之後的波蘭戰役和法國戰役中，德國空軍再度使用同樣的手法，儼然成為註冊商標。

併吞捷克增強裝甲部隊

德國在1938年併吞奧地利、1938～39年併吞捷克的過程中，並沒有遭遇強大的抵抗，所以成為裝甲部隊長距離行軍的演習，在燃料補給等後勤方面取得了許多寶貴經驗。由於捷克並沒有受到凡爾賽和約限制，軍需工業在戰車設計、生產等方面都更勝德國工業，因此德國併吞捷克之後，順利接收了戰車工廠和大約1000輛的戰車，對於充實德軍裝甲部隊有很大的貢獻。德軍將捷克製的戰車取名為38（t）戰車，重量為11t，迴轉砲塔上配備著37㎜加農砲，最高時速達40英里。而且，捷克軍需工業的效率極佳，成本只需德國戰車的一半，這些捷克生產的戰車一直使用到第二次世界大戰末期。

波蘭戰役的教訓

1939年9月德國揮軍入侵波蘭，正式揭開了第二次世界大戰的序幕，這時投入的6個裝甲師，成了波蘭戰役的致勝關鍵。德軍裝甲師通常和步兵師組成的軍緊密合作運用，當時戰力最為集中

德國併吞捷克後，捷克兵工廠所提供的大量戰車，對於擴張德軍裝甲部隊有很大的貢獻。

的是馮・克萊斯特的第22機械化軍（2個裝甲師和1個輕裝師），編制並不大，但是在戰役中證實了裝甲師的價值所在，也瞭解到輕裝師欠缺攻擊的力道，此後便將輕裝師逐步擴編為裝甲師。等到法國戰役時，德國陸軍已經保有10個裝甲師了。

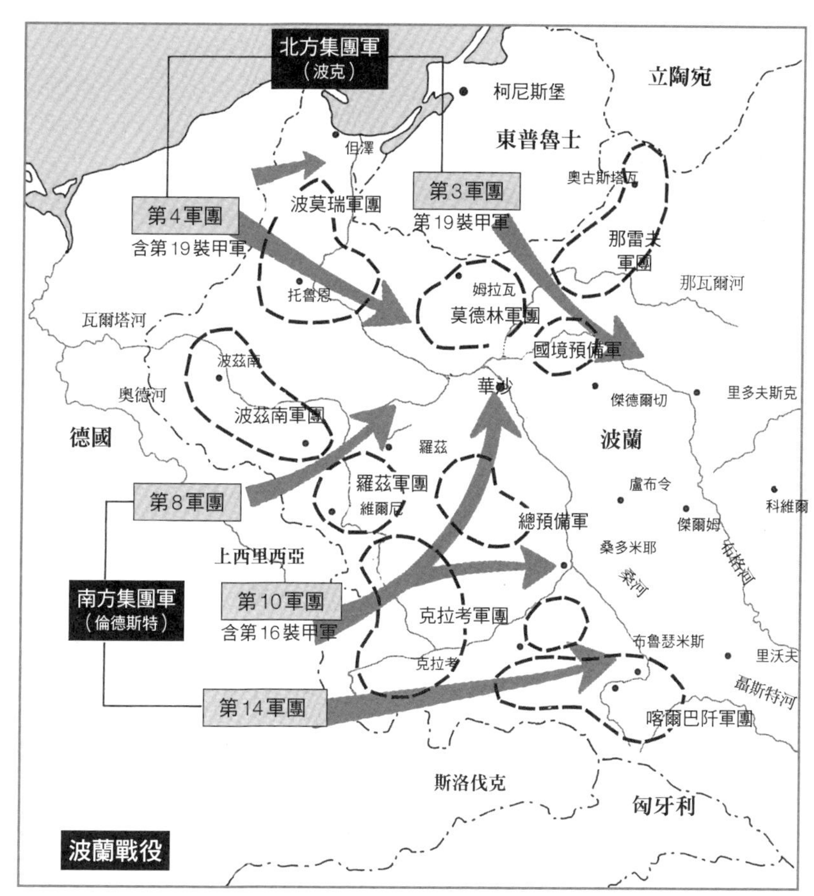

波蘭軍雖然勇敢抗敵，但裝備老舊，以輕戰車為主力的德軍裝甲部隊於是長驅直入。

在波蘭戰役中，德國空軍的近接空中支援準則也有很大的貢獻。這場戰役中，德國空軍可用的JU-87有366架、Hs-123有40架，其中半數被編入厲多芬指揮的「特殊任務部隊」，投入妨礙波蘭軍集結、摧毀砲兵陣地和防禦陣地等任務。在經歷了9月26、27日的波狀攻擊後，莫德林要塞在地面部隊尚未發動攻勢前就主動投降了。

這場戰役中，近接空中支援是在戰場上的各個戰區靈活調度運用，由於幕僚早在平日的機動演習和西班牙內戰中學到了諸多後勤組織與補給活動的經驗，所以得以發揮管理長才。

另外，波蘭戰役可說是裝甲部隊與近接空中支援部隊首度從事大規模的任務，與裝甲師司令部一同前進的航空聯絡班，隨時回報前線的真實狀況。不過，裝甲師由於前進速度太快，發生了前線難以辨識敵我的情況、及好幾起斯圖卡攻擊德軍裝甲師的意外狀況。波蘭戰役所習得的教訓，很快就被分析出來，藉此改善近接空中支援部隊的指導、統御，以及「陸—空」的通訊方式。

施里芬計畫的攻擊方向

1940年5月，西線戰役爆發時，德軍在這個戰區的兵力居於劣勢，比不上西歐聯軍。在對峙時期，德國總計有141個師，法國、比利時、荷蘭、英國聯軍則有144個師，火砲方面德國有7387門，聯軍則有13974門，戰車數量方面德國有2445輛，聯軍則有3383輛。

法國的戰車當初設計時，是以直接火力協同步兵前進為目的，所以裝甲和火力都比德國戰車更強，但是卻沒有配備無線電，車體沈重、欠缺機動力，而且被打散配置在所有戰線上。在法軍之中，和德軍裝甲師相同任務屬性的裝甲師只有3個，都是在1940年5月倉促編成，至於戴高樂的第4裝甲師則還在編組之中。

德國陸軍總司令部在1939年提交給希特勒、並且獲得認可的進攻計畫，其實大原則和施里芬計畫一樣，把主攻部隊放在荷蘭和比利時中、北部，要一路衝向英法海峽。不過，施里芬計畫雖然講求大膽的「奇襲—突破—包圍殲滅」，但攻擊方向已經失去奇襲效果，在1940年時，德軍反而不想和聯軍在比利時境內爆發決戰。聯軍方面也預期到了這樣的進攻方向，所以將德法邊境的馬奇諾防線的兵力抽調出來，

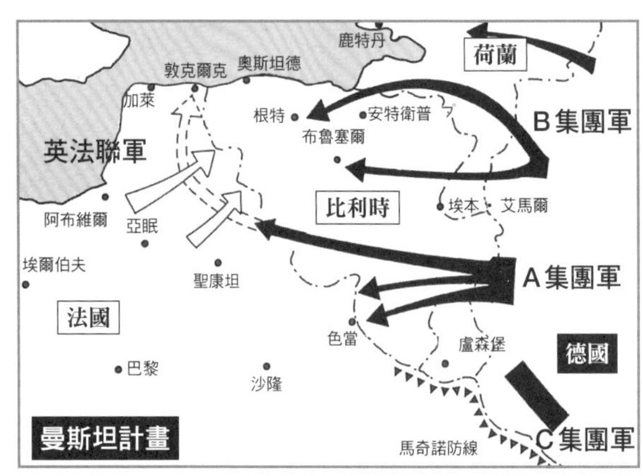

▲1940年德國入侵法國。

◀曼斯坦計畫中，當英法聯軍朝北迎戰B集團軍時，大部分的德國裝甲師就會趁隙通過毫無防衛的後方地區，直抵海岸。德軍戰車通過了人們認定戰車部隊無法通過的阿登森林，攻入比利時南部，切斷了英法聯軍的後路。

將英法聯軍主力配置在色當以西的地方，一旦德軍開始進攻，英法聯軍就推進到比利時境內(因為比利時保持中立，非戰時不允許英法聯軍進駐)，沿著迪爾河構築陣地、阻擋德軍。

德軍的A集團軍參謀長埃里希・馮・曼斯坦中將則是反對這個作戰計畫，認為無法速戰速決、逼迫法國求和。曼斯坦提出了另一個方案，這是他和昔日陸軍大學同學古德林研究之後所訂定的計畫。這個計畫和當時人們的預期相反，要裝甲師穿越阿登森林地帶，快速衝向英法海峽。

阿登森林雖然可用道路不多，但公路的品質不錯。一般軍事學家認為，阿登森林是丘陵與森林遍布的高地，攻擊的一方不易快速通過，所以不曾被視為主戰場，在這裡駐防的守軍也都相當貧弱。曼斯坦打算穿越這裡，襲擊英法聯軍的側翼，然後從聯軍後方衝到英法海峽，一旦計畫成功，就會把向北推進的英法聯軍圍困在比利時，這時才予以包圍殲滅。雖然攻擊方向相反，但骨子裡和施里芬的「奇襲—突破—包圍殲滅」目標相同，可以看出自毛奇以來，德軍戰略依舊遵循傳統，唯一的不同，是這次德軍擁有了裝甲部隊。

然而，曼斯坦的計畫卻不是那麼容易執行。陸軍最高司令部因為氣象等條件不合需求，延後了計畫推動的時間。後來，帶著作戰計畫的德國空軍參謀甚至迫降在敵區，機密極有可能外洩。就在軍方摸索是否有其他可行方案時，希特勒排除眾議，支持推動曼斯坦的計畫。

大膽的突破作戰奏效

1940年2月，基於曼斯坦的構想，德國陸軍最高司令部開始擬定作戰計畫，將過去被視為主攻、負責進攻荷蘭和比利時北部的B集團軍改成支線，抽調出其中的3個裝甲師，把穿越阿登森林、朝盧森堡和比利時南部進攻的A集團軍當作主攻，將7個裝甲師全都配備在這裡，期待能夠擔任主攻的矛頭。

擔任A集團軍前鋒的是馮・克萊斯特的裝甲兵團，南翼是古德林的第19裝甲軍（3個裝甲師和

德軍埃里希・馮・曼斯坦中將

1個摩托化步兵團），北翼是萊因哈特的第41裝甲軍（含2個裝甲師），後方則是跟著完全摩托化的3個步兵師所組成的第14軍。在克萊斯特裝甲兵團的北側，則是由2個裝甲師組成的霍斯第15軍來掩護側翼。

然而，這個主力攻勢的主軸、也就是古德林的第19裝甲軍，南翼完全洞開，有可能遭到南方的法軍反擊，只能仰賴德國空軍的俯衝轟炸機隊和第19裝甲軍自身的力量來對付。

面對這個大膽的突破作戰計畫，就連希特勒和德國陸軍最高司令部都沒有自信，畢竟誰也不知道英法聯軍會在什麼時候發動全面反攻。

所以，古德林所收到的命令，只有叫他在色當附近渡過默茲河，並沒有明確指示要他衝向英法海峽。因此作戰發起之後，古德林正在快速進軍時，屢次收到上級司令部要他暫停下來、等待友軍跟上的命令。在作戰開始前，海軍司令部曾詢問：「何時能夠抵達英法海峽？」德國陸軍最高司令部當時回答：「幸運的話，開戰後半年就能抵達英法海峽。」這也就是為什麼後來的英國本土登陸作戰趕不上進度的原因。

雖然這場作戰有極高的風險，但是正因為出乎眾人意料之外，英法聯軍的側翼遭到奇襲，才以驚人的勝利收場，給同盟國首腦造成了極大的震撼。

閃電戰的有效範圍和極限

一如前述，在第二次世界大戰初期震撼全球的德軍閃電戰，並非德國裝甲部隊自創的特殊戰法，而是德國處於特殊的地緣政治學環境下，早就定調的軍事戰略傳統，也就是速戰速決的攻勢決戰策略。尤其是「奇襲—突破—包圍殲滅」的戰術，在開戰之初就殲滅敵軍野戰部隊主力的準則，在戰車與俯衝轟炸機這些全新的軍事科技輔助下，終於得以開花結果。

但是，讓全世界震驚的德軍閃電戰，在運用上卻有其限制。從1935年重整軍備以來，德國國防軍在既有的國力條件下重整軍備，這樣的武力或許在西歐大陸能夠發揮功效，但是，卻不足以應付接下來的英國本土登陸作戰和東歐的大規模戰爭。

當希特勒表明要對蘇聯開戰時，貝克參謀總長及大多數德國國防軍高層將領都提出反對，認為德軍尚未準備妥當，可是，希特勒卻一意孤行要擴大戰爭。因此，以希特勒為首的德國政治，才是造成閃電戰破局的最大原因。

德軍裝甲部隊的進擊速度

作戰	1939.9.1～17 波蘭戰役		1940.5.10～28 西線作戰（朝海峽突破）				1940.6.10～20 瑞士邊境的突破		
裝甲部隊	3PzD	20MiD	19PzC			4A	39C		
			1PzD	2PzD	10PzD	7PzD	1PzD	2PzD	29MiD
總距離（km）	450	390	500	480	530	340	450	450	425
總日數	17	17	19	19	19	19	11	11	9
機動日數	8	9	9	9	9	9			
平均值（km／日）	27	23	26	25	18	18	40	40	47
機動平均值（km／日）	56	43	55	53	38	38			
最遠（km／日）	160	70	100	90	80	80	80	130	100

C＝軍、A＝軍團、D＝師、Pz＝裝甲、Mi＝機械化步兵。

*column*❶ 從戰術層面來分析閃電戰

戰車和砲兵的弱點要靠各個兵種協調彌補

文＝桑田 悅（戰史研究家）

閃電戰的用意，是要給敵軍的統帥組織造成「中計了！被打敗了！」的心理震撼，連帶引發指揮體系混亂，然後趁著敵軍部隊還沒有辦法進行有效率的反擊之前，一舉殲滅敵軍。

德國從荷蘭、比利時進軍的西線攻勢始於1940年5月10日，為了迎戰德軍，英法聯軍依照事前計畫，向前推進到比利時的迪爾河來迎擊。可是，5月15日上午7點左右，法國總理雷諾突然打電話給英國首相邱吉爾，告訴他：「我們中計了！被打敗了！」相較於邱吉爾所強調的「我們還有反擊的機會」，雷諾則是已經喪失信心，不斷的重複：「我們中計了、被打敗了」這一句話。

到了這一刻，德國的閃電戰已經成功了。為什麼雷諾會遭到如此重大的打擊呢？我們將從歷史事實來探討雷諾總理大受震撼的原因。

裝甲師的默茲河渡河之戰

古德林的第19裝甲軍擔任前鋒，攻佔色當，在5月12日傍晚出現在默茲河北岸。其實，德軍部隊穿過阿登高原向前進軍的消息，早已被偵察機和守軍所探知，並且傳回後方。可是，英法聯軍卻始終認定德軍的主力攻勢跟第一次世界大戰一樣，會走荷蘭比利時北部這條路線，所以按照原訂計畫，將聯軍部隊推進到迪爾河前線，至於阿登森林的德軍動向，根本沒有人在意。

5月12日傍晚，德軍裝甲部隊的矛頭出現在色當，這對聯軍來說，的確是一項威脅。不過，在馬奇諾防線的延長線上構築陣地的盟軍，認定德軍裝甲部隊一旦渡過默茲河，後方的德軍步兵師絕對無法跟上腳部。聯軍更沒有想到，渡河之後的德軍裝甲部隊，有能力一路朝英法海峽猛衝，突破並切斷聯軍的南翼。

然而，德軍裝甲師在俯衝轟炸機隊的支援下，不等待步兵跟上，就在5月13日獨自渡過默茲河，14日，渡河的戰車部隊在日落之前，已經建立起了縱深25㎞、寬50㎞的橋頭堡。翌日15日早晨，裝甲師就開始朝西方突破前進。可是，認定德軍主力攻勢在荷蘭・比利時北部的聯軍，在作戰計畫上欠缺通融，能夠用於應變的預備隊也太少，早已經分別投入北部戰線上。當雷諾總理發覺德軍裝甲部隊快速渡過默茲河、並且繼續朝西方挺進時，他知道已經沒有預備隊可以調度，所以才會如此驚慌。

為什麼裝甲師在只有俯衝轟炸機支援的情況下，膽敢單獨渡過默茲河呢？因為德軍的裝甲師並非單純的戰車部隊，而是許多兵科組合而成的單位，在編組和訓練時，都非常強調各兵科的相互支援，所以能夠獨立進行任務。

1940年，一輛德軍的二號坦克正通過一座浮橋。

推進到北岸的戰車和砲兵實施支援射擊，俯衝轟炸機展開波狀攻擊，這時，渡河的先鋒裝甲師的摩托車營開使用橡皮艇渡河，在南岸建立陣地。接著渡河的是摩托化步兵團，鞏固了南岸的橋頭堡，在這些步兵的掩護下，裝甲師的工兵部隊在14日清晨以前搭建好了浮橋，讓戰車得以渡河。德軍裝甲師就是由這麼多可以提供支援的兵科所組成，早在前一年的冬天，就已經開始演練如何在敵方火網之下讓整個裝甲師渡河。

雖然一開始裝甲師的砲兵部隊還沒就位，但是，法軍在默茲河南岸構築的陣地卻遭遇到德軍俯衝轟炸機的波狀攻擊，一一潰滅，步兵只能躲在散兵坑裡，無法動彈。法軍的轟炸機和地面部隊當然也想要摧毀浮橋和橋頭堡，可是，配置在橋頭堡周邊的德軍高射砲部隊和德軍俯衝轟炸機隊密集的發動波狀攻勢，阻撓法軍進行有組織的抵抗。

到了15日清晨，沿著默茲河建構的聯軍防線已經出現了一個80km寬的大洞，德軍裝甲兵團在推進到迪爾河防線的聯軍東翼成功的鑿出缺口，即將截斷聯軍的後路。這時，聯軍才發現手邊已經沒有其他預備隊能夠實施大規模反攻，聯軍本身陷入了毫無預期的困境中，這讓雷諾總理頓時失去了信心。

變成甕中之鱉的可能性

希特勒和德國陸軍最高司令部最害怕的，是德國裝甲師在奇襲突破之後，會一頭栽進聯軍設下的包圍網裡。因為裝甲部隊的後方一旦遭到反擊，裝甲部隊就變成了無法逃脫的甕中之鱉。

那些推進到迪爾河的聯軍主力，有可能從北方調頭攻擊，所以在攻勢計畫中，配置了霍斯的第15裝甲軍（由隆美爾的第7裝甲師和第5裝甲師組成）來掩護北翼。問題是擔任攻勢主軸的古德林第19裝甲軍，南翼是完全洞開的，如果這個地方出現敵軍反擊行動，唯一可以仰賴的只有俯衝轟炸機和裝甲軍自身的應變部隊。所以，希特勒和德國陸軍最高司令部擔心古德林的後防遭到斬斷，只好不斷的下令要他暫停前進。

德國陸軍最高司令部這時從進攻荷蘭和比

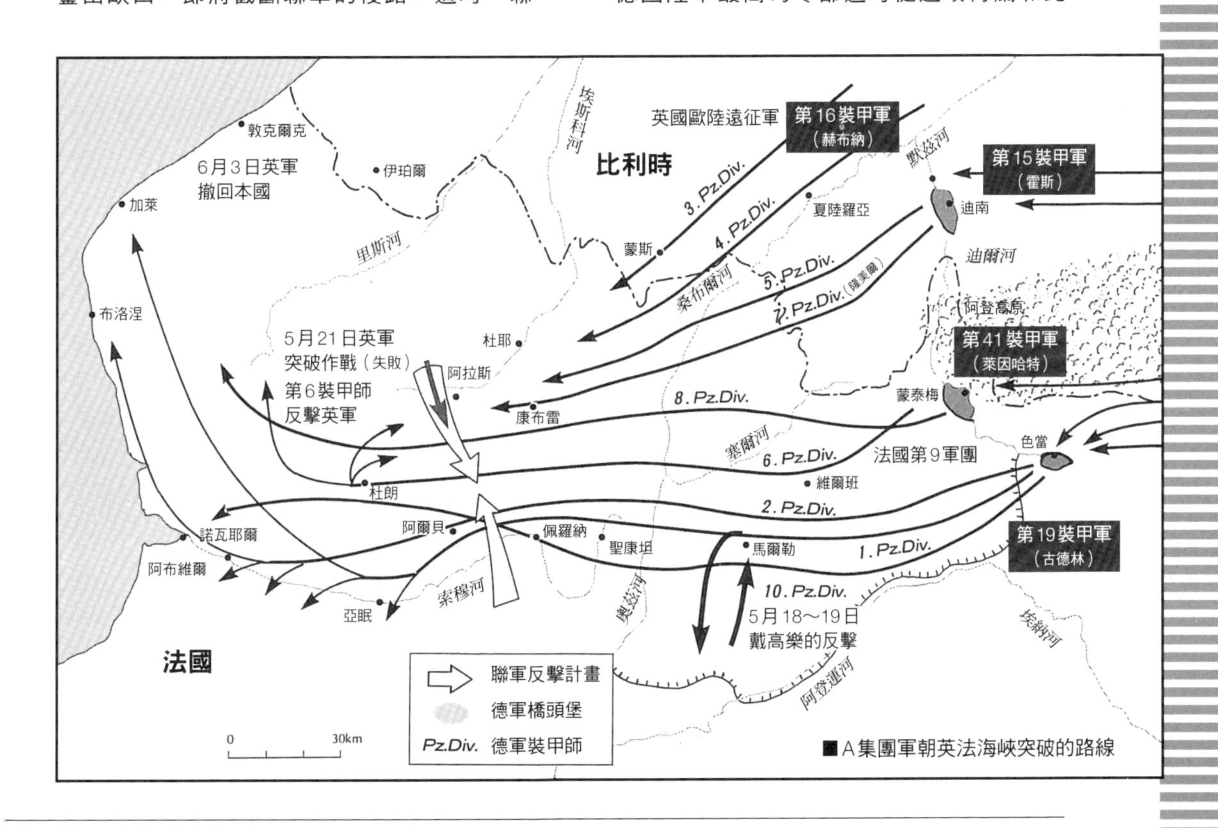

■A集團軍朝英法海峽突破的路線

利時北部的B集團軍和預備隊中，抽調出裝甲師和許多部隊，持續注入突破口，第14軍的摩托化步兵師才終於追上古德林的裝甲軍，得以掃蕩、確保之前佔領的地區。

當後方的步兵師趕到時，第14軍就把那些地區移交給後續的步兵師，然後繼續趕上第19裝甲軍，在第19裝甲軍的南翼建構掩護陣地。至於德國的俯衝轟炸機隊，也不斷的攻擊法軍，企圖阻止法軍集結並發動反攻。

沒有付諸實行的英法聯軍大反攻

然而，聯軍的有組織大規模反攻並沒有付諸實行。3個剛編組完成、被送往比利時戰線的法軍裝甲師，在從列車上卸下時遭到奇襲，再加上缺乏燃料、指揮不當等因素，裝甲部隊紛紛遭到擊潰。

至於正在編組中的戴高樂第4裝甲師，曾在5月18日～19日朝第19裝甲軍的南翼發動反擊，但是並沒有對德軍造成什麼重大損失。聯軍總司令甘末林將軍在5月19日下令南北兩方的部隊要對突破中的德軍裝甲師發動南北夾擊，但是同一天甘末林遭到免職，而繼任的是剛從敘利亞返國的魏剛將軍，魏剛則是取消了甘末林的反擊計畫。

至於在比利時境內的英軍，曾抽調出2個戰車營和2個步兵營，在5月21日下午對阿拉斯一帶的德軍第7裝甲師發動反攻。德軍步兵配備的反戰車砲無法擊破英軍的馬提爾達戰車，導致德軍步兵傷亡慘重，可是，在英軍的74輛戰車之中，只有16輛馬提爾達而已。

擔任第7裝甲師師長的隆美爾，於是下令88㎜高射砲和俯衝轟炸機隊擊毀馬提爾達戰車，德軍戰車則是運用機動戰術來消滅英軍的反擊部隊。結果，北側的英軍反擊，雖然一時間曾造成威脅，但最後還是以失敗收場。至於從德軍裝甲師南翼發起反擊的行動，則始終沒有展開。因為這時聯軍統帥系統已經陷入混亂，無法再整合部隊進行有組織的反擊了。於是，德軍裝甲師就這樣一路衝向英法海峽。

軍事戰略傳統和新武器的活用

李德・哈特在他所著的《戰略論：間接路線》書中提到「在無須引發殘酷戰鬥的情況下決定戰場趨勢」，並強調「戰略的擾亂」行動，經他整理成以下幾點：

「①干擾敵軍配置，強制並快速的變更敵方作戰正面，藉此為敵軍兵員配置及組織製造混亂。②截斷敵軍兵力。③讓敵軍補給陷入中斷。④威脅敵軍後方聯絡線。利用運動戰，來達到這些戰略性的擾亂成果。……上述的物理成效，會在敵軍指揮官內心中留下難以磨滅的『擾亂』印象，當指揮官發現自己被『丟進一個出乎意料的不利狀況中』的時候，感覺到他『無法應對敵方的這種行動』，這種擾亂的印象就更為強烈。」

李德・哈特所分析的，這正是1940年德軍裝甲部隊閃電戰所造成的結果。

5月15日早晨，法國總理雷諾之所以說「被打敗了」，就是因為他收到了德軍渡過默茲河、並且快速朝西方進軍的消息。

德軍遵循傳統的「奇襲—突破—包圍殲滅」戰略，又活用了戰車與俯衝轟炸機等新式武器，再加上曼斯坦的謀略，把聯軍毫無預期的阿登高原→色當→英法海峽路線當成主攻路線。當雷諾說出：「中計了！被打敗了！」這句話的那一刻，聯軍原本應當進行的南北大反擊就化為泡影，也使得聯軍統帥系統出現極大的混亂。

德國空軍的斯圖卡 Ju-87 俯衝轟炸機。

在整備中的德軍裝甲部隊。

帶來成功的空軍與各兵種協同作戰

閃電戰要成功，必須要有快速突破的戰力，不讓敵軍有任何反應的機會。此外，突破部隊的側翼也必須能夠擊退敵方的反擊。戰車部隊雖然在野戰中具有無敵的突破戰力，但是，在遭遇默茲河這類天然障礙時就會受到阻礙，另外，用地雷區包圍的堅固反戰車陣地也是戰車難以對付的目標。

所以，若是在進攻途中遭遇到敵方的反戰車據點，戰車應當予以迂迴，繞到陣地後方繼續前進，至於那些反戰車據點，則是交給後續的摩托化步兵去掃蕩。只是，像默茲河這類天然障礙、或是設置在山隘上難以迂迴繞過的反戰車據點，就只能另外想辦法了。

第19裝甲軍在渡過默茲河的時候，就是面臨這樣的難題。幸好，預先編組在裝甲師轄下的偵察部隊、步兵部隊、工兵部隊都發揮了協同作戰的能力，用和戰車一樣的速度機動前進，適時補足戰車部隊的缺陷。再者，當機動速度有限的砲兵無法即時提供火力支援時，近接空中支援就變的十分重要，這當然必需要經過非常縝密的演練，才能在閃電戰中發揮出功效。

當裝甲部隊突破時，確保側翼的安全也很重要。德軍在西線閃電戰中，使用俯衝轟炸機隊阻撓敵軍反擊，保護正在向前突破的裝甲部隊的側翼。西線的閃電戰中英法聯軍由於指揮統帥體系混亂，而沒有實施有組織的反擊（這也是閃擊佔造成的效果之一），德軍高層反而因為擔心遭到側翼夾擊，而不斷下令裝甲師停下腳步整頓。結果，這使得英法聯軍有機會從敦克爾克撤回英國。從這一連串的變化來看，戰爭中的決斷都必定帶有風險，一個決策就有可能造成戰局扭轉。

參戰國戰車諸元一覽

國別	戰車名稱	戰鬥重量(t)	尺寸(m)				引擎		最高速度(km/h)	燃料(ℓ)	越野性能(m)				武裝		彈藥		裝甲(mm)				乘員	續航距離(km)
			長	寬	高	底盤高	HP/RPM	名稱及備註			越壕	跨堤	涉水	爬坡(%)	主砲(mm)	*MG	砲	*MG	砲塔		車體			
																			前	側	前	側		
英國	Mark II 中型戰車	12.5	5.3	2.83	2.67		90	氣冷	30		1.8				3磅砲 (47mm)	Ca130×2 LG×4	90	5000	8				5	140
英國	Mark III 中型戰車A6	18.7	6.53	2.75	3.02		180	氣冷	48						3磅砲	Ca130×3	180	5000	14				6	160
英國	巡航戰車 Mark I A9	12	5.87	2.54	2.54		150		40						2磅砲 (40mm)	Ca130×3	100	3000	14～6				6	160
英國	步兵戰車 Mark I	11	4.85	2.29	1.87		70	V－8	13							Ca130×1		4000	60～10				2	130
英國	巡航戰車 Mark II A10	13.7	5.52	2.53	2.6		150		26						2磅砲	Ca130×1	100	4050	30				4	160
英國	巡航戰車 Mark III A13	14.7	6.01	2.54	2.59		340		48						2磅砲	Ca130×1	87	3750	14～6				4	150
英國	步兵戰車 Mark II (馬提爾達)	26.5	5.62	2.59	2.44		87×2		24						2磅砲	Ca130×1	93	2925	78～20				4	113
英國	步兵戰車 Mark III (華倫坦)	16	5.41	2.63	2.27		131		24						2磅砲 (L52)	7.92×1	60	3150	65～8				3	145
英國	巡航戰車 Mark V (誓約派)	18	5.9	2.62	2.24		300		50						2磅砲 (L52)	7.92×1	131	3750	40～7				4	160
英國	巡航戰車 Mark VI (十字軍 I)	19	6.1	2.65	2.24		340		32						2磅砲 (L52)	7.92×2	110	5900	40～7				5	160
英國	十字軍 III	19.7	6.1	2.65	2.44	0.4	340		33						6磅砲 (57mm)	7.92×1	65	3750					3	160
英國	步兵戰車 Mark IV (邱吉爾 I)	38.5	7.45		2.49	0.51	350		24		2.8			30	2磅砲 3英吋H	7.92×2	150 58	4950	102～16					150
英國	邱吉爾 VII	40	7.45	2.95	2.75	0.51	350		20		2.8			30	75	7.92×2	84	6525	152～25				5	150
英國	克倫威爾 I	27.5	6.35	2.91	2.49		600		60						6磅砲 (L45)	7.92×2	75	4950	76～8				5	265
英國	克倫威爾 VII	28	6.35	3.05	2.49		600		50						75 (L39.5)	7.92×2	64	4950	101～10				5	265
法國	雷諾R35	9.8					82		20						37 (L21)	7.5×1			40～20				2	140
法國	Char B2	32					150×2	飛機用	28						47 75	7.5×2			60～22				4	225
法國	索穆S35	20					190	V-8汽油引擎	46						47	MG×1			55～20					
法國	2C型	72							12						75	MG×3			40～30				13	
美國	M3A1 輕戰車	13	4.5	2.2	2.6		250/2400	星形9汽缸 氣冷汽油引擎	50	212	2.1	0.6	1.1	75	37(L53.5)	Ca130×3	108	6890	38	38	38	26	4	152
美國	M3A3 輕戰車	14	5	2.5	2.6		250/2400	星形9汽缸 氣冷汽油引擎	50	416	2.1	0.6	1	75	37(L53.5)	Ca130×3	174	7500	38	31	29	26	4	290
美國	M5A1 輕戰車	15.4	4.8	2.3	2.4		110×2/3400	V型8汽缸 水冷汽油引擎	57	310	1.6	0.5	0.9	75	37(L53.5)	Ca130×3	147	6500	38	38	38	28	4	161
美國	M24 輕戰車	18.5	5.5	3	2.5		110×2/3400	V型8汽缸 水冷汽油引擎	54	416	2.1	0.9	1.2	60	75(L37.5)	Ca130×2 Ca150×1	48	4125 420	38	26	26	8～26	5	161
美國	M3中型戰車 (李Mk I)	27.2	5.6	2.7	4.7		375/2400	星形9汽缸 氣冷汽油引擎	42	659	1.9	0.6	1.2	60	75(L31) 37(L53.5)	Ca130×4	46 174	9200	57	51	51	38	7	193
美國	M3A1中型戰車 (李Mk II)	29	5.6	2.7	4.7		350/2200	星形9汽缸 柴油引擎	40	662	2.3	0.6	1.3	60	75(L31) 37(L53.5)	Ca130×3	50 178	9200	57	51	51	38	7	225
美國	M4中型戰車 (雪曼Mk I)	30.5	6.2	2.7	3.1		375/2400	星形9汽缸 氣冷汽油引擎	42	651	2.3	0.6	1.1	60	75(L41)	Ca130×2 Ca150×1	97	4750 600	76	51	51	51	5	161
美國	M4A1中型戰車 (雪曼Mk II)	30.7	6.2	2.7	3.1		400/2400	星形9汽缸 氣冷汽油引擎	39	662	2.3	0.6	0.9	60	75(L41)	Ca130×2 Ca150×1	66	4750 600	95	51	51～102	51～64	5	161
美國	M4A2 中型戰車	31.3	5.9	2.7	2.7		375/2100	直列12汽缸 水冷柴油引擎	48	560	2.5	0.9	1	60	75(L41)	Ca130×2 Ca150×1	97	6750 300	76	51	51	8	5	179
美國	M4A3 中型戰車	31.6	6.3	3	2.8		500/2600	V型8汽缸 水冷汽油引擎	42	636	2.3	0.6	0.9	60	75(L41)	Ca130×2 Ca150×1	104	6250 630	76	51	51	38～51	5	161
美國	M4A4 中型戰車	32.2	6	2.6	2.7		430/2500	水冷汽油引擎	40	608	2.4	0.6	1.1	60	75(L41)	Ca130×2 Ca150×1	98	6750 300	76	51	51	8	5	161
美國	M4A6 中型戰車	32.2	6.6	2.6	2.7		450/2000	星形9汽缸 氣冷柴油引擎	40	570	2.4	0.6	1.1	60	75(L41)	Ca130×2 Ca150×1	97	4750 300	76	51	51	8	5	161
美國	M4A3E8 中型戰車	33.6	7.7	3	3		500/2600	V型8汽缸 水冷汽油引擎	42	636	2.3	0.6	0.9	60	76(L52)	Ca130×2 Ca150×1	86	6875 630	76～89	51	51～105	38～51	5	161
美國	M6A2 重戰車	54.4	7.2	3.1	3		740/2150	星形9汽缸 氣冷汽油引擎	43	1325	3.4	1.1	1.2	60		Ca130×1 Ca150×3	45 340	4000 800	89	89	127	51～64	6	235
美國	M7 中型戰車	25.4	5.2	2.4	2.7		375/2400	星形9汽缸 氣冷汽油引擎	48	522	2.1	0.6	0.9	60	57(L50)	Ca130×3	90	8000	25～51	38	38	32	5	161
美國	M26 重戰車	41.7	8.5	3.5	2.8		500/2600	V型8汽缸 水冷汽油引擎	48	723	2.4	1.2	1.2	60	90(L50)	Ca130×2 Ca150×1	70	5000 550	110	75	110	50	5	148～176

＊MG＝機槍、Cal＝口徑

	戰車名稱	戰鬥重量(t)	尺寸(m)				引擎		最高速度(km/h)	燃料(ℓ)	越野性能(m)				武裝		彈藥		裝甲(mm)				乘員	續航距離(km)
			長	寬	高	底盤高	HP/RPM	名稱及備註			越壕	跨堤	涉水	爬坡(%)	主砲(mm)	*MG	砲	*MG	砲塔		車體			
																			前	側	前	側		
蘇聯	T-26　輕戰車	9.45	4.6	2.35	2.3	0.4	80	水平4汽缸 氣冷汽油引擎	35		2	0.75	0.9		45(L46)	HMG×1 LG×2			5~6				3	130
	T-26(雙砲塔) 輕戰車	6	4.88	2.41	2.45	0.38			35		1.83	0.76	0.9		MG×2或37 及20mm×1								3	130
	T-60　輕戰車	5.8					85	6汽缸 水冷汽油引擎	44						20(L66)	7.62×1			7~20				2	
	T-70　輕戰車	5.8					70×2	6汽缸 水冷汽油引擎	45						45	7.62×1			10~60				2	
	T-28　中型戰車						500/1450	V-12 水冷汽油引擎							76.2 (L16.5)									
	T-28B　中型戰車	28	7.44	2.81	2.82		500/1450	V-12 水冷汽油引擎	37	500	2.7	0.96	0.8	55	76.2(L24)	7.62×4	60~ 70		80	80	50	50	6	200
	T-28M　中型戰車	32																						
	BT-7中　型戰車	13.8	5.66	2.29	2.42		500/1450	V-12 水冷汽油引擎	輪73 履53	336	2	0.55	1.2	40	45(L46)	7.62×1	144	2000 3000	22	22	15	15	3	輪500 履375
	$T\text{-}34_{/76}$(1940年)	26.3	5.9	3	2.45	0.38	500/1800	V-12 水冷柴油引擎	53	656	2.5	0.9	1.1	70	76.2 (L30.5)	7.62×2	77		45	45	45	40	4	450
	$T\text{-}34_{/76}$(1942年)	28					500/1800	V-12 水冷柴油引擎							76.2 (L41.5)	7.62×2		1890	60 70	60 70	45	45	4	
	$T\text{-}34_{/85}$(1942年)	32	8.15	6.1	3.02		500/1800	V-12 水冷柴油引擎	53	550	2.5	0.76	1.19	70	85(L51.4)	7.62×2	56	3042	95	75	75	45	4	300
	KV-1C　重戰車	42.5	6.75	3.32	2.75	0.37	550/2000	V-12 水冷柴油引擎	42	600	2.8	0.9	1.45	85	76.2 (L41.5)	7.62×3	110	3042	82	82	75	60	5	335
	KV-Ⅱ　重戰車	51.5	6.8	3.25	3.25	0.37	550/2000	V-12 水冷柴油引擎	26	600	2.8	0.92	1.15		152(L28)	7.62×3			110	110	75	75	6	250
	KV-85　重戰車	46	6.8	3.35	2.8		550/2000	V-12 水冷柴油引擎	42	550	2.5	1	0.85	85	85(L51.4)	7.62×3	81	3042	100	100	75	60	5	330
	JS-Ⅰ　重戰車														(初期85) 122									
	JS-Ⅱ　重戰車	45.8	9.42	6.67	3.2		520/2000	V-12 水冷柴油引擎	40	450	2.4	1	1.3	73	122(L43)	12.7×1 7.62×1	28	250 1491	202	202	119	61	4	190
德國	Ⅰ號	5.7	4.42	2.06	1.7		100		40							7.92×2		1525	15~6				2	153
	Ⅱ號	10	4.69	2.58	2.05		140		48						20(L55)	7.92×1	180	2550	15~6				3	200
	Ⅲ號	15					320								37(L45)								5	
	Ⅲ號F型	20	5.48	2.92	2.52		320		39						50(L42)	7.92×2	99	2000	30~10				5	
	Ⅲ號J型	22	(6.47) 5.48	2.92	2.44	0.39	320		45	320		0.6		30	50(L60)	7.92×2	78	2000	50~10				5	200
	Ⅲ號N型	22	5.48	2.92	2.44		320								65(L24)								5	
	Ⅳ號	17.5	5.87	2.85	2.59		268		40						75(L24)	7.92×2	80	2500	30~8				5	200
	Ⅳ號F2型	23.3	(7.0) 5.9	2.88	2.59		268		40						75(L43)	7.92×2	87	3150	50~10				5	200
	Ⅳ號J型	24.6	(7.33) 5.92	2.92	2.68	0.39	300	V-12 求引擎	40	470	2.3	0.6	0.8	30	75(L48)				最厚85				5	200
	豹式	44.8	(8.66) 6.87	3.42	3.10	0.54	594		45	730	1.9	0.8	1.9	35	75(L70)	7.92×2	79	4500	110~15				5	170
	虎Ⅰ式	56	(8.24) 6.2	3.54	2.88	0.47	592	V-12、水冷	38	535	1.8	0.79	1.2	35	88(L56)	7.92×2	92	5700	100~26				5	100
	虎Ⅱ式	68.7	7.3	3.57	3.10	0.49	594		42		3		1.63		88(L71)	7.92×2	84	5850	185~40				5	170
義大利	M11/39中型戰車	11	4.73	2.19	2.14		105	柴油引擎	32						37	8×2	84	1440	30~10				3	200
	M13/40中型戰車	14	4.9	2.21	2.39	0.41	105	柴油引擎	35		2.1		40	40	47(L32)	8×3	87	3048	40~14				4	200

裝甲師的軍事戰略變遷

USSR〔蘇聯〕

巧妙的避開德軍的閃電戰，最後終於攻佔柏林的紅軍戰車師和軍事準則，究竟是如何建構完成的？

壓倒德軍的縱深作戰理論

文＝真田守之

俄國自古以來，就是歐洲列強之中人口最多、領土最大的國家。俄國人民在嚴苛自然環境下建立古老農業型態，對君主專制體和貴族抱著反動意識，還有嚮往西歐文化、卻又脫離不了傳統孤立風格；這樣的國民性，使得俄國始終是個在各個層面都相當落後的貧窮國家。俄國在克里米亞戰爭（1854～56年）敗北，從此廢除農奴制度，在日俄戰爭（1905～06年）中敗北引發了革命；而在第一次世界大戰中戰敗，則造成了君主專制政體的崩潰。1917年3月15日，尼古拉二世在革命中被迫退位，翌年7月17日，國內還處於內戰狀態時，沙皇一家全都遭到紅軍處決。

創建國家總動員體制的紅軍

帝政時期的俄軍，在革命時期隨著帝國一同崩解。俄國的歷代沙皇，為了振興經濟與軍事，多次從外國、尤其是歐洲各國積極引進軍事知識與科技，投入武器裝備的改良，因此建立起足以和歐洲列強匹敵的大陸軍體系。可是，俄國並非先進國家，在國內有文化與社會斷層，軍中則苦於人力資源、也就是士兵素質低落的問題。不過，由沙皇所培育的軍官團，則以高度教養和團結力自豪，成為統御俄軍維繫戰鬥力的核心。

俄國由於長期與外國交戰，導致國民經濟疲弊，生活貧困的人民厭惡戰爭，開始要求立即休戰，甚至演變成群眾運動，就連士兵都從前線逃脫、加入運動，成為日後革命運動的原動力。俄國百姓自主推動的革命運動，獲得許多純真並且充滿正義感的帝俄軍年輕軍官的支持，當紅軍建立革命軍時，許多帝俄軍官都主動加入。

1918年12月，有大約2萬2000名帝俄軍官投效紅軍，到了1920年8月，人數更增加到5萬人。在這許多帝俄軍官之中，有一位M・N・圖哈切夫斯基中尉，成為日後蘇聯軍的培育者，並且奠定了能夠擋下德國陸軍裝甲部隊的閃電戰、在撤退中重整旗鼓、最後徹底殲滅精銳德軍的蘇聯機動部隊的基礎。

在紅軍草創時期具有重要地位的M・V・伏龍芝（1885～1925年），以青年技師的身份加入革命勢力，建立反抗帝俄的反體制組織。1917～18年革命爆發，建立紅軍之後，則是和紅軍領袖托洛斯基、圖哈切夫斯基等人一同作戰，擊敗了帝俄軍。後來，伏龍芝和強力推動民兵制度的托洛斯基發生思想對立，在1921年7月發表了《統一軍事準則與紅軍》的論文。伏龍芝認為，未來戰爭的型態將是國家總動員等級的戰爭，因此，隨著軍事科技進步，必須要成立一支熟悉「攻擊與機動戰」的專業軍隊，也就是所謂的正規軍，還要成立能夠指揮正規軍的參謀本部，經過這場論爭，伏龍芝的意見獲得採納。

1924年，伏龍芝的努力成果「統一軍事準則」獲得採用，重視「攻擊與機動」的軍事思想也成為主流，此後紅軍的行動，都遵循這樣的軍事準則。1925年，伏龍芝元帥突然病逝，他的軍事理念和軍隊的建構方案責備繼任的參謀總長圖哈切夫斯基繼承，這是紅軍奠定基礎和確立將來走向的重要時期。

史達林的工業化計畫

1920～24年期間，在伏龍芝元帥轄下，有許多從帝俄軍投效紅軍的優秀軍官，為了建設蘇聯軍而提出各種構想，提倡建立專業且訓練精良的正規軍的必要性，並且探討純軍事理論。到了圖哈切夫斯基時期，終於確立了伏龍芝元帥所倡議的正規軍化構想，並且朝著更為強大的機械化部隊之路前進。

1919年匈牙利的共產革命失敗，1923年秋季德國共黨的武裝革命也跟著失敗，第一次世界大戰剛結束時的革命風潮，有著急速退潮的跡象，至此，布爾什維克所主張的世界革命受到阻礙，只好先從建設單一國家社會主義的目標前進。列寧對這個現狀有深刻體認，1924年列寧死後，繼承了單一國家社會主義理論的史達林和持相反意見的托洛斯基爆發了嚴重的權力鬥爭，結果史達林贏得了這一場政爭。

史達林基於伏龍芝元帥所提倡的國家總動員戰爭理念，瞭解國家總動員的未來戰爭中，強大的軍力必須有強大的國力作為後盾，於是在1929年訂定了第一個產業計畫，也就是第一次五年計畫。蘇聯在史達林的領導之下，銳意投資發展產業、尤其是重工業，一面發展軍事科技、一面開發現代化的新武器。到了1933年，第二次五年畫展開，終於打造好了現代化工業國家和現代軍事的基礎。

德蘇之間的秘密軍事協定的影響

第一次世界大戰後，受到凡爾賽和約壓迫的德國、和遭到國際孤立的蘇聯，在1922年4月締結了飽受國際聯盟抨擊的拉帕洛條約，建立起相互合作的體制。這個條約讓日後的蘇聯取得了更有力的外交地位，也促進了新經濟政策，所以被蘇聯視為外交的一大成功。

然而，在這個拉帕洛條約的幕後，隱藏著德國國防軍和蘇聯軍之間的非公開互助關係。簡而言之，德國國防軍提供軍事技術給蘇聯，那些受到凡爾賽和約的軍事條款限制的事項，如攻擊武器——尤其是飛機、戰車、和化學武器的製造科技和運用法，都秘密的在蘇聯境內研究開發，並且進行實地訓練。

舉例來說，在蘇聯境內的弗羅尼茲北方的里佩克建造了極機密的機場，從1924年起，德國廠商所設計的飛機就在此處進行試飛，戰鬥機飛行員在此實戰訓練和偵察訓練，致力於維持德國的航空科技。另外，在伏爾加河中游的喀山設立的試驗場上，德軍用大型拖拉機和輕型拖拉機等農耕機具名稱作掩護，對自行研發的戰車進行性能測試。至於蘇聯方面，則是在國內成立飛行學校和毒氣學校，協助德國重整軍備，也趁此機會多方吸收德國的軍事知識和科技。兩國不但合作生產武器，德國國防軍的軍官也和蘇聯軍官進行戰術與訓練的實地交流。

拉帕洛條約簽字結束，相談甚歡的德蘇代表。

到了1927年，蘇聯軍軍官前往柏林的軍事大學，鑽研參謀訓練課程，對德國國防軍的軍事能力和訓練留下了深刻印象，帶著豐富的收穫歸國。記錄顯示，這些被派遣到德國留學的蘇聯軍官，向學心極強，甚至超過德國國防軍的軍官。擔任人民軍事委員代理委員長的圖哈切夫斯基，參與了1932年9月德國陸軍所舉辦的秋季大演習，對德國國防軍的優異軍事技術、之事、和全新的戰鬥方法深感興趣，於是著手引進蘇聯，盡快讓蘇聯軍都能擁有機動性高的戰鬥裝備和技能。

1925年12月德蘇兩國在換約時，再度加強經濟合作和秘密軍事合作。可是，1933年希特勒的納粹黨掌權，強力推動反共政策，使得兩國漸行漸遠，蘇聯轉而與法國交好，長達10年的拉帕洛條約也就此終結。不過，蘇聯軍在這段期間，已經在合作期間瞭解到，在飛機的近接支援下，以戰車為主體的裝甲部隊能夠遂行機動作戰，也就是在第二次世界大戰中震驚全球的德國閃電戰的觀念。

華沙攻擊失敗的教訓

蘇聯紅軍在1919年擊潰俄羅斯西部的帝俄軍、1920年又徹底擊敗西伯利亞的帝俄軍。當時年僅26歲的圖哈切夫斯基，在革命軍紅軍之中算是思想較為激進的軍官，他主張為了在全世界發起革命，必須編組「無產階級國際軍」。

雖然不久前的匈牙利革命以失敗收場，但圖哈切夫斯基仍舊深信外銷刺刀革命的可行性，所以，當華沙的工人們群起抗爭、向蘇聯紅軍請求協助時，他主張解放波蘭，並且於1920年7月出兵攻擊。可是，由於蘇聯國內的內戰才剛平息，圖哈切夫斯基在進攻波蘭前，並沒有做好相關情資的蒐集和作戰準備，加上未能掌握波蘭社會局勢和敵我軍事差異，結果這一仗無論戰略還是戰術都是完全的失敗，甚至遭到波蘭軍攻擊後方，只好倉皇撤退。

當時投入進攻的蘇聯步兵師，兵員從2000人到7000人不等，配備的重機槍也有266挺和40挺的差距，野戰砲有些師是70門、有些師只有12門，毫無劃一性可言，所以根本無法進行有效率的作戰。而那些士兵除了志願兵之外和強征而來的士兵之外，還混雜著前帝俄軍的逃兵、以及強盜和罪犯。

從一次世界大戰到俄國內戰，蘇聯的社會和軍隊都已經極為困頓，圖哈切夫斯基對此深深反省，終於理解到社會主義革命後的蘇聯所面臨的國際局勢，因此，往後必須先建立起單一國家社會主義思想下的現代化軍隊，先確保蘇聯不受外國侵略。

於是，在伏龍芝元帥提倡的總動員戰爭構想下，圖哈切夫斯基協助史達林所主張的單一國家社會主義發展、和為準備戰爭而進行的工業化政策，利用工業發展和科技進步來提升蘇聯軍的水準，朝向追求火力與機動力的機械化部隊邁進。在此同時，也著手培養能夠指揮這種現代化軍隊的參謀、以及懂得操作現代武器裝備的士官和士兵。從硬體和軟體兩方面打造正規軍。

圖哈切夫斯基的機械化構想

圖哈切夫斯基（1893～1937年）生於鄰近黑海的亞歷山卓夫斯科耶，在莫斯科幼校以第一名成績畢業，1914年從亞歷山卓夫斯基軍事學院畢業後，被任命為少尉，參與第一次世界大戰。他隸屬於近衛謝苗諾夫團，和德軍爆發機戰後，於翌年1915年2月遭到德軍俘虜。

蘇聯的軍事戰略家圖哈切夫斯基。

雖然圖哈切夫斯基曾兩度試圖逃亡，但是都被抓回，所以被送往防備更為嚴密的拜爾倫的因戈爾施塔特要塞監禁，年僅23歲的圖哈切夫斯基在那裡結識了被監禁在同要塞第9號堡壘的年輕上尉夏爾・戴高樂、以及日後成為阿爾及利亞總督的喬治・亞伯特・卡托魯將軍、還有當時身為航空上尉的梅澤拉克將軍等法軍軍官，並與他們建立了友情，然後在2年之後終於逃脫成功。

由於圖哈切夫斯基通曉法語，所以能和那些優秀的法軍軍官交流。戴高樂上尉等人主張編組擁有專業技能的摩托化機動部隊，這些思想也影響了圖哈切夫斯基，被運用在蘇聯軍的現代化之路。成功逃離戰俘營的圖哈切夫斯基，在1917年10月返國，翌年4月加入紅軍，和伏龍芝元帥一同對抗帝俄軍，並且贏得勝利。

戰車、飛機的開發與運用研究

第一次世界大戰時，對峙的兩軍都對野戰陣地的認識不清、依舊頑固的發動攻勢作戰，這種情況在西線尤其常見。鋼鐵與水泥建造的堅固陣地由鐵絲網和側防機槍層層保護，再加上砲兵的長程火力，兩軍就在這種環境下進行拉鋸戰。這樣的陣地猶如殺戮戰場，造成無數官兵喪生，也給參戰國軍隊造成慘痛的心理陰影。

經過長達3年的嚴酷陣地戰，歐洲各國陸軍終於領悟到既有戰術出了問題，開始著手研究戰爭原理，開發奇襲與機動戰理念。

歐洲列強為了讓戰鬥部隊發揮火力和機動力，於是開發出戰車這種有裝甲保護的野砲，以及能夠從空中襲擊敵方陣地的飛機，一旦突破敵方防線，就立刻帶領部隊穿越缺口，掃蕩後方。

蘇聯更是搶在歐洲各國之前，率先運用飛機來運輸官兵和武器等物資投入戰場據點，建立並且反覆實驗空降部隊的可行性。雖然5年後德國也跟進，但是，蘇聯軍在圖哈切夫斯基的領導下，早在1935年就已經成功的將汽車、野砲、以及編裝完備的一整個師從莫斯科空運到海參崴。

早在大戰期間，帝俄軍就模仿歐洲列強進行戰車的研究與開發，最初配備的戰車是1918年帝俄從英國進口的Mk型戰車32輛、法國製FT型100輛。1919年爆發革命時，這些配備都落入革命軍紅軍手中。蘇聯此後開始生產FT型的改良型KS型戰車，一直持續改良生產到1935年，因為以當時蘇聯的低落產能，直接仿製外國戰車是最快的方法。

1929年起展開的第一次五年計畫中，軍事部門負責促進戰車等裝備的機械化，並且成立了用於支援步兵師的「戰車群」。1930年左右，蘇聯開始取得授權，生產英國的維克斯輕戰車，不過，這時蘇聯戰車正處於輕戰車轉換到中型戰車的分歧點。蘇聯從英國方面取得了更優秀的製造技術，而這些技術又藉由拉帕洛條約轉移給和蘇聯秘密進行軍事合作的德國國防軍，堪稱是1930年代德國閃電戰用的主力戰車的原型。

1930年初，蘇聯在全國各地建造了30多處戰車製造廠，並且逐一開始運作量產，讓蘇聯軍的裝甲戰力越來越強。另外，在多次的嘗試錯誤之後，開發戰車終於取得成果，推出了「T-34」戰車。T-34戰車起源於第一次五年計畫時開發的重戰車T-32，機械設計經過改良，並且加寬履帶、改進懸吊系統之後，就成了T-34。

1941年6月德軍入侵蘇聯，德軍在蘇聯使用他們最為擅長的閃電戰，在入侵的前半年，就摧毀了17,500輛蘇聯戰車。可是，德軍並沒有掌握到T-34戰車的開發配備情資，一直要到1941年9月以後，德軍才在戰場上遭遇到T-34。

當然，T-34的出現，馬上被人拿來和德軍戰車做比較。T-34配備的火砲和越野性能都更為優秀，續航力長，車身採用傾斜裝甲，具備優異的避彈性，因此在戰火中有更好的生存性。還有，經過標準化的機械設計，能夠因應各種作戰需求、故障率低，在戰場上更容易整備維修。T-34採用較寬的履帶，接地壓力低，所以在泥濘的俄國戰場上也能順利行駛，不會像德國戰車那樣陷入泥沼中。

當德蘇戰爭陷入長期持久戰時，蘇聯將戰略工業重新配置在遼闊的俄羅斯領土上，繼續大量生產T-34戰車，戰車的數量有增無減，相對的，德軍的戰力則是不斷在俄國大地上被消耗殆盡，形成非常強烈的對比。

一輛刷上白漆的1941年型T-34/85坦克。

確立獨有的縱深作戰原則

1924年左右，伏龍芝曾對蘇聯軍組織、制度改革提出建言。以未來的國家總動員戰爭為目標，要求將蘇聯軍提升到和歐洲列強同等的現代化水準。詳細的條目有設立參謀本部、鑽研戰術理論和預測未來戰事、軍隊組織化、分析戰鬥本質、走向科學體系化，藉著這樣確立「軍事準則」來提高戰鬥的效率。1925年，伏龍芝元帥突然病故，據說可能是被史達林所毒殺，此後蘇聯軍的改革擔子就落在圖哈切夫斯基等年輕參謀的肩上。

當時歐洲各國的軍人，對第一次世界大戰中傷亡慘重的陣地戰記憶猶新，所以都在摸索新的戰法、尤其是利用戰車，來突破陣地戰的僵局。可是，大多數國家仍然脫離不了步兵為核心的傳統思維，把戰車當成了支援步兵用的武器。不過也有一些國家如蘇聯，不斷的開發出新的戰術方案。

與新型態的戰爭有關的第一篇論文，是1928年在圖哈切夫斯基的指導下，由參謀本部作戰計畫負責人V・特里安達菲洛夫所撰述。他以運用戰車進行機動戰為主軸，思考戰場上的「連續作戰的概念」，這項理論大意是，不要給敵人有集結起來的機會，就能取得決定性的勝利。簡而言之，並不是只要突破敵方防線就好，還要迅速的繞到敵軍後方，施以致命的打擊。

這個連續作戰理論，對戰車部隊的速度和機動力有很高的要求，從第一次世界大戰中突破敵軍第一線的任務，引伸到必須繞到敵軍後方給予致命一擊，這等於是縱深作戰的基礎。這項理論又被圖哈切夫斯基補充的更為完備。

V・特里安達菲洛夫的連續作戰理論，要求蘇聯軍不僅要突破敵人的第一線，還要活用戰車的速度，繞到後方擴張戰果，是比傳統的陣地戰還要更進階的想法。當時英國的J・F・C富勒已經在戰車戰方面做了許多研究，他在1932年出版的著作《機械化部隊的作戰》中，已經寫下了當時最為先進的戰術理論。

在富勒的觀念中，未來的戰爭將是戰車為主角的機械化部隊的戰鬥，所謂戰車，就是野砲追加了裝甲和機動力的產物。將來的戰車作戰，會變的像海戰一樣，此外飛機的地位也非常重要，因為戰車和飛機必須進行協同作戰。

富勒的著作在英國其實少有人閱讀，倒是被德國國防軍和蘇聯軍軍官奉為至寶，蘇聯軍方甚至將富勒的著作列為軍官的指定教科書之一。這時的蘇聯軍，就以圖哈切夫斯基為中心，基於蘇聯軍參謀本部軍官們的連續作戰理

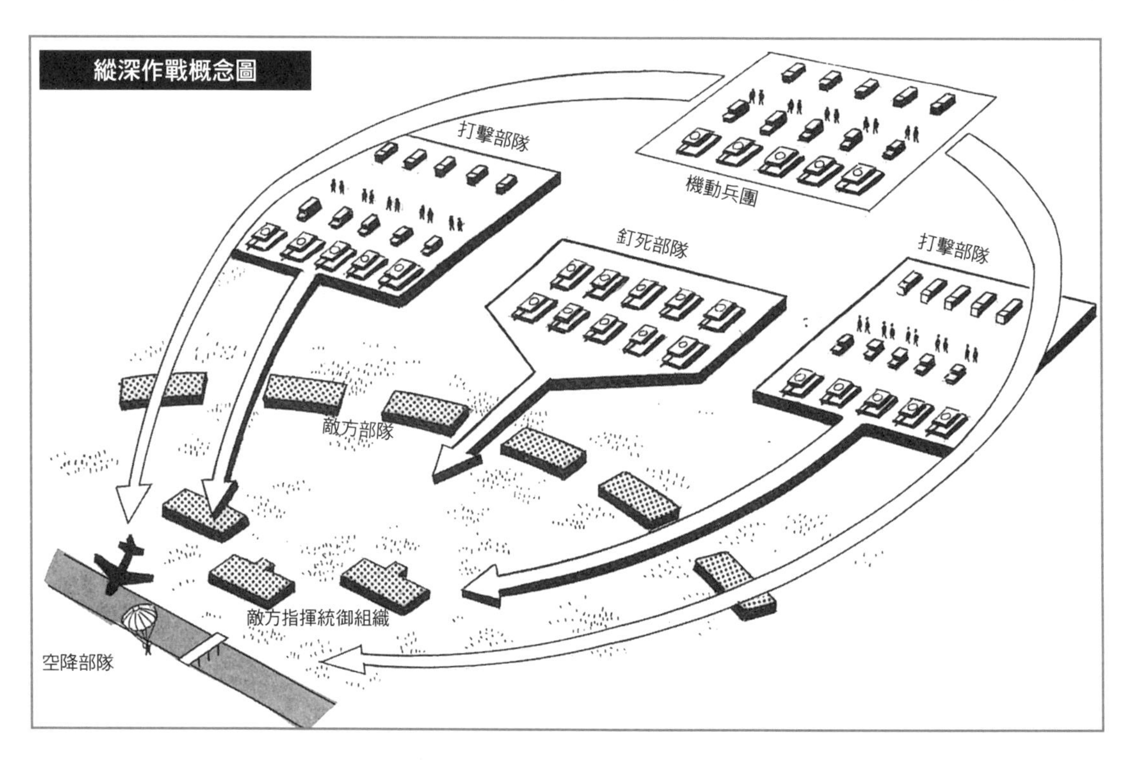

論，同時吸收歐洲推陳出新的軍事思想，開始建構起「縱深作戰理論」。

縱深作戰理論的要點，要求部隊活用戰車的速度這項優勢，迅速突破敵陣、擴張戰果。不僅戰車部隊，其他具備機動力的機械化步兵、砲兵、以及近接支援的航空部隊，還有在敵後給予直接打擊的轟炸機等各兵科部隊，都必須協同合作，用帶有縱深的陣形來對敵方實施包圍殲滅。圖哈切夫斯基在思考這種作戰方法時，把目光焦點放在各個兵科的協同合作，但是，這樣的作戰方式還有更深一層的含意。如此龐大且帶有縱深的部隊，在進行機動作戰時，戰鬥所需的彈藥、糧食等後勤補給物資都必須要跟的上部隊才行。這對後勤單位的運輸能力是一大考驗。當作戰進行時，得要盡快建立後勤補給站，用轟炸機破壞敵軍後方的目標，同時還要派出空降部隊，先行奪取敵後的重要據點，斷絕敵方後路。

蘇聯軍在1931年在參謀學校中創設了作戰部，開始實踐圖哈切夫斯基等人奠定的縱深作戰理論，也就是進行軍事制度改革，讓各兵科能夠更順利的協同合作。為了遂行機動作戰，還得要打下軍事準則基礎，軍備和戰術才能有所依循。此外，也展開機動作戰的運用和研究。圖哈切夫斯基在1936年完成了野戰教範（PU-36），從此確立了縱深作戰的原則。

根據他的原則，擔任攻擊部隊的兵力中，有3分之1是「釘死部隊」（Pinning Group），利用積極攻勢行為，將敵方釘死在戰線上，不讓敵軍撤離或轉移作戰正面。其餘3分之2兵力則是「打擊部隊」（Strike Group），在面向敵方的主攻擊面上，分為一至數個攻擊軸（Axis），是為主力部隊。打擊部隊擁有強化的砲兵火力、近接支援用的戰車部隊、還有1至2個機械化軍（Corps）和1個騎兵軍組成的「突擊軍團」（Shock Armies）所組成的第一梯隊。

這樣的突擊軍團，在發起攻擊的第1天，要對敵方戰術防禦地區（Tactical Zone of Defence）的小區域（各步兵軍約為8～12km）實施強行突破，在突破成功之後、或是防禦部隊耗弱之後，就儘速派出機械化軍或騎兵・機械化兵團組成的「機動兵團」（Mobile Groups）作為第二梯隊，投入戰線當成來擴張戰果。機動兵團平均一天能行進40～50km，任務是摧毀敵軍後方的指揮統御組織、擾亂並殲滅預備隊，然後佔據適合發起下一場作戰的有利地區。一般來說，打擊部隊的攻擊軸並不是單純擊退敵軍就好，最理想的狀況，是要包圍殲滅敵軍，所以攻擊方向要謹慎選擇。

至於飛機所提供的近接空中支援和阻絕作戰（Interdiction），目的是支援打擊部隊向前推進，空降部隊則是在敵後阻止敵軍建立新的防線、並且在敵軍預備隊抵達之前先行佔領戰場要地。空降部隊要先行佔領確保前線機場（Airfield）、交通要衝、隘口、渡河點（River Crossings），讓戰果擴張部隊能夠快速通過這些地區。

到了最終階段的包圍殲滅，則是整個突擊軍團所有攻擊部隊都要參與，並不是只有第二梯隊的機動兵團在執行而已。以這個規模來實施的攻擊行動，正面可能寬達300～400km，縱深則達到200～300km，所需作戰時間約為2～3週。

在1936年以前，蘇聯已經編組了4個機械化軍，每個軍配備1000輛戰車，此外還有增強計畫，另行編組戰車旅和戰車團，作為在各兵科協同作戰之際，負責掩護步兵的戰車部隊。至此，蘇聯軍已經領先世界各國陸軍，建構完成了裝甲部隊、空降部隊、和飛機運用的獨創概念。

可是，在1937年這個重要時期，史達林因為猜忌的緣故，開始大肆整肅，不僅政敵和知識份子受害，整肅的大刀甚至砍向平民和優秀的軍人。包括圖哈切夫斯基在內，師長以上層級的軍官有60%（佔全體軍官的20～35%）遭到處決或流放。最優秀的蘇聯軍指導者圖哈切夫斯基、烏波列維奇、亞克等人都遭到處決，對此後的軍事建設造成嚴重影響。原本在1936年好不容易發展成熟的各兵種協同機械化部隊和縱深作戰構想全都陷入混亂，發展也宣告停滯，取而代之的是伏羅希洛夫的傳統陣地戰。

因此，蘇聯軍的作戰指導變成了介於機動戰和陣地戰之間，影響所及，1939年到1940年的芬蘭冬季戰役的慘敗就是後果。為什麼史達林在戰爭迫在眉睫的時刻突然整肅軍中人事，這仍舊是個未解之謎，到了1941年德蘇開戰後，新一代的指揮官根本沒時間重新建立能夠適應現代戰爭的蘇聯軍，以致於在一開戰就被德軍的閃電戰打的抬不起頭來。

*column*❷　蘇聯在諾門罕事件中進行的實驗

在實戰中驗證有效的縱深作戰

●持續約4個月之久的激烈攻防

諾門罕事件發生於第二次世界大戰即將爆發前的1939年5月。當時蘇聯已經知道遲早會和德國交戰，可是蘇聯卻也沒有餘力能夠同時兼顧東西兩條戰線，所以在歐洲戰線進行準備時，暫時和德國簽訂了互不侵犯條約。另一方面，日本正陷入中國戰場的泥沼當中，蘇聯便對中國提供軍事援助，並且加強遠東地區的兵力。可是，此舉卻造成日蘇兩國關係更加緊張，經常爆發邊界糾紛。雖然蘇聯政府對於和日本開戰抱持著消極態度，不過為了日後能將所有精神集中在歐陸的戰爭，蘇聯決定先對日本發動警告性質的攻擊，先拔除遠東地區的日本的威脅。

1939年5月11日拂曉，滿洲國邊境警備隊與外蒙騎兵部隊在哈拉哈河東岸地區、也就是日蘇邊境的紛爭地帶遭遇，爆發了7個小時的戰鬥。這起事件成了引爆諾門罕事件的開端，因為侵犯邊境而引發的武力衝突，在接下來的4個月期間，演變成日蘇兩國的激烈攻防戰。當時蘇聯軍擁有壓倒性的現代化武器、還有朱可夫將軍的戰略・戰術運用，日軍因此慘敗。

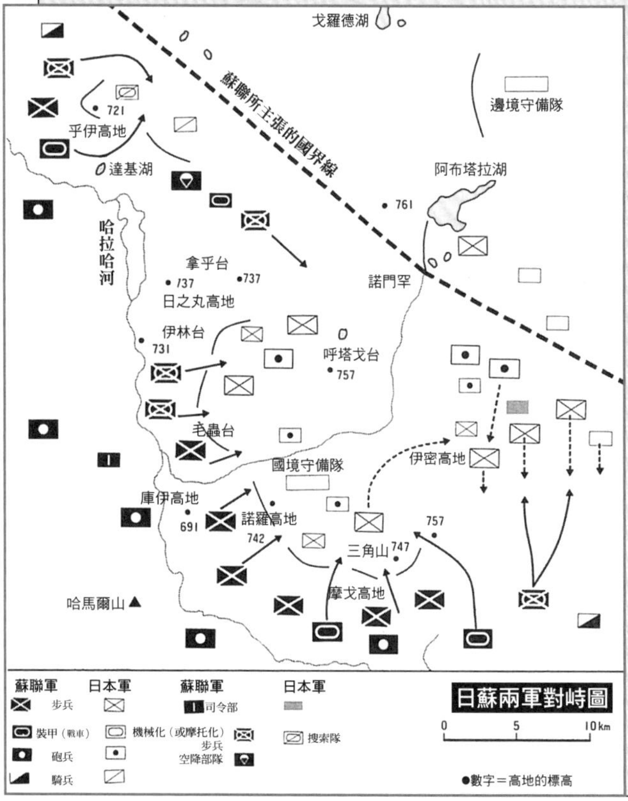

●統一體制下的優秀作戰行動

戰鬥最初是在5月、由日蘇兩軍先遣部隊的衝突展開，從6月底到7月，則升級成為蘇聯第57特別狙擊軍和日本的第23師的激戰。日軍由於事前準備時間太短，在整場戰役期間都處於劣勢。只有步兵的小林兵團在入侵哈拉哈河西岸（外蒙領土）、試圖摧毀砲兵陣地時，遭遇到配備400輛戰車與裝甲車的蘇聯蒙古聯軍，無法抵禦而撤退，接著，第23師又在東岸發起決戰，同樣未能成功。因此，蘇聯軍在發起下一次攻勢之前，得以據守要地。

6月6日朱可夫將軍走馬上任，在8月20日發起大攻勢（8月攻勢）之前的76天期間內，他克服了長達650km的後勤補給線，完成了開戰前準備，此舉完全超乎日軍所能預料。朱可夫所發動的攻勢作戰，活用了戰車・裝甲車的機動力優勢，加上飛機的近接支援、還有步兵・工兵等各個兵科的協同合作，採用外線作戰態勢，用戰車和裝甲步兵組成包圍部隊，快速機動並突破日軍兩翼的弱點，然後迅速擴張戰果，將日本第6軍團完全包圍殲滅，這毫無疑問就是在體現1936年圖哈切夫斯基所提出的縱深作戰原則（野戰教範PU-36）。

雖然圖哈切夫斯基元帥在1937年的史達林整肅運動中遭到處決，但是他所留下的縱深作戰理論卻在蘇聯軍中再度獲得重視。雖然歐陸的蘇聯軍要等到1942年的史達林格勒反擊戰，才會真正在戰場上實踐這個理念，但是，早在1939年的時候，朱可夫就已經在諾門罕運用帶有縱深的裝甲・機械化部隊，突破並包圍殲滅敵軍，讓人不禁聯想到，這極可能是他為了日後對德作戰而進行的事前演練。

在諾門罕事件中，日本陸軍中央和關東軍前線部隊出現了統帥權和戰爭指導的對立爭

日蘇兩軍對峙圖

朝前線進軍的日本戰車部隊。

執。相較之下，蘇聯中央則是把朱可夫將軍和許多優秀指揮官、參謀送到遠東，並且滿足當地軍隊所需的任何武器、兵員、裝備要求，從政府、軍方高層、到前線部隊，組織統御都維持一貫立場，實行作戰任務當然也就如魚得水。

●從諾門罕到德蘇之戰的教訓

（1）完全包圍的殲滅戰

蘇聯軍藉由奇襲來達到縱深突破，在利用機動部隊來進行包圍殲滅戰，這樣的行動程序在史達林格勒之役後，已然成為蘇聯軍的基本作戰規則。為了讓作戰能夠成功，朱可夫特別講究縝密的計畫、情報（偵察）活動、隱匿企圖、以及欺敵（佯攻）等戰法。

（2）各兵科部隊的協同作戰

獲得授權得以編組作戰部隊的朱可夫，在他的縱深作戰原則中，是以步兵、戰車、砲兵編組成打擊部隊。不過，支援地面作戰的飛機也包含在協同作戰的範圍內。這樣的協同作戰難度極高，需要充分的事前訓練，此外，各兵科指揮所的位置和聯絡通訊手段也要反覆驗證是否正確無誤，這是為了日後德蘇開戰所做的準備。

（3）戰車、裝甲步兵、砲兵部隊的增強

朱可夫在和沒有裝甲戰力的日本軍精銳部隊交戰時，曾對日軍長年訓練的近接戰鬥技術和防禦戰能力頗有好評。吸取了諾門旱的教訓之後，他思考德軍擅長用裝甲部隊・機械化步兵，加上俯衝轟炸機的近接支援的作戰方式，認為蘇聯軍必須盡快強化戰車・裝甲車・摩托化步兵的合作，並且加強砲兵部隊的支援火力。

（文＝真田守之）

對德軍閃電戰的抵抗

史達林的大整肅影響深遠，1939年剛編成的王牌部隊機械化軍甚至因此被解散。到了翌年5月，德軍進攻法國，穿越阿登森林，展現出閃電戰的威力，這時蘇聯才再度認知機械化部隊決戰的時代已經來臨。於是，蘇聯在1940年7月盡速編組了8個機械化軍和2個戰車師，翌年2月開始籌備建立新的機械化軍，可是還沒編組完成，德蘇之戰就已經爆發。

德蘇之戰剛爆發時，沒有人認為蘇聯能夠取勝，大多數人都推斷蘇聯在幾個月之內就會投降，最樂觀的看法是蘇聯能夠撐上一年。之所以做這樣的推測，是源自於蘇聯在外交上遭到國際孤立、內政又不穩定，此外蘇聯軍的戰鬥力遠不及德軍等因素，尤其是軍事層面，更是難有起色。

1941年6月到1942年11月的第一階段戰鬥中，蘇聯的政治和軍事判斷可說是錯誤百出，從一開始，參謀本部就誤判情勢，前線司令部陷入混亂。在第一線上，光是開戰第1天就有1200架軍機被摧毀在地面上，而地面部隊則有28個師全滅、70個師在兵員和裝備上耗損超過50%，而在開戰的最初幾週，蘇聯就喪失了25%的裝甲部隊。不合宜的偵察、不合宜的通訊導致戰鬥指揮命令無法傳達，不僅掌握不了敵方動向，就連自軍動向都一無所知，只能任由德軍的機械化部隊宰割。在後勤補給方面，有多達40%的補給品被放置在固定基地內，其中有半數在開戰時就被德軍所攻佔。

德軍的閃電戰以速戰速決為準則，所以決定將蘇聯的三大政治、經濟中心都市列為首要目標，分別是列寧格勒、莫斯科、基輔。德軍的主攻部隊直指莫斯科，一路向前挺進，企圖儘速結束戰爭。可是，到了1941年7月，德軍已經將各地的蘇聯軍切斷包圍起來，卻發現蘇聯軍的官

朱可夫將軍

兵始終頑強抵抗，和法國或比利時的官兵截然不同。要把這些包圍起來的蘇聯軍全部殲滅，得要耗費很多時間，而且在包圍的過程中，有許多蘇聯軍部隊又偷偷從德軍包圍網中脫逃了。

進入8月之後，蘇聯軍總算開始重新整編那些撤退回來的部隊，投入新的戰力，準備進行反攻。在這段期間，德軍暫停了進攻莫斯科，將主力攻擊方向轉往基輔，一直等到9月底時，才再度把攻擊矛頭轉回莫斯科。結果，德軍精銳部隊在這時遭遇到了配備有T-34戰車的蘇聯裝甲部隊，不僅如此，寒冷的秋雨讓俄羅斯的遼闊原野變的一片泥濘，還有過去曾擊敗拿破崙的東將軍，也隨即到來。

史達林格勒的反擊戰

1941年的下半年起，蘇聯軍持續的和逼近列寧格勒和莫斯科的德軍展開激烈攻防。1942年8月，德軍進逼伏爾加河，到了9月中旬，更是進攻到史達林格勒郊區。可是，德軍越是向市區挺進，所遭遇到的抵抗就越強烈，陷入防禦堅強的陣地地帶中，攻擊速度大不如前。這時的德軍，雖然仍舊掌握著制空權，可是在市區的逐屋巷戰裡，空中支援根本派不上用場，而德軍進攻蘇聯之後的第二個冬季又即將來臨，德軍已經陷入疲態之中。

這時已經疏散到烏拉爾和西伯利亞等大後方的蘇聯工業，不斷提高生產力。1941年後半年戰車的生產數量大約是每月800輛，但是到了1942年時，每月平均產量已經高達2000輛，因此蘇聯軍得以在11月之前編組15個新的戰車軍。在史達林格勒攻防戰中傷亡慘重、卻死守不退的蘇聯軍，他們的犧牲有了代價。11月19日，在朱可夫將軍精心籌畫下，史達林格勒發動了大規模反擊。

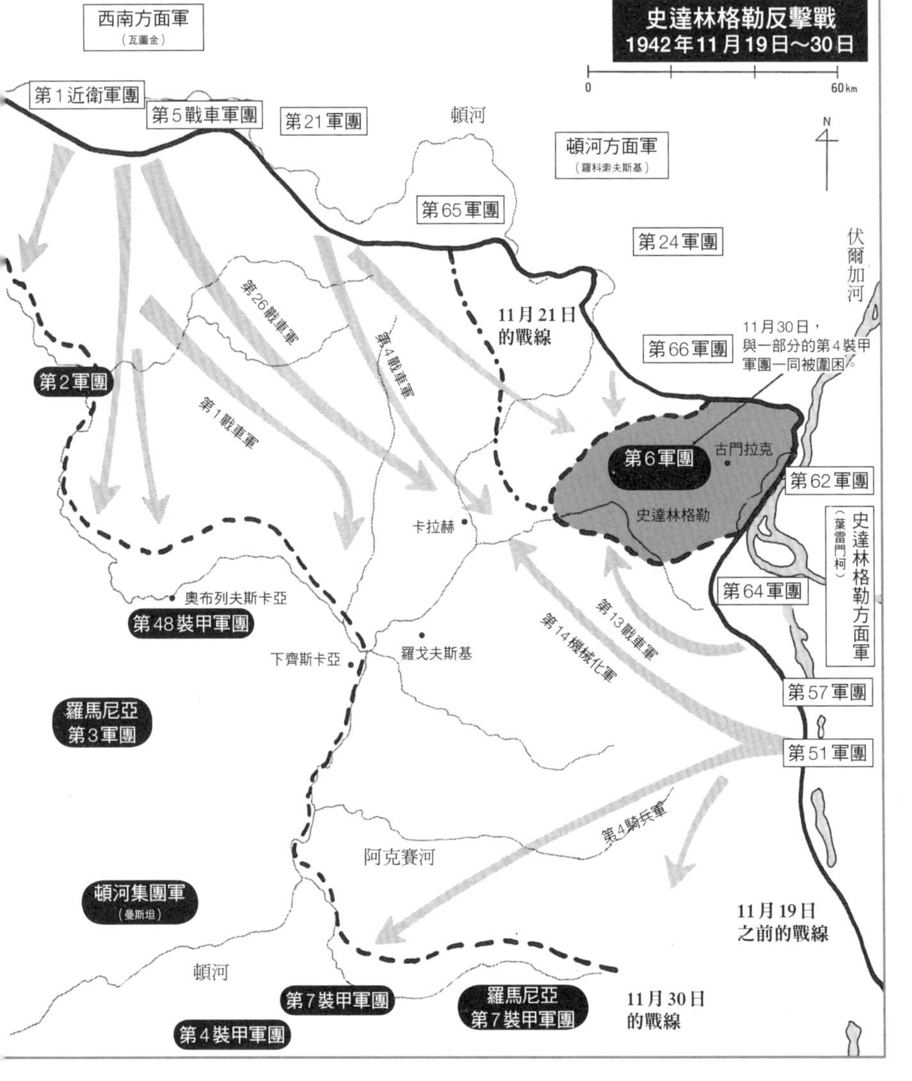

史達林格勒的反擊戰，是朱可夫將軍一面承受前線的嚴苛戰況，一面籌備的作戰計畫。朱可夫原本是帝俄軍的一介士兵，力爭上游、在紅軍中晉升成為將軍，而他的作戰經歷也非常可觀，總是能在苦戰中贏得勝利。1939年夏季，他曾在滿洲諾門罕事件中發動機動作戰，1941年9月的列寧格勒防衛戰、還有同年12月的莫斯科攻防戰，也都是他的功勳。

朱可夫為了欺敵，白天下令部隊進行佯攻，到了夜晚才秘密調遣部隊集結，為反攻預作準備。這場反攻作戰計畫的重點，是要釘死德軍的正面，然後派遣2個方面軍從史達林格勒的西北方和南方這兩處德軍防禦最為脆弱的部位突破，南北包圍夾擊德軍。對蘇聯軍來說，寒氣是他們最好的戰友，在沒有積雪且地面凍結的情況下，蘇聯裝甲部隊的T-34戰車，就能活用機動力，高速進擊。

這場攻擊打從一開始就是一場奇襲，蘇聯軍成功的突破了各處防線弱點，蘇聯軍的機動打擊部隊快速從突破口湧入，把德軍的攻擊部隊和預備隊完全切斷。蘇聯軍的攻擊部隊帶有縱深，最前方負責突破的部隊是有砲兵和戰車支援的各兵科協同作戰單位，而後方部隊則全都是裝甲和機械化部隊，藉著戰術的成果，引來戰略的成功。

蘇聯的裝甲部隊用最快的速度衝到敵軍背後，切斷後方聯絡路線，至於擊潰敵軍抵抗的工作則是交給後續的機械化部隊。在這場史達林格勒反擊戰中，機動部隊的切穿深度達到100～120㎞，平均每天前進24～30㎞，最多曾有一天前進60㎞的紀錄。

史達林格勒的反擊戰，其實正是圖哈切夫斯基的縱深作戰的戰場實踐範例。雖然蘇聯在德軍閃電戰的攻擊下蒙受了慘重的損失，但是到了1943年後半，曾經在戰場上吃過虧的蘇聯軍指揮官和參謀，都找回了運用裝甲部隊的自信心。而蘇聯軍的作戰基礎理念就是圖哈切夫斯基的縱深作戰理論，朱可夫和蘇聯軍的所有將領，都在艱苦戰況中致力活用這個理論。

從史達林格勒大反攻起算的1942～43年的冬季作戰，成為德蘇之戰中左右戰局走勢的重要戰役。此役之後，德軍再也無法在東部戰線上進行任何具有決定性價值的攻勢作戰。反觀蘇聯軍，則是戰局從此好轉，兵工廠產能增加，軍需產業上了軌道。1943～45年段期間，烏拉爾地區的工業產能增加到戰前的3.6倍，西伯利亞增加了2.8倍，伏爾加地區增加了3.4倍，飛機產能增加5倍，戰車產能增加15倍，火砲產能增加8倍，遠遠凌駕在德國軍需產業之上。

另外，身為機動作戰主體的戰車也有所進化，在1943年夏季推出了T-34/85（配備85㎜加農砲）和JS（史達林）重戰車，自走砲的數量也更為充足，因此，一個方面軍在突破敵軍戰術區域時，可以使用個或2個戰車軍或機械化軍組成的機動兵團，深入敵後的戰果擴張部隊則是由1到2個、有時甚至多達3個戰車軍團所組成。這時的蘇聯軍，已經完全學會了朱可夫將軍靠著實戰經歷的寶貴經驗所得來的教訓，奉行圖哈切夫斯基的縱深作戰理論。從這一刻起，蘇聯的機動部隊就開始朝著柏林快速進擊了。

物量與機動力驚人的後勤補給

在圖哈切夫斯基指導下起草的野戰教範（PU-36），重了重視精神戰力之外，也強調物資戰力的必要性，是非常符合現代軍隊的準則。由戰車、機械化步兵、自走砲兵所組成的機動部隊，以攻擊迅速見長，在史達林格勒會戰之後的追擊戰中，平均每天前進距離達24～30㎞，並且可以持續長達1週之久。要提供這樣的機械化部隊足夠的後勤補給，大後方必須有足夠的物資生產力，此外，彈藥與燃料的補給部隊也必須具備機動力，才能跟上前線部隊的進擊。

蘇聯在德軍剛入侵時的1941年7月～11月，就將大多數工廠、設備、資產、以及數百萬的勞工和家庭遷移到數千㎞遠的大後方，確保安全無虞。這樣大規模的生產力移動，在歷史上可說是前所未見。蘇聯為了提升後方生產軍需品送上前線的速度，加速修建鐵路與公路，同時大量生產卡車和貨車，而且，也從英國那裡取得了不少資助。

英國和美國提供給蘇聯的軍需物資供應總額相當龐大，美國提供了多達113億美元的物資，英國則提供了相當於13億美元的物資。美國所提供的軍需用品包括車輛437,400輛、戰車7,000輛、拖拉機5,000輛、貨車11,200輛、飛機14,800架、收音機16,000組。由於從鐵路集散地運送物資給戰果擴張部隊和追擊部隊，需要用到大量的卡車，蘇聯在各方面軍都設置了1個卡車運輸隊（1,275輛），每個師也編組1個卡車運輸隊（348輛），總計有多達12,000輛卡車在前線往返。

在建構好了後勤補給網路之後，蘇聯軍得以實踐野戰教範的縱深作戰理論，大量運用砲兵火力，並且由各兵科協同進行機動作戰，達到全縱深同時壓制的目標。

從1943年後半起，蘇聯軍的機動部隊勢如破竹的朝柏林進軍，他們的動力來源，其實就是在他們身後默默提供物資補給的後勤部隊。

column❸

從縱深防禦到趁機逆襲

庫斯克會戰是眾所周知的戰車大決戰，但是實際的情況是，德軍裝甲軍團猛攻蘇聯軍準備的密集反戰車陣地，蘇聯採用縱深防禦法吸收攻勢，成功的擊退了德軍。

文＝真田守之

在德蘇之戰中，1942年年底的史達林格勒攻防戰為蘇聯軍帶來了反攻的契機，到了翌年夏天，位於史達林格勒西北方650㎞的庫斯克一帶，再度成為兩軍對決的焦點。對蘇聯軍來說，庫斯克會戰攸關蘇聯軍是否能夠掌握未來的戰略主動權，對德軍來說，庫斯克會戰則是奪回戰場主動權的絕佳機會，對德蘇雙方來說，都是勢在必得的一戰。

1943年初，雙方因為持續不斷的激戰而實力耗弱，但是到了2月時，德軍名將曼斯坦所指揮的南方集團軍精銳SS裝甲師群，對蘇聯軍施加壓力，奪回了要衝卡爾可夫，結果，造成蘇聯軍在庫斯克一帶出現了一個東西長140㎞、南北寬125㎞的突出部陣地。

亟欲趁勢追擊、挽回頹勢的德軍，於是開始籌備「衛城作戰」，這項計畫是要從庫斯克突出部的南北兩方夾擊，一舉包圍突出部的蘇聯軍6個軍團。原本預定5月3日發起攻擊，但是，由於新型的虎式戰車等新武器需要重新整編，所以作戰發起日延到了7月5日。當然，也可能是蘇聯軍在此處積極加強戰備，導致希特勒開始猶豫所致。

德軍新型的虎式戰車。

然而，經過長達4個月的延期，給了蘇聯軍天賜良機，在這段期間裡，蘇聯軍已經補充了約3,000輛戰車，到了7月份時，已經集中了配備多達10,000輛戰車的裝甲、機械化軍團，在突出部的戰區內完成帶有縱深的防禦陣地，德軍多拖延一天，蘇聯軍就更強大一些。

●周密準備的作戰計畫

德國陸軍總司令部這時意識到，史達林格勒攻防戰之後，德蘇兩軍的戰力大致維持均衡，但是西部戰線上的盟軍隨時有可能發動攻勢。這時，應該在東部戰線改採守勢？還是發動有限度的攻擊來削弱蘇聯軍戰力？這變成了兩難的選擇。

但是，希特勒早已決定，北方要中央集團軍的第9軍團7個裝甲師、2個裝甲步兵師、9個步兵師）、南方要由南方集團軍第4裝甲軍團（10個裝甲師、個裝甲步兵師、7個步兵師）對庫斯克發動攻擊。按照計畫，北方第9軍團的正面約有40㎞，配備戰車1500輛、火砲3000門，每公里需配置步兵4500人及戰車40～50輛、火砲70～80門。南方第4裝甲軍團的正面為80㎞，配備戰車1700輛、火砲2000門，每公里配置步兵3000人、戰車40輛、火砲50門。此外，各式軍機約1000架也集中到庫斯克一帶。

另一方面，蘇聯軍內部也有人認為應當先發制人，積極對德軍發動攻勢，可是方案被朱可夫將軍否決，改為先讓德軍進攻蘇聯預備好的縱深防線，消耗德軍裝甲戰力，然後蘇聯軍才轉守為攻。因此，蘇聯軍在庫斯克一帶集結重兵，佈下綿密的地雷區和反戰車壕，並且構築大量反戰車砲陣地，在各個陣地間又埋設更多地雷來阻絕德軍。

這樣的防禦地帶，每個師的縱深達到30～40km、每個軍達到80km、每個軍團則達到150～190km，而且，在防線後方的方面軍（4個步兵軍團、1～2個戰車軍團、4個砲兵軍、1個飛行軍團為主力）同樣建構起防禦陣地。朱可夫想要把投入下一次戰略攻勢的裝甲戰力保存起來，他考量到歐美盟軍即將開闢西線戰場，因此德軍戰力有其極限。無論在戰術還是戰略層面，當雙方戰力相等的狀況時，無論是攻擊還是遭遇戰，蘇聯軍都應當避免無謂的損失，所以，一定要等到德軍戰力被縱深防線給消耗掉，他才會轉而發動攻勢。

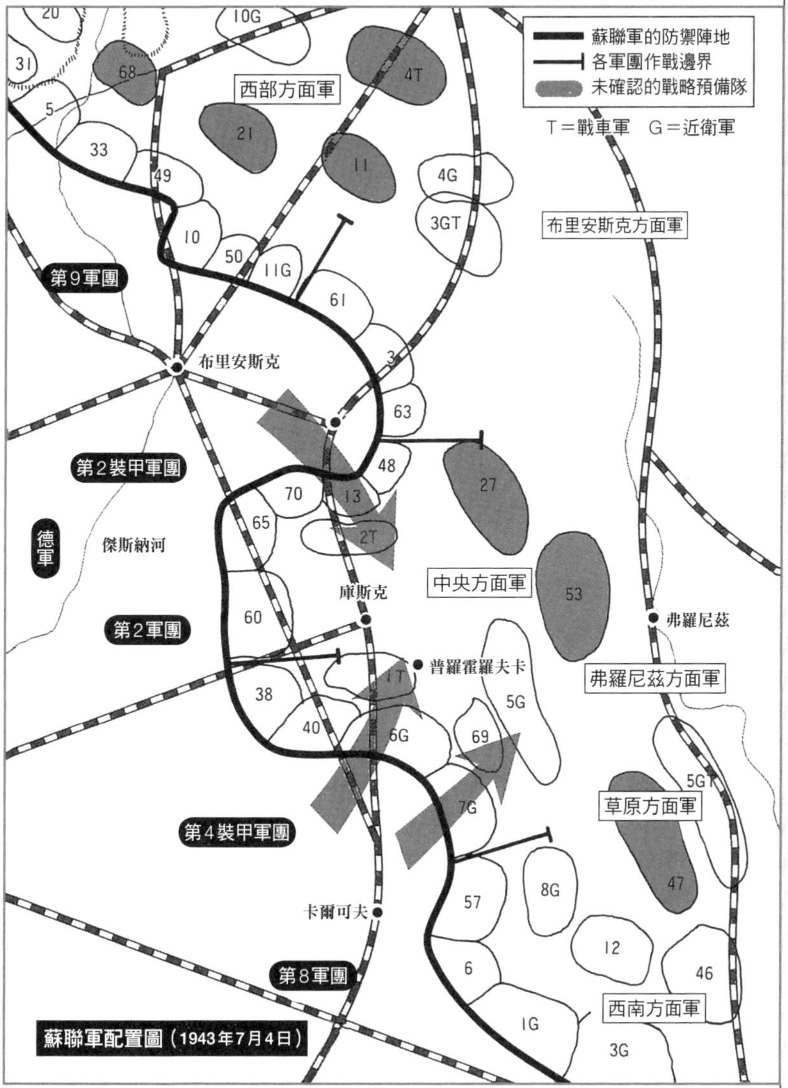

蘇聯軍配置圖（1943年7月4日）

蘇聯軍經過縝密的情報蒐集，早已經摸清了德軍的作戰計畫，面對德軍南北兩方的攻擊軸，配置了兩個方面軍來構築防禦陣地，在庫斯克東方則集結了一個方面軍，隨時準備發動逆襲，讓德軍時時都感受到側翼受到威脅。依照計畫，當德軍第9軍團在庫斯克北方的攻勢受阻時、或是南方的德軍第4裝甲軍團攻勢受阻時，蘇聯軍就會以庫斯克作為橋頭堡，發動全線大反攻。

兩軍各自依照以上計畫，進行作戰準備，並且等待7月5日的來臨。可是，對德軍來說，由於前一年在史達林格勒遭到朱可夫將軍所指揮的蘇聯軍反擊，喪失了寶貴的預備隊，而這一次朱可夫將軍更是花了3個月時間在庫斯克周邊建構防禦陣地，德軍一旦進攻，就形同進攻要塞一樣艱困。

這兩場戰役，德軍都放棄了機動作戰的優勢，前往蘇聯軍所選定的戰場作戰，而且，這次蘇聯軍準備了更充足的兵力和防禦，而且投入了最精銳的裝甲部隊。

●德蘇之戰的分水嶺

【7月4日】下午3點，德軍第4裝甲軍團為了翌日的總攻擊，先發起有限攻勢取得指揮・觀測要地，大約前進4km左右。

【7月5日】北方的第9軍團、南方的第4裝

正待命出擊T-34/76坦克。

甲軍團預定以夾擊方式朝庫斯克的蘇聯軍陣地發動攻勢，但是，凌晨時卻突然遭到蘇聯軍以強烈的砲兵火力攻擊，結果攻擊發起時間從凌晨2時30分延後到清晨4時30分。德軍的最大失誤，就是英國情報機構和蘇聯間諜已經破解了密碼，加上德軍逃兵提供的情資，早已經知道了德軍的攻擊日期、地點、和兵力配置。

因此，蘇聯軍在德軍即將發起攻擊的30分鐘前，便以砲兵猛烈砲擊正在集結準備中的德軍，同時也摧毀德軍砲兵陣地，造成德軍砲兵極大的損失，射擊指揮系統也發生混亂。德軍砲兵因此無法在攻擊發起前先行砲擊，在往後裝甲部隊進擊時，也無法提供足夠的火力支援。

可是，北方第9軍團依舊向前推進，中央和左翼深入敵陣達14km。南方的第4裝甲軍團則是由右翼的第2SS裝甲軍和左翼的第48裝甲軍發起攻擊。雖然德軍派出的都是精銳部隊，可是卻撞在蘇聯軍有組織的防禦陣地上，遭遇到地雷區、反戰車壕、反戰車火力（砲兵和反戰車砲）的協同阻絕，遲遲無法切入蘇聯軍陣地，因此第一波攻勢受阻。

雖然在這次會戰中，德國空軍仍舊握有制空權，但是，蘇聯空軍還是派出對地攻擊機，摧毀許多德軍戰車。再者，在攻擊第1天德軍所攻佔的地區裡，蘇聯裝甲部隊還是能夠自由進出，騷擾德軍。

【7月6日】第9軍團遭遇的蘇聯軍反擊越來越強，因為這時蘇聯軍已經從東北方的奧略爾開始投入戰略預備隊。第4裝甲軍團在戰線上因為遭遇地雷區而受阻時，成為蘇聯軍反戰車砲的攻擊目標。而且，蘇聯軍不時發起區域性的逆襲，讓德軍防不勝防。這一天，雖然德國空軍以轟炸方式攻擊蘇聯軍砲兵陣地，但蘇聯軍的阻絕砲擊卻從未停歇。

【7月7日】第9軍團的攻勢只有些微進展，蘇聯軍的反擊還是一樣頑強。第4裝甲軍團朝北方攻擊時，陷入拉鋸戰之中，最後終於成功的突破了蘇聯軍防線，可是，到了下午，又再度遭到猛烈砲擊，並且遭遇到蘇聯軍戰車部隊的襲擊。

【7月8～9日】第9軍團的戰車和步兵部隊無法一同前進，以致於攻勢被蘇聯軍的逆襲所阻止。第4裝甲軍團不斷遭遇蘇聯軍戰車伏擊，仍舊持續進攻，但是，蘇聯在各處都配置了反戰車砲陣地和地雷區、反戰車壕，德軍難以達成預定攻略目標。

到了9日，蘇聯軍的右翼陣地終於遭到突破，蘇聯軍的突出部似乎有遭到包圍的危險。可是，9～10日夜間所有戰線又再度遭遇蘇聯軍裝甲部隊的強力逆襲，擊退了德軍，德軍無法再向前推進。

●爆發史上最大的戰車戰

【7月10～11日】北方的第9軍團在東方和

東北方遭到強大的蘇聯軍攻擊，不得不停止攻勢。因為在德軍第9軍團進攻時，庫斯克北方的3個方面軍就要發起大規模攻勢，朱可夫將軍終於展開正式的反攻了。至於第4裝甲軍團的右翼，則是穿透了蘇聯軍反戰車砲陣地，德軍終於前進到有機會發揮裝甲戰力的地區了。

【7月12日】德軍第4裝甲軍團的第2SS裝甲軍，推進到庫斯克南南東方約100km的普羅霍羅夫卡附近時，遭遇到強大的蘇聯戰車部隊，爆發大規模戰車對戰。在普羅霍羅夫卡的戰車戰之中，蘇聯軍投入約850輛戰車、德軍方面則動員700輛戰車，堪稱是有史以來最大的戰車對決。雙方不斷攻擊、迎擊，到了傍晚時分，兩軍都在激戰中損失了約300輛以上的戰車。

日落之時，蘇聯軍為了重整態勢而撤退，但是，德軍經沒有餘力可以追擊。第4裝甲軍團竭盡全力閃開蘇聯軍的反擊，繼續向前推進，但是這時，蘇聯軍又投入了新的預備隊。

【7月13日】朱可夫將軍判斷德軍的攻擊衝力已經達到極限，於是下令預備隊的方面軍全力逆襲。第4裝甲軍團雖然摧毀了眾多的蘇聯軍戰車，但是還是有更多戰車湧入戰場加入戰鬥，對迎擊的德軍來說，蘇聯軍的預備隊好像無窮無盡一般。

當蘇聯軍的攻擊力道逐步增強時，德軍因為戰力嚴重消耗、而且補給線入困難，已經沒有力量阻止蘇聯軍進擊了。

【7月14～23日】14日傍晚，德軍的進攻計畫已經完全失敗，面對蘇聯縱深防禦陣地的地雷區、反戰車壕、和反戰車砲陣地，德軍終於瞭解到，想要突破比預料中困難太多了。

到了17日，蘇聯軍又再投入2個方面軍，發動正式的反攻，這是當初預定的守勢轉為攻勢的時刻。自19日以後，德軍精銳裝甲部隊始終採取守勢，到了7月23日時，已經退回了當初的攻擊發起線。北方的第9軍團只入侵14km，南方的第4裝甲軍團也只有入侵19km而已，原訂兩方要會師圍困蘇聯軍在突出部的6個軍團，但是仍有95km的距離沒有完成。7月10日，英美盟軍登陸西西里島，希特勒決定抽調東線的兵力去搶救，所以下令停止作戰。

蘇聯軍巧妙的誘使德軍跳入陷阱中，以複雜的地雷區等反戰車障礙，搭配反戰車砲，削弱德軍的戰力，在庫斯克突出部的北方，反而變成了德軍的突出部，於是朱可夫毫不猶豫的向奧略爾和布里安斯克之間猛攻，開始長途追擊德軍。庫斯克會戰的確可說是德蘇之戰的分水嶺。

●發揮功效的縱深防禦作戰

受到全世界矚目的蘇聯紅軍野戰教範（PU-36），是以攻勢思想為主軸，強調縱深作戰（全縱深同時壓制・抵抗）、重視火力、各兵科協同作戰、兵力集中、奇襲等原則。朱可夫就是遵循教範的原則，加入自身的實戰經驗，執行這一場庫斯克的縱深防禦計畫。

雖然這場會戰中動用了大量的戰車，但是，並不是一場以戰車戰為主的戰役。實際的戰車戰只有發生在7月12日的普羅霍羅夫卡而已，其他時刻，都是德軍裝甲部隊在強攻蘇聯軍準備周到的反戰車砲陣地。

迎戰德軍的第一線陣地，是在反戰車壕及地雷區後方配置10門反戰車砲，這樣的配置視為一個單位，在縱深防線中，到處都配置著這樣的單位。而每個單位的周圍，則有步兵、戰車、砲兵提供掩護，形成一個個獨立的戰鬥群，即使單位遭到德軍圍困，還是能繼續作戰，發揮據點的功用。

而且，這樣的反戰車縱深防禦陣地綿延長達100km以上，朱可夫手上保有數量超越德軍的裝甲戰力，他為了達成縱深作戰的原則——也就是全縱深同時壓制、抵抗，在戰線各處都配置了強大的砲兵和機動預備隊，隨時趁機逆襲，不停的對德軍造成壓力。

因此，德軍無法在戰鬥後進行整備補給，裝甲部隊和步兵部隊遭到隔離，而且佔領的地區也難以確保。蘇聯各方面軍轄下的1000架飛機，都出動襲擊戰車，據說擊毀了約300輛德軍戰車。

裝甲師的軍事戰略變遷

USA〔美國〕

第一次世界大戰時身為戰車落後國家的美國，會如何運用歐戰經驗，整合裝甲準則呢？

建構起各兵種協同作戰的高度彈性軍事組織

文=今村伸哉

戰車開發起步較晚的美國

眾所周知的，現在的美國和前蘇聯並列為戰車大國。可是，在第一次世界大戰期間，美國雖然領先歐洲各國先行開發出附有履帶的農耕拖拉機，卻沒跟上1916年開啟的戰車設計風潮。當美國在1917年4月對德國宣戰時，美國對戰車可說一點概念都沒有。

美國的戰車部隊，就是在這樣的巨大障礙之下開始起步的。1917年9月，美國的法國遠征軍司令潘興要求美國廠商生產重戰車600輛和輕戰車1500輛，這時美國才開始仿製雷諾FT17輕戰車，命名為M1917，又根據英國重戰車的設計，開發自由型（Mk.Ⅷ型）戰車。1918年2月，國防部開出採購合約，訂購國產M1917戰車系列，要在4月交貨100輛，5月交貨200輛，又希望企業能在6月時將600輛戰車送到法國，預定在戰爭結束前，將會生產23000輛戰車，可是，這些目標都沒有達成，一直到戰爭結束1個月後，僅有2輛運抵法國。所以，在協約國軍發動夏季攻勢時，美軍只能仰賴法軍戰車的支援，而到了9月時，美國戰車部隊只有配備法製雷諾戰車的2個營、和英製Mk.V系列戰車的1個營而已。這麼微小的戰力，對戰局可說毫無影響力。

美國對未來戰爭的見解

1920年國防法通過，軍方獲得每年約6億美元的預算，可是，在第一次世界大戰結束之後，美國實際上的安全威脅變成了日本，預期有可能在太平洋上展開海戰，所以，戰車和陸軍部隊只有在美墨邊境衝突中派上用場，因此陸軍預算遭到壓縮，一直持續到1930年初期。當然，戰車部隊的預算也因此縮減，1922年的年度預算只有7萬9千美元，只能夠用作戰車部隊的燃料、整備、訓練費用而已。

在這種狀況下，美國陸軍始終沒有建立更大規模的戰車部隊，當然也不可能像英國那樣出現眾多裝甲運用理論家。不過，這並不表示美軍輕忽機械化的潮流，從1920年代到1930年代初期的美軍，還是開始預測未來戰爭中美國所需要的軍備。

機械化的第一步

雖然經費不足，美國陸軍還是維持著裝甲部隊的研究與開發單位，1927年，陸軍航空軍觀測部隊和1個裝甲車連及1個輕戰車連編組成為第1騎兵師，這時已經有了騎兵必須機械化的認知，因此開始建造T-1戰鬥車當作騎兵偵察用車。T-1從型號來看，就知道不太尋常。原來，1920年制訂的國防法將戰車劃歸為步兵兵科專用，為了規避這項條文，才故意改稱為騎兵戰車，以保存戰車的命脈。

翌年1928年，陸軍司令德懷特・D・戴維斯參觀過英國陸軍試用機械化部隊的訓練之後甚為感佩，為了將裝甲部隊的發展整合在米德堡，聚集了一筆資金，雖然力量微小，但總算為陸軍整體的機械化跨出了第一步。

1920年的國防法將戰車歸屬於步兵兵科這項不合宜的條文後來被修正，1933年初成立了第1騎兵團，成為日後創建機械化第7騎兵旅的主幹，至此戰車終於成為正規配備。進入1930年代後期，軍事預算逐漸增加，1936年9月，第7騎兵旅在轄下增設了配備新型戰車M IIA輕戰車的第13騎兵營。

到了1937年5月，分散在全國各步兵科轄下的戰車連，都被集中到班寧堡的步兵學校戰車班，重新整編為成6個獨立戰車營。可是，一直到1939年春季，美軍的主力戰車仍舊是M1917型戰車和第一次世界大戰式樣的Mk.Ⅷ自由型戰車。在之前長達5年的期間裡，陸軍只生產了464輛戰車，大多是只有搭載機槍的實驗用輕戰車。至於美國最大的裝甲部隊單位第7騎兵旅，也只擁有112輛搭載有支援野砲的輕戰車。

雖然美國很努力的想靠著這種程度的武力來探索機械化戰車的可行性，但不可諱言的，在第二次世界大戰爆發之前，美國的裝甲作戰經驗幾近於零。

GHQ和裝甲部隊的創建

當第二次世界大戰爆發，法國向德國投降後，這時美國才焦急的開始增強軍力。1940年6月，聯邦議會通過軍需供給計畫法案，要求陸軍準備120萬兵員所需的裝備物資，接著，又在7月設立了GHQ(陸軍總司令部)。

GHQ成立5天之後，美國陸軍下令組織第1、第2裝甲師，這是美國第一次編組裝甲師。美軍裝甲師的編制和德軍初期的裝甲師極為類似，各師擁有輕戰車273輛、中型戰車108輛，轄下擁有6個輕戰車營、2個中型戰車營、以及2個自走砲營所組成的大規模裝甲旅，但是，裝甲師轄下的步兵卻只有2個摩托化步兵營而已。

裝甲部隊的編制之中，需要工兵營和後勤支援營等單位，才能讓裝甲師成為一個能夠獨力作戰的個體。美國陸軍在5月份時已經在路易斯安那進行過首度大規模裝甲部隊運用實驗，當時參與的實驗用裝甲師是由第7騎兵旅為主幹，搭配數個摩托化營投入演習。隨即，第7騎兵旅就被編入第1裝甲師，改稱為第1裝甲旅。

從1940年至1943年，美國快速的擴張工業產能，影響了第二次世界大戰的趨勢，也決定了裝甲部隊的編制與規模。在1940年的年底時，只有生產331輛戰車，到了1941年底已經凌駕德國，生產了4,052輛，翌年的產量更增加到24,997輛，到了戰爭結束為止，美國總計已經生產了88,410輛戰車，光是中型戰車就有57,027輛，遠遠勝過德國各型戰車的總產量24,360輛。

在開戰之初，美國只能以既有的裝備打鴨子上架，所以在第二次世界大戰時採用的作戰準則本質上較為自我設限。雖然剛開戰時，戰車營曾經和日軍交手，但是戰區多半是在叢林和島嶼等狹隘地形，加上日本的戰車開發能力低落，很少出現戰車對戰的機會。因此，美軍主要還是仿效主要敵國德國的裝甲作戰要領，除了派遣到北非和義大利戰區的第1裝甲師之外，所有裝甲師在編組時，都是以歐洲戰線為運用目標，換句話說，在建構裝甲戰爭的準則時，也是以歐洲地區為主要考量。

構築獨有的裝甲準則

美國從1941年以後，就關注英國、蘇聯、和德國的裝甲準則的實戰運用效能，吸收相關情報。可是，即使在參戰之後，還是沒有成立相關的陸軍行政機構，用來評估裝甲部隊在戰場上遭遇的諸多問題、以及既定準則規範和裝備是否切實適用。截至1942年，裝甲理論的討論主題，還擺在如何運用戰車來進行大規模的突破作戰，還有如何將這項準則套用在部隊編制之上。

1940年的法國戰役中，德軍發動閃電戰；1940年底至1941年初，英軍和德軍在北非進行裝甲攻防；1941年夏季，德軍對蘇聯發動閃電戰；這許多戰役都顯示出，大規模的機動戰車戰是未來的主流作戰方式。

1941年3月，國防部情報部長認為，古老的「步兵—砲兵」協同作戰已經失去效用，今後是「飛機—戰車」的協同作戰。從1940年秋季至1941年春季，GHQ和參謀本部已經將2個裝甲師和1個摩托化師組合成裝甲軍，當作基本的戰車部隊運用單位，又在這樣的部隊中加入了航空戰力，並且注意到部隊的後勤能力和自走能力是否達到要求。

撇開實際的編裝不談，美國陸軍的裝甲軍採用了直接統御全數戰車的自主制度，引發了很大的爭論。這項論爭在1941年2月達到顛峰。GHQ的麥克尼爾中將嚴厲的批判這樣的裝甲部隊構想。麥克尼爾反對的不是戰車部隊或裝甲部隊的突破概念，而是反對將大規模編組納入固定組織表(編裝表)這樣的想法。他認為，裝甲部隊應當要具備最大的融通性，把裝甲部隊當成特殊的軍級單位，擁有完全的自主性，這樣將會違反陸軍整體編組的簡潔性和一貫性。

基於美國的戰爭遂行理念，麥克尼爾認為，陸軍所有的師，都應當具備快速機動戰鬥能力、並且以攻擊能力為優先順位。當裝甲部隊的獨立性陷入爭議時，麥克尼爾對裝甲部隊統御的建言，給參謀本部適時的施加了壓力，讓GHQ開始著手準備在必要時可以獨立運用的獨立直轄戰車營。

1941年1月，攸關裝甲部隊未來的妥協方案出爐，雖然官方尚未正式認可這種新的兵科，但是裝甲部隊已經被視為有實用目的兵科。在大戰結束之前，美國已經編組了16個裝甲師，而步兵師的數量則是66個。

1942年3月，有鑑於歐戰的教訓，裝甲師開始調整編裝表減少輕戰車的數量，並且編入更多的步兵。新制的裝甲師包含2個戰車團，每個戰車團是由個輕戰車營和2個中型戰車營所組成。相較於1940年的裝甲師編制，中型戰車和輕戰車的比率對調了。此外，又在裝甲師轄下追加了工兵營（含架橋連）與補給營等單位。

在這其中，最主要的變化是團指揮部和師司令部之間，導入了和旅司令部同等指揮權限的獨立「戰鬥指揮部」。戰鬥指揮部可因應敵情與地形，將裝甲師轄下的部隊分割並獨立運用，投入戰鬥行動，並且負責指揮，就制度面來說，並不是固定不變的單位。這是因為在北非戰線上，英軍和德軍雙方陣營都常常會因應當時需要來將各個兵科編組成戰鬥群，美軍則是把戰鬥群的概念予以制度化。

這是第二次世界大戰當時美國裝甲部隊最為革命性的準則，這個編組原則從二戰結束後到今天依舊適用，是美國陸軍ROAD（Reorganization Objective Army Division）師的根源。

1942年9月，陸軍體認到在大規模擴編軍隊時、又要兼顧到任務彈性的唯一手段，就是在定型化的編制表中，維持師和營的定位。各營的指揮部就像後勤更換零件一樣，可以跟其他的營互換。1942年12月，第1和第2裝甲師所組成的第2裝甲軍被送往北非，這顯示國防部終於放棄了裝甲軍的固定編制構想。*第2裝甲軍並非實際編裝上的軍，而是一個比海外遠征的師再高一級的單位，算是因應特別狀況而成立的裝甲部隊名稱，這是美軍最初也是最後的一個裝甲軍。

*正規的部隊層級是軍團（Army）一軍（Corps）一師，可是，美國國防部（陸軍總部）並沒有編組軍團或軍級的裝甲單位。這裡編組的第2裝甲軍並非實際作戰任務所需，而是想把2個裝甲師整合起來一併管理，才暫時組成這個軍。

反戰車部隊的對策與計畫

另一方面，陸軍高級司令部則是在1942年3月廢除GHQ及全面指揮所，力求部隊管理合理化。陸軍並且分割為麥克尼爾指揮下的陸軍航空隊、陸軍支援部隊、以及陸軍地面部隊這三大部分。

在雅各・L・德佛斯少將指揮下的裝甲部隊，是越過陸軍地面部隊指揮官，由元帥位階的參謀總長直轄的單位。麥克尼爾和德佛斯雖然私交甚篤，但是在裝甲運用概念上卻是對立的。德佛斯認為，防禦戰車的最佳武器就是戰車，要阻擋敵方的裝甲突破，就必須組織裝甲師予以反擊。

麥克尼爾的見解則是和德佛斯相反，他認為戰車的本質是要擴張戰果，戰車應該是用來摧毀敵方的無裝甲單位及物資。倘若把裝甲師拿去和敵方戰車對抗，必定會落得兩敗俱傷，哪一方都佔不到便宜。這樣的見解，獲得了裝甲部隊中不少軍官的支持，其中一人就是1941年7月就任第2裝甲軍指揮官的喬治・巴頓將軍。

巴頓認為「戰車不要拿來打水牛，而是要拿來打鵪鶉。裝甲師應當極力避免超過能力所及的戰鬥」。與其拿裝甲師去阻擋敵方裝甲部隊，還不如活用裝甲師的高度機動力去追擊、擴張戰果、造成敵方無裝甲部隊的混亂。這種講究機動力的戰車作戰概念，成為美國陸軍的準則，1942年3月所訂定的裝甲部隊野戰教範「FM17-10」就列入了這樣的準則，一直延續到戰爭終結為止。

在麥克尼爾看來，當友軍防線遭到敵方戰車突破時，最佳的對策不是派裝甲部隊去反擊，而是要交給專職的反戰車部隊去處理。1941年4月時，GHQ曾邀集裝甲部隊和參謀本部的參謀，就反戰車任務進行討論。當時參謀本部決定，要在陸軍轄下各部隊之中，成立反戰車營這樣的單位。

1941年11月底，反戰車營被改稱為戰車驅逐車營，在米德堡成立戰車驅逐車戰術・射擊訓練中心，此後，戰車驅逐指揮所就和戰車部隊一樣，變成一個獨立的兵科，直到二戰結束為止。從這時起，美國陸軍開始加速研發能夠在各種戰區運用的反戰車武器，1941年首先推

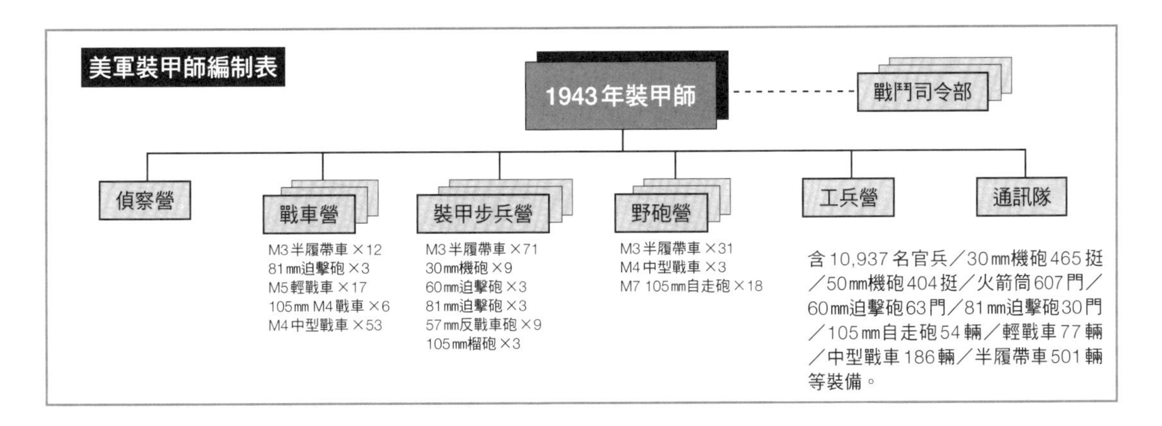

出37㎜反戰車砲，接著又在1942年12月制訂了詳述戰車驅逐車部隊編組和戰術的野戰教範「FM18-5」。

就連設計都納入規定的反戰車教範

和敵方戰車交戰的任務，要委由戰車驅逐車（驅逐戰車）進行，而戰車則是要用高爆彈和機槍去攻擊敵方的軟性目標，這樣的任務區隔，有可能是考量到管理學和後勤補給的因素。而且，也因此對美國的戰車設計與開發造成了重大的影響。

美國參與第二次世界大戰後，率先推出的戰車是M3史都華輕戰車和M3格蘭特／李中型戰車，這些戰車都是在戰前就已經設計開發完成的。美軍的主力戰車M4雪曼戰車，最早是在1941年3月開始規劃，一年後進入量產。這款戰車可說忠實呈現了美國陸軍當時的裝甲準則，在北非戰線上，M4的性能優於德軍的Ⅳ號戰車，因此得到英軍和德軍雙方的肯定。因此，M4可以稱的上是第二次世界大戰期間性能相當優異的戰車之一。

可是，德軍為了對抗蘇聯軍的KV-1型戰車和T-34戰車，陸續開發出豹式戰車和虎式戰車。德軍的新型戰車正面裝甲非常厚實，雪曼戰車的75㎜主砲不管靠的多近，都無法貫穿，所以需要換裝更強力的火砲。而且，在諾曼第登陸作戰之前，美軍戰車在數量上也不及德軍戰車。

在北非戰線和義大利戰線上，美軍首次遭遇到虎式戰車，發現在開闊地區，虎式戰車的機動力遠遠不如雪曼戰車。和虎式戰車相同等級的美軍重戰車，其實早在1941年5月就已經推出原型車，並在同年9月則是提案開發T20重戰車，但是卻遲遲沒有進展。

美軍開發比雪曼戰車更大、更強的戰車的計畫，之所以一再受阻，原因出在行政組織管理的問題，還有陸軍地面部隊的影響。前線部隊對於雪曼戰車的批判聲浪，一直到戰爭末期才傳回國內，再者，基本準則中也明確指出，要戰車避免和敵方戰車對戰。

為了暫時因應前線對重戰車的需求，美軍生產了254輛M4A3E2「巨無霸」雪曼，在諾曼第登陸之後投入戰場。雖然在1943年秋季之前，美軍取得的裝甲戰鬥經驗並不多，但其中包括有1943年2月的凱薩林隘口之戰。當時，德軍發動的裝甲攻勢擊敗了美軍第1裝甲師，但是美軍認為這場敗仗源自於訓練與紀律的不足，而不是基本裝甲準則的問題。

1943年9月，裝甲師的編裝表出現了變化，每個裝甲師改為兵員10,937人、戰車248輛，戰車數量減少、但是步兵數量增加。在這樣的編制下，包含有個中型戰車營、3個裝甲步兵營、3個自走榴砲營、以及各種支援部隊。每個戰車營又細分為3個戰車連、1個輕戰車連，自走砲和迫擊砲排則是直屬於營部連。至此，團部就被取消了，取而代之的是3個戰鬥司令部。像這樣的裝甲師改組，就是從實際的裝甲作戰經驗中取得教訓，化為理論，藉以改造管理方式和提升戰鬥準則。

在狹隘地形上推進時，戰車和戰車驅逐車（驅逐戰車）部隊要是遭遇到敵軍戰車，就只能硬著頭皮接戰。在諾曼第登陸作戰時，美軍部隊很幸運的沒有遭遇到德軍裝甲師，可是，到了1944年8月，有4個耗弱的德軍裝甲師曾經在莫爾坦企圖逆襲，當時美軍指揮官是靠著和地面部隊緊密合作的戰術航空隊來阻擋德軍戰車。

當然，戰車驅逐車（以及反戰車砲）也都曾經投

M4A1坦克

入對抗德軍戰車，不過，戰車驅逐車並沒有集中運用的必要。因為盟軍具有優異的近接空中支援，德軍戰車在當天日落之前，幾乎全數遭到摧毀了。

直到現代依舊能夠活用的裝甲準則

1944年冬季，用來對抗虎式、豹式戰車的重戰車和反戰車武器，從美國運到了歐洲戰場，也就是搭載90㎜主砲、採用雪曼底盤製成的M36傑克遜驅逐戰車。這款驅逐戰車在9月初線，截至1944年年底，已經有236輛開始服役，此後，美軍又陸續投入了T26E3和M26潘興式重戰車，用於對抗德軍重戰車。可是，這樣的作法其實是違反美軍裝甲準則的。而且，在1944年12月德軍進攻阿登森林的突出部之役中，上述的3種重戰車都沒有被拿來阻擋德軍戰車進擊。簡單的說，美軍戰車很少大規模的和德軍戰車交鋒，這是歷史事實。

在阿登突出部之役中，美軍還是依照莫爾坦當時的老方法，並不集中戰車驅逐車來反擊，而是靠著戰術航空隊和反裝甲部隊來阻擋德軍裝甲部隊的突破。美軍的裝甲準則始終把戰車視為對付軟性目標的武器，以致於裝甲部隊不受到前線部隊的信賴。但是，其他的參戰國和一部分的美軍軍官則認為戰車應當用來對抗敵方戰車。所以，二戰結束之後，美國陸軍改變了舊的教範，採用了新的準則。

無論過程如何，美軍在歐洲戰場上贏得了最後的勝利，成為世界霸主。美軍獲勝的關鍵因素並不是像英國那樣，把「戰車視為一種兵科」來組織裝甲師，美國的作法是整合各個兵科，建構具有彈性的軍事組織。為了避免戰況陷入膠著，美軍指揮官懂得活用大量集中、機動、火力、攻擊意志和機動原則，利用這些優勢來幫他打勝仗。

舉例來說，美軍為了避免陷入膠著，整合發展「步兵・砲兵・戰車」，一旦成功突破，接下來就要擴張戰果、乘勝追擊，這是裝甲戰力的主要任務。不過，在此同時，美軍的步兵和砲兵也會和戰車同行。戰後，在韓戰中的美國陸軍，依舊採用第二次世界大戰的方式來作戰。韓戰中的美軍，並沒有顛覆1944年與1945年所取得的裝甲作戰經驗，反倒是再度證實了這樣的戰法是有效用的。

到了1953年，美國陸軍的「步兵・砲兵・戰車」密接集團已經組織化，戰車成為這個集團的核心。為了統合指揮各兵科，則是成立了戰鬥司令部群。就像是1942年與1943年的裝甲師改組成為重大變革的契機，新的戰鬥司令部群也達成了重要目標，這樣的編組原理，成為美國在1962年編組ROAD（Reorganization Objective Army Division）師的構築準則，一直沿用到現在。

column❹ 空降部隊的構想和作戰行動

由精銳部隊從空中發動奇襲的新戰術

文＝吉本隆昭

在蘇聯誕生的第一支空降部隊

在第二次世界大戰時期活躍的飛機、戰車、潛艇、機槍，大都是在第一次世界大戰就已經登場的武器。唯有空降部隊，才是第二次世界大戰中誕生的劃時代新構想。

空降部隊是一支接受過跳傘訓練或滑翔機機降訓練的精銳部隊，利用飛機的長距離航程和機動性，在敵方地面部隊難以及時趕到的戰線後方等區域跳傘或搭乘滑翔機著陸，迅速攻佔重要目標和據點。如果有必要，也可以用空降方式緊急追加增援部隊，是一種導引作戰成功的重要部隊。

空降作戰的最大優點，就是在敵方無法預期的地點發動奇襲。在這個前提之下推動的空降作戰，是傘兵和航空部隊合作的任務，必須具備合宜的指揮統御體系和通訊單位，還要綿密的事前準備。再者，想要平安抵達目的地上空、發動空降作戰，還得要在該地上空取得局部的航空優勢（制空權）才行。

話說回來，空降作戰還是有其弱點存在。空降作戰的空中機動力來源，也就是航空部隊，容易受到運輸能力和氣象條件等影響，至於傘兵在跳傘過程中，則是毫無防備，剛降落時則會分散在很大的空降區各處，想要迅速整合、發揮有組織的戰力，具有相當高的難度。而且，戰車、裝甲車、重型車輛、重型武器等重裝備都不適合空運空投，以致於空降部隊在裝甲防護力、車輛機動力、長射程火力等方面都比較差，這也限制了空降部隊所能對付的敵方目標屬性。

空降部隊究竟是什麼時候誕生的呢？其實，早在第一次世界大戰時，就出現了將武裝士兵用降落傘空投到敵後這樣的概念，只是，當時已經接近戰爭終結，所以未能實現。最早實驗傘兵空降的國家是義大利軍，1927年，義大利軍成功的讓9名武裝士兵從飛機上跳傘，證實了空降作戰的概念確實可行。

可是，真正把這個概念推向實用化階段的卻是蘇聯。1934年，蘇聯成功的空降了約50名士兵和1輛戰車，1935年就開始編組空降部隊。到了1936年，在基輔近郊的演習中，成功的空降了2個營的部隊，讓受邀參觀的各國武官大為震驚。同年，又再度進行演練，在明斯克空降1200人、在莫斯科近郊空降多達5000人。蘇聯並非只著重訓練傘兵部隊，同時也很注重使用滑翔機及運輸機來運送重型物資和大批部隊。簡而言之，空降作戰和空中運輸的基本構想（傘降、機降、運輸機運補）都是蘇聯所開發完成的。

不過，蘇聯在德蘇之戰期間，卻只有兩次空降任務（空降莫斯科近郊佛雅馬和支援聶伯河渡河作戰），並沒有執行更大規模的空降作戰。更別提這兩次空降任務都因為德軍的反擊而以失敗收場。

劃時代的新戰術和新兵種的運用構想，通

空降至荷蘭的德軍傘兵部隊。

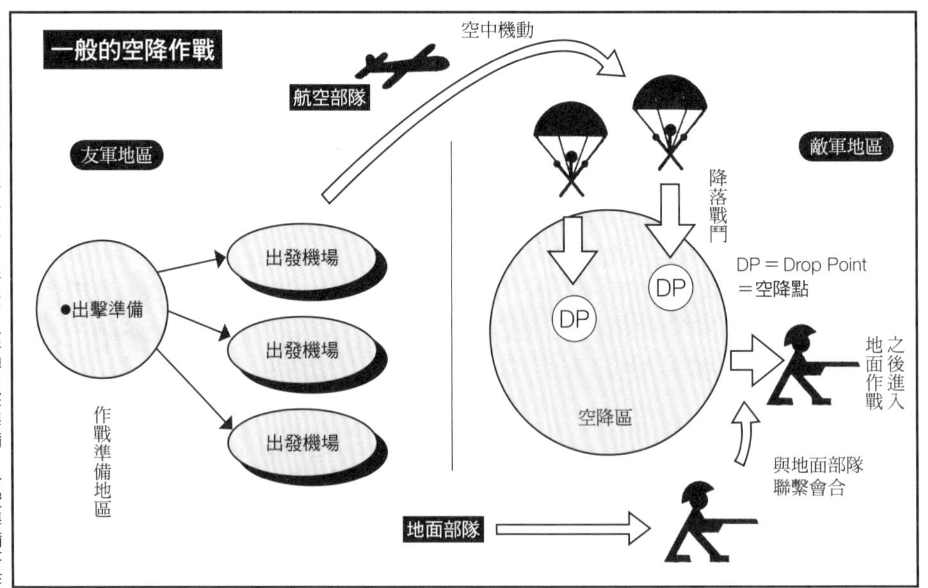

一般的空降作戰，流程如右圖所示，經過出擊準備↓升空準備等作戰準備作業⇩以飛機進行空中機動↓空降攻擊↓佔領空降區等著陸後戰鬥，和地面部隊取得聯繫，然後轉移為地面作戰。（筆者繪圖）

常是誕生於不受到過去傳統和弊病所拘束的國家，革命建國的蘇聯奠定了空降的基礎，就是最好的例子。只不過，相中了空降作戰威力的國家並不是只有蘇聯而已，以希特勒為首的新生國家納粹德國，也比英美兩國更早注意到空降作戰的效力，並且成為全世界第一個在實戰中投入空降部隊的國家。

德國的主流軍事觀念，是在空軍的近接支援下，派出裝甲部隊突擊，以求短期內結束戰事的劃時代閃電戰，不過，想要讓部隊快速挺進，得要先遲滯敵方部隊集結才行。德軍可以靠著空軍來先行炸毀敵方陣地、火力據點、甚至阻撓敵方繞向側翼發動反擊，但是，要是敵方先一步爆破了通過河川和沼澤用的橋樑，地面部隊就會受阻，得要派出工兵重新搭橋，造成裝甲部隊進擊速度變慢。另外，要是在進擊路線上有極為堅固的永久工事（碉堡），這也不是光靠空軍轟炸就能解決的。

所以，德軍思考出來的最佳解答就是空降部隊。用跳傘或搭乘滑翔機降落等方式發動奇襲，就能在橋樑遭到爆破前先一步攻佔下來。此外，堅固的要塞也能靠著出奇不意的奇襲來攻佔或摧毀。1935年德國宣布重整軍備時，空軍總司令赫曼・戈林元帥就立即下令編組空降部隊。德軍的傘兵（又稱空降獵兵）是從空軍和陸軍中遴選體能與精神都最為優秀的精銳軍人，編組訓練之後，成立了德國空軍第一支傘兵團（第一空降獵兵團）。

成為德軍空降部隊墳場的克里特島

德國空降部隊在斯圖登特少將指揮下，於1939年升級成為空降師。傘兵除了接受一般步兵的作戰訓練之外，還得接受爆破等特殊訓練。在這段期間，德國在1938年併吞奧地利，當時就曾派出傘兵空降到維也納近郊的機場，並且以運輸機載運部隊降落並佔領機場，取得了極為寶貴的實戰經驗。這時，德國也開始編組並且訓練使用滑翔機機降的奇襲部隊。

第二次大戰的第一仗波蘭戰役，由於德軍入侵的速度太快，根本輪不到空降部隊上場。翌年1940年4月，德軍入侵丹麥和挪威時，空降部隊才首次上陣，向全世界證明空降部隊的價值。4月9日拂曉，由500架Ju-52運輸機組成的大編隊飛往丹麥和挪威，在丹麥，傘兵一落地就佔領了丹麥北部的奧爾堡附近的機場嗨哥本哈根南方的史多爾斯德倫橋，而緊接著抵達的運輸機部隊則是快速佔領了其他港灣、橋樑目標。

在挪威，德軍對奧斯陸、斯塔萬格、那維克、頓巴斯發動空降攻擊。可是，傘降奧斯陸福尼布機場的任務失敗，只好由戰鬥機壓制敵軍，再派遣容克斯運輸機載運部隊降落佔領機場。在那維克近郊，降落的傘兵太過於分散，任務因此失敗。空降頓巴斯的任務是要截斷挪威軍的退路，但是因為正好降落在敵陣正中央，因此傷亡慘重，只有斯塔萬格的任務算是成功。由於挪威軍的抵抗十分激烈，使得進攻不如丹麥那般順暢，世界第一次的空降作戰就這樣結束了。

接著，到了5月的西線閃電戰，德軍又對荷蘭和比利時發動大規模空降行動，發揮出傘兵的本領。在荷蘭，德軍派出個空降師（第7、第22）空降在鹿特丹和海牙，佔領確保了馬斯河、瓦爾河、萊克河上的重要橋樑。另外，在攻佔機場之後，又用飛機載運大批步兵降落，摧毀了「荷蘭要塞」，加上德軍裝甲師的迅速進擊，只花了5天就逼迫荷蘭投降。

在比利時，德軍朝布魯塞爾進軍時，遭遇馬斯特里赫特之角（阿爾貝特運河和埃本・艾馬爾要塞）的阻礙，在第一次世界大戰時，德軍要突破此處得花上12天，可是，這次德軍採用了出乎預料的策略，也就是世界第一次滑翔機攻擊。柯霍滑翔機攻擊團的4支部隊（由41架滑翔機載運363名傘兵）奇襲佔領了阿爾貝特運河上的3座重要橋樑和埃本・艾馬爾要塞。其中，維特希中尉指揮的85名官兵降落在要塞正上方，逐一攻擊、爆破掩體，經過半天的戰鬥，俘虜了1200名比利時守軍。至此，西部戰線的空降作戰獲得了成功，在實戰中獲得的教訓是，確保目標或佔領空降區的空降部隊，必須盡快與地面部隊聯繫，否則，缺乏重裝備空降部隊，其實地面戰力是很薄弱的。

空降作戰的下一個舞台，是在地中海東部，德軍決定用空降的方式來佔領地中海東部的戰略要衝克里特島。1941年5月20日，從希臘出發的500架Ju-52和滑翔機，載運著1萬3000名空降部隊，分成三波降落在馬雷梅斯、卡拉特斯、雷度姆農、伊拉克利翁4座機場，與島上約3萬名英國和大英國協軍爆發激戰，好不容易奪下馬雷梅斯機場，在敵方砲火下運輸8000名山岳部隊降落，10天後終於擊敗了英軍。

這場戰役中，德國證明了無須海上進攻，光是靠著空降部隊就能渡海攻擊。可是，這一役德軍傘兵傷亡慘重，德軍1萬3000名傘兵就有將近5000人傷亡，主要原因在於直接降落在敵區中央，加上制海權被英國控制，無法海運增援部隊上岸所致。雖然德軍最後還是贏得勝利，但是此處成了「德軍空降部隊的墳場」，此後，德軍再也不敢實施大規模空降作戰，只有零星的進行小規模空降作戰。而空降作戰的主導權則是移到了盟軍手中。

盟軍發動的大規模空降作戰行動

諷刺的是，英美兩國的空降部隊，正是看到德國成功佔領克里特島而受到啟發，開始編組正規的空降部隊，也就是英軍第1空降師和美軍的第82空降師。英美兩國的傘兵經歷過數次小規模的特戰潛入任務之後，在1943年7月打響盟軍反攻歐洲的第一砲，出兵進攻西西里島。在7月9日～14日這段期間，英軍第1空降師和美軍第82空降師用傘降和滑翔機等方式，降落在西西里島西部的5處要地，任務在艱困中達成，可是，傘兵著陸後分佈範圍太廣、有些運輸機遭到海上的友軍艦艇砲火擊落、英軍滑翔機在惡劣天候中墜毀，傘兵同樣遭遇到慘重損失。

英美兩國的空降部隊下一次登場，是在1944年6月的諾曼第登陸。這是盟軍大規模的歐陸反攻作戰。為了讓這史上最大規模的登陸作戰能夠成功，得要先確保登陸灘頭兩側的側翼、並且先行佔領通往科唐坦半島頂端的瑟堡的通路，因此發動了史上最大規模的空降作戰。6月5日深夜，英軍第6空降師以傘降和滑翔機機降等方式，降落在登陸灘頭左側，確保通往卡昂的卡昂運河及奧恩河上的重要橋樑，當時最為知名的戰鬥，就是奪取了卡昂運河上的「飛馬橋」。

美軍第82空降師和第101空降師則是空降在猶他灘頭的後方，掩護灘頭右翼、並且確保通往科唐坦半島的路線。由於著陸後過於分散、加上德軍的反擊，曾一度陷入混亂，但是後來和登陸部隊合作，終於達成了任務。

接下來的空降作戰，是1944年9月由英軍第21集團軍總司令蒙哥馬利元帥所主導的「市場花園」作戰，這場作戰將傘兵投入比利時—荷蘭走廊，先行攻佔橋樑要地，等候地面的裝甲部隊突破。可是，地面裝甲部隊由於進攻力道不足、進擊速度緩慢，結果降落在最北方萊因河畔安恆的英軍第1空降師經歷9天的孤軍奮戰，遭到德軍反擊殲滅。

英國空降部隊所降落的地點安恆，距離地面部隊的攻擊發起線太遠，一如其名，是一座「距離太遠的橋（奪橋遺恨）」。此外，地面戰中只有派出個裝甲師和2個步兵師前去會合，戰力太過薄弱，更糟的是，安恆北方剛好駐紮著畢特利希SS上將指揮的武裝SS的2個精銳裝甲師（第9、第10），迅速投入戰鬥。結果，盟軍發動的第3次大規模空降作戰以失敗告終。盟軍並沒有吸取德軍空降部隊在1940年進攻荷蘭時所取得的戰場教訓。

盟軍最後一場大規模空降作戰，是在1945年3月24日的韋塞爾，目的是要掩護英軍第21集團軍渡過萊因河。英軍第6空降師和美軍第17空降師以一次空運全數空降，是投入飛機數量最多的一場空降作戰。英美空降部隊在降落的首日略有傷亡，但由於德軍守軍早已喪失作戰意志，使得這場作戰得以順利取勝。

在第二次世界大戰中首次上陣、非常活躍的空降部隊，後來在直昇機登場之後，導致運用方式有了很大的轉變。大型噴射運輸機、小型輕量火砲、單兵攜行反戰車武器的開發，克服了傘兵戰力薄弱的缺點，此後成為各國陸軍最精銳的部隊。

最後利用一點篇幅，介紹第二次世界大戰中，德國所進行的空降特種作戰。1943年9月，巴多格里奧政變後，墨索里尼被軟禁在亞平寧山脈大薩索峰的旅館，德軍派出史柯茲尼SS上尉指揮的武裝SS空降部隊110人，以滑翔機機降在山頂，一舉救出墨索里尼。如今，派遣特種部隊從空中深入敵境拯救人質已經成為常態，起源就是這一場拯救墨索里尼的任務。

二戰中規模最大的空降行動「市場花園行動（Operation Market Garden）」。

Wartime Leadership

高橋久志（Hisashi Takahashi／P122～129）

Joint and Combined Operation

桑田悦（Etsu Kuwada／P130～137）　吉本隆昭（Takaaki Yoshimoto／P138～139）

Total War

今村伸哉（Nobuya Imamura／P140～147）

The War after W.W.II

桑田悦（Etsu Kuwada／P148～153）　吉本隆昭（Takaaki Yoshimoto／P154）

在世界大戰中贏得勝利的同盟國戰爭領導者

英國首相邱吉爾和美國總統羅斯福，以這兩位傑出的政治家為中心，同盟國有了強大的指導體制，並且帶領母國贏得最後勝利。

文=高橋久志

戰爭指導的原則

克勞塞維茨曾說：「戰爭的本質是暴力，戰爭是讓敵人屈從於我等意志的暴力行為」。從這個角度來說，戰爭沒有任何的道德制約，唯一的目標只有贏得勝利。可是，戰爭的真正用意，其實是要追求戰爭以外的目標，暴力本身並非主要目的，也不應當把暴力當成存在目的。換句話說「戰爭只是政治的延伸手段之一」，必須時時遵從政治目的，戰爭的暴力範圍和性質，也都要由政治目的來決定。

歷史學家蓋哈德・里特曾說，第一次世界大戰爆發時，德國的宣戰是最超乎軍事研究者預料的突發狀況，因為德國欠缺「文官統治」的概念。英國和美國的國民、政治家、軍人都能夠理解政治和軍事分離的原則，軍人貫徹專業意識，這樣的歷史傳統根深蒂固，因此軍方從不介入政治事務，軍人只需要服從政治家領導，這樣的鐵律在第二次世界大戰中甚為顯著。接下來，我們就要一起來觀察以英美為中心的同盟國戰爭指導策略。

英國的戰爭指導

☆邱吉爾的上台

1939年9月1日，德軍入侵波蘭。9月3日，英法兩國相繼對德國宣戰，歐戰就此爆發。德軍利用閃電戰迅速的贏得勝利，到了9月底，華沙淪陷，但是德國並未在西線挑起戰事，以致於這段時期被稱做「宣而不戰」時期。接著翌年1940年4月，德軍再度發動攻勢，進攻丹麥及挪威。到了5月10日，德軍入侵荷蘭、比利時、盧森堡，這一天，英國保守黨首相內維爾・張伯倫因救援挪威失敗而引咎辭職，改由溫斯頓・邱吉爾繼任首相。

一般人認為邱吉爾的政治生命早在1930年代就已經終結，可是，二戰爆發時他又再度被任命為海軍大臣，接著又回到政壇肩負起戰爭指導者的重任。於是，邱吉爾一方面尋求工黨協助，組織聯合內閣，另一方面成立了國防大臣這個新職位，由自己兼任，成為英國有史以來前所未見的強大權力核心。以下介紹的英國戰爭指導機構，就獲得美國方面極度的讚譽，而美國也從英國方面學到許多指導方法。

☆英國戰爭指導的特色

英國的戰爭指導一大特徵，即是重視傳統和前衛經驗導向的結合。具體來說，在接下來的5年期間，議會制民主主義和充滿個性的強勢領導者邱吉爾妥協，讓他能夠以首相這位最高領導人的身份，致力投入有效率的戰爭指導。

不論對哪一個國家而言，戰爭都屬於非常狀態，因此，政治型態和政治機構都被迫做出重大改變。不過，英國的政府機構其實在第二次世界大戰期間並沒有多大的調整，依舊是一個由高水準官僚群執掌的傳統行政機構，卻發揮出了超乎想像的應變彈性。這是因為英國政府機構早在過去幾個世紀接受過歷史的考驗，包括之前爆發的第一次世界大戰在內，因此政府具有遂行大型戰爭的適應能力。

英國政府即使在戰時，聯合內閣依舊具有制約邱吉爾個人權力的能力，而這個責任內閣制

右手高舉勝利標記的英國首相邱吉爾。

則是受到法律約束，國會要對民眾輿論負責。就這點來說，和憲法賦予極大政策裁量權和責任的美國總統有著根本上的不同。

簡而言之，英國的內閣全員都要負起決定政策的責任，邱吉爾所擬定的政策，有可能被其他閣員所否決、或是被迫做出修正。一旦下議院通過不信任案，就能把邱吉爾從權力寶座上拉下來。事實上，邱吉爾想要建立起不可搖撼的指導者地位，還是得要花時間的。1942年7月，國會就曾經提出過不信任案，雖然贊成票只有25票而無法通過，但這已經顯示出反邱吉爾的勢力難以輕侮，而此後邱吉爾在做任何戰爭決策時，也必須和國會保持更為緊密的聯繫。相較之下，羅斯福擁有受到憲法保障4年任期的執政權，在面對國會時，也沒有像邱吉爾那樣的憲法制約，可以不必擔心這些頭痛問題。

☆戰時內閣與國防委員會

英國戰爭指導的最高統帥機構是戰時內閣。這個制度，基本上是沿襲自第一次世界大戰的戰爭指導模式。一戰的戰時內閣是由首相、陸軍大臣、海軍大臣、外交大臣、財政大臣5人為中心，閣員大都是*「不管部大臣」，戰時內閣的主要工作是決定戰爭遂行的相關決策，可是，如何執行決策事項卻又是另一個問題。當時的首相是勞合・喬治，他在政策決定過程中，幾乎擁有逼近獨裁的極大權力。

至於邱吉爾的戰時內閣，在剛起步時總計40名閣員之中，工黨包含艾德禮在內共有5人，一年後的1941年5月人數增加到10人，1942年5月則變成9人，此後一直到1945年5月邱吉爾去職，戰時內閣的組合都沒有什麼變化。在戰時內閣之中，與行政職務相關的官僚僅有3人。換言之，邱吉爾等於是身兼決定戰爭遂行決策者和執行者兩種角色，藉此達到最高的戰爭指導效率。

當邱吉爾率領戰爭內閣時，同時身兼國防大臣的他，又得要統率國防委員會，以便用最快速度達成權力集中的效果。當時的國防委員會是以首相擔任議長，基本上由外交大臣（1938.2～40.12、哈利法克斯／1940.12～45.7、艾登）、陸軍大臣、海軍大臣、空軍大臣、產業大臣等文官閣員，再加上陸軍參謀總長（1940.5～41.12、狄爾／1941.12～46.6、布魯克）、海軍軍令部長（1939.6～43.10、邦德／1943.10～46.10、康寧漢）、空軍參謀總長（1937.9～40.10、紐瓦爾／1940.10～46.6、波特爾）等三軍幕僚長所組成，有必要時還可以將其他閣員納入。

國防委員會被分為作戰和補給這兩大部門，邱吉爾在軍事政策的設定和軍事作戰實施等方面，擁有直接指揮和監督之責。至於三軍幕僚長則透過國防委員會直接和首相聯繫，是相當革新的體制。

＊不管部大臣＝不指派主掌某一部會職責的國務大臣。

☆三軍幕僚長委員會

三軍幕僚長是就整體國防政策對政府提供建議的共同負責人，必須達成各部會應盡的義務。另外，三軍幕僚長同時也是三軍幕僚長委員會（成員為三軍幕僚長、聯合作戰司令部幕僚長・國防部代理）的成員，在戰爭及作戰行動方面要提出戰略指令。邱吉爾將戰爭遂行的政治責任和行政責任都集中到首相身上，因此，首相旗下的政府機關和三軍的最高指揮官都被整合在同一個架構之中。

戰時內閣每天都要召開會議，將主要文件和電報讓全員過目，並且就緊急案件立即進行商議。可是，隨著邱吉爾的指導權力逐漸穩固，會議召開的次數逐漸減少，最後被名為「週一大閱兵」的例行會議所取代。

在這個例行會議中，除了戰時內閣成員需要參加外，與議題相關的大臣和軍部指導者也要出席。每週匯報戰爭的最新狀況。這樣的戰爭指導機構，形式上內閣要負連帶責任，不過，實質戰爭指導者是邱吉爾。邱吉爾用他自己的話來形容戰時內閣的成員和各部會大臣時，表示「這是將內政和政黨關係等問題從首相的肩膀上卸下來」的設計。

另一方面，國防委員會成立之後，隨著時間流逝，戰爭指導的重要性與日俱增。進入1942年之後，戰時內閣的影響力縮小，乍看之下似乎在軍事層面的地位逐漸移向了國防委員會，但是此後國防委員會的召開次數也急遽減少，而位階相當於三軍幕僚長委員會的臨時會議的幕僚會議則越來越受到重視。邱吉爾雖然有能力強化某一組織的權責，卻不會拘泥於陳規。在戰爭指導方面，他傾向於和三軍幕僚長維持非常緊密的關係，更甚於組織架構的安排。

三軍幕僚長從各種層面研討戰況之後，向邱吉爾提出解決方案。邱吉爾向以哈斯汀・易斯梅為首的軍事顧問徵詢意見，然後做出決斷。邱吉爾除了不斷向顧問發問之外，自己也會把戰略構想寫入備忘錄中，將決定事項直接告知三軍幕僚長，有時則是直接和軍方首腦會面。

不過，邱吉爾和勞合・喬治不同，邱吉爾並不會獨裁的執意推行自己的想法，而是很重視和三軍幕僚長諮商，調整方向。另外，邱吉爾本人對作戰細節頗感興趣，個人資歷也讓他和野戰指揮官維持親密交流，所以在作戰遂行層面他也會進行關切。因此在英國，從高階指揮官到低階指揮官，都能夠緊密結合在一元的指揮體系之下。所以，美國的寬鬆指揮統率方式常常被英國拿來批判。

☆邱吉爾的個性和行動力

邱吉爾在和其他國家進行磋商時，開創了他獨特的新模式。邱吉爾習慣和外國政府和自治區的元首直接面對面交涉，他和羅斯福之間的關係特別值得一提。邱吉爾會親筆寫信給羅斯福，而且信函內容就連戰時內閣也無從得知。

邱吉爾卓越且洋溢個人魅力的個性、和超人般的行動力，在戰爭指導這方面獲得了英國民眾的全盤委託，國民對他感到信賴又親切，民心士氣也因為他的鼓舞而維持不墜。不過，邱吉爾私下卻是個玩世不恭的人。他嘴上總是叼著雪茄、一大清早就開始喝威士忌、每天要換好幾次內衣褲、工作也不遵從固定的時間表。有時即使是凌晨2點，他會把顧問叫起來問話，在利比亞距離前線數英里的海邊，他又會當著眾人的面跳入海中游泳，就像一個喜歡惡作劇的小孩一樣。

邱吉爾出身於非常著名的貴族世家，是個言談充滿幽默與辛辣的辯論家、也是個對軍事知之甚詳的政治家、同時更是歷史學家和詩人。他擁有無窮無盡的創造力和無數遠大的計畫（勞合・喬治曾說：「邱吉爾每天都會想出10個新構想，可是其中究竟哪些可以成真，卻無人知曉。」）。邱吉爾好像從來不知道什麼叫疲累，他會親自走在空襲過後的瓦礫堆中，用手指擺出V字的勝利手勢，為英國國民加油打氣。邱吉爾牢牢的堅守著英國國民的尊嚴，沒有人曾經懷疑他那人間少見的領導能力。

美國的戰爭指導

☆羅斯福總統和參謀長聯席會議

美國總統身為國家元首、是行政推動者、同時也是三軍最高統帥，由於職權皆受到憲法保障，手上握有的實權比英國首相更強大。

從美國的角度來看，美國基本上遂行戰爭時，並不需要對政府進行大規模的改造，只要有效運用現有各個機關和幕僚，稍加修正方向，就能維持固定的體制，直到戰爭終結為止。總統一家人還是照樣居住在白宮，也無須另外增加額外的成員。擔任聯邦政府的11個行政部會的上級長官的總統，並沒有特定且統一的顧問團，擔任總統顧問的人士若是發生意見相左等衝突，總統本人還得努力去調解，找出最終的解決之道。

由於美國總統並不直接統領國會，所以有預算案和法案需要參、眾議院通過時，總統必須和政黨領袖密切接觸、進行交涉，換言之，政黨領袖具有相當大的政治權力。此外，雖然無需像英國首相那麼在意民意趨勢，美國總統還是必須非常注意國內輿論走向。

當邱吉爾帶領三軍參謀長組成的三軍參謀長會議參與阿卡迪亞會議時，美國當時並沒有同等功能的單位，所以在1942年2月，美國成立了參謀長聯席會議。同年7月，羅斯福任命威廉・李海上將擔任首席參謀長，職責是在總統和參謀長聯席會議之間擔任折衝調解的角色，且傳達總統的命令，並擔任參謀長聯席會議（成員為李海、喬治・馬歇爾陸軍參謀總長、亨利・阿諾陸軍航空隊司令）的議長。

藉由「爐邊談話」和全國民眾閒話家常的美國總統羅斯福。

然而，參謀長聯席會議由於成員背景等關係，在戰爭指導方面陷入了激烈的陸海軍權力鬥爭。1942年3月，海軍將作戰部長和合眾國艦隊總司令的機能統合為一，藉此強化領導力。於是合眾國艦隊總司令金恩就兼任了作戰部長，取代了前任作戰部長哈洛德・史塔克。可是，當史塔克去職後，海軍在參謀長聯席會議中就少掉了一個席次。於是，美國仿效英國三軍幕僚長委員會中易斯梅的定位，除了平衡陸海軍席次的目的外，同時還能夠反映總統的意見，於是讓曾經擔任過海軍作戰部長的李海恢復現役，擔任會議的議長，這是美國有史以來第一次指派專屬幕僚來傳達總統意志。

參謀長聯席會議的任務，是要確保陸海軍部隊能夠協調運作，統合軍方的開發與運用，並且審議戰略計畫、送交總統裁示，以及向野戰司令官下達命令、還有戰略物資的統籌運用等等。

這樣的一個參謀長聯席會議，受到馬歇爾很大的個人影響。美國的陸海軍就和其他國家的陸海軍一樣，帶有爭奪權力的鬥爭傳統，而陸軍航空隊則不喜歡納入聯合作戰之中，因為陸軍航空隊本身在作戰運用上有其特殊性，若是遇到違反成立準則的命令，在執行任務時就難免躊躇。另外，由於距離華盛頓太遙遠，因此各個戰區的野戰指揮官在作戰實施方面擁有過大的自由裁量權，這也是英國方面難以理解的。

☆羅斯福的個性和戰爭指導

不過，實際上的戰爭指導，還是由羅斯福總統全權負責。羅斯福的個性非常複雜難解，身為政治家，他是經驗豐富的老手，但是卻也有些欠缺經驗之處；羅斯福看似講究威權主義，但有時卻又非常具有親和力。另外，羅斯福還採用了「爐邊談話」的方式直接向美國民眾提出訴求，在領袖魅力方面相當足夠。

可是，在軍事方面，羅斯福並沒有邱吉爾那樣的軍事專業知識，所以在這部分可說毫不關心。第一次世界大戰時，羅斯福因曾擔任海軍次長，所以對海軍較有歸屬感，馬歇爾甚至還曾諫請羅斯福不要稱呼海軍為「us（我們）」、稱呼陸軍為「them（他們）」。

羅斯福給予馬紹爾、金恩、阿諾等3人相當大的個人裁量權，用心傾聽他們的意見，經常納入考慮而採用。可是，在外交方面，總統卻任何事都要插手，還常常無視於正常管道、改採個人聯絡等方式來進行外交溝通（後述），這是他和邱吉爾很大的不同之處。當然，羅斯福也曾經拒絕過參謀長的提議，執意推動自己訂定的戰略目標，展現出強勢的一面。

不顧軍事顧問的反對、執意推動自己的目標的例子頗多，包括1940年6月對英國提供軍事援助、還有將B-17轉交給英國使用。此外，還有將美國太平洋艦隊的母港向前移動到珍珠港，並且在1941年5月下令依武器租借法案援助中國（1943年3月起也適用於蘇聯）。1942年6月，拒絕了重視太平洋戰爭的提案，同年7月決定實

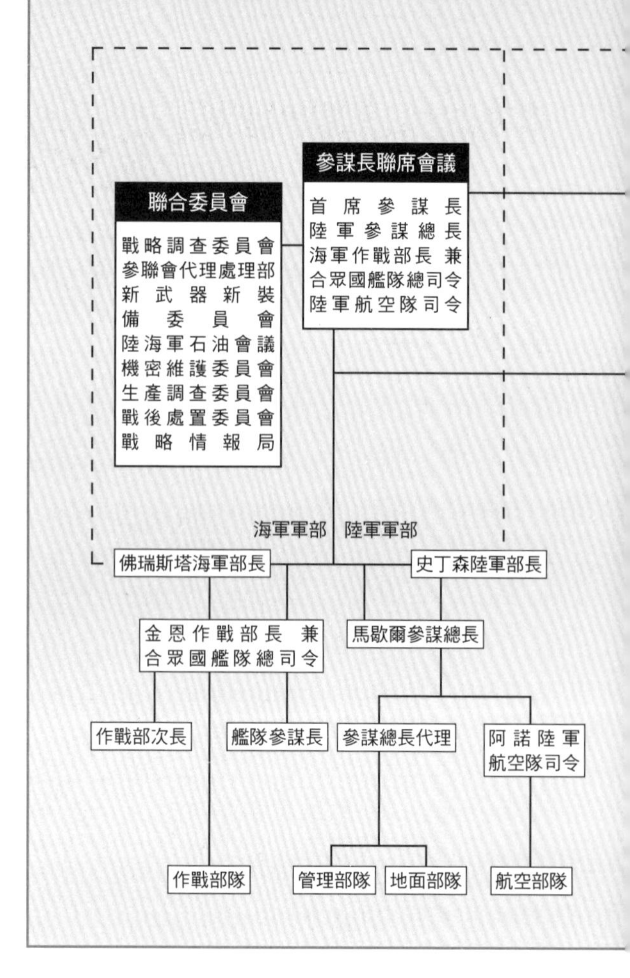

施火炬作戰（支援英國在北非的作戰，讓美軍投入地中海戰區，因此導致美軍在西歐開闢第二戰場的時間延後到1944年）。1943年8月，將大君主作戰列為第一優先順位，1944年10月，撤換蔣介石的軍事顧問史迪威將軍等等。

至於總統個人做出的戰略決策，則有1942年3月決定英美兩國的戰略分擔區域，1943年1月在卡薩布蘭加會談中向邱吉爾建議，要求史達林明確答應對日宣戰，還有將無條件投降戰爭目標等等。

羅斯福的政治家才能非常卓越，為了達成政治目的，他會用盡一切手段。此外，羅斯福本人相當好惡分明，常常憑著第一印象來論斷是非。他經常跨越行政單位分際，越權行事，而且外人很難猜透他真正的目的是什麼。這樣的性格與行動模式，或許有可能是因為羅斯福的健康狀況正在每況愈下的緣故。

羅斯福是一位典型的「見風轉舵型」政治家，總是先觀察狀況再做對應，並不是照著明確的個人理念和原則來行動。而且，他做事的態度是一直要等到最後一刻才做出決斷。1941年春季當他看到國內輿論傾向於援助英國時，他就順水推舟援助英國。在某些提案上，雖然他回答「yes」，但是並不見得真的有決心去貫徹，以致於引來他人的誤解。不過，羅斯福的確很懂得贏取廣大民眾的支持，他能夠成為美國歷史上空前絕後連任四屆的總統，秘訣極可能就是他深黯依循民意的要領。

羅斯福並不喜歡開會，他常用的方法是找數名自己信賴的好友，在深夜長談時拿自己的想法來測試這些朋友，從他們的反應來調整自己的方向。羅斯福極為信賴的長年好友是哈利・霍普金斯，且常把霍普金斯當成自己的分身來使喚。因此，有人給霍普金斯取了個綽號叫「白宮的拉斯普廷」，因為羅斯福有時會要霍普金斯秘密會晤邱吉爾或史達林，把他當作同盟國的戰爭指導溝通管道。

羅斯福最能展露政治手腕的行動，或許是和史達林建立起有好關係這件事。在他的晚年，與蘇聯的友好程度甚至看似超越了英國。也正因此，他在戰爭末期對史達林做出許多不必要的讓步，直到今天，仍有不少歷史學家對他的輕率提出批判。

不過，羅斯福其實早已規劃好了戰後的世界局勢。其中包括瓦解英法等國的殖民地帝國，除了歐洲以外，全世界的穩定都要由中美英蘇四國來維護，以及深刻反省美國兩度捲入歐陸的世界大戰，誓言不要再重蹈覆轍。

☆美國的戰爭觀

再來我們要談談典型的美國戰爭觀，這並非羅斯福所獨有，而是他的軍事顧問全都抱持著相同的態度。對美國人來說，戰爭是一種在侷限狀態下的異常狀態，因此，美國人會選擇效率最佳的軍事手段來贏得戰爭的勝利，所以首要的目標就是盡可能在最短時間內贏得勝利，然後迅速恢復平常的和平狀態。可是，緊急介入海外的戰爭卻很難控制各種變因，加上美國在外交本質上傾向於理想主義，所以，對戰爭結束後的國際秩序常常抱有太過單純的看法。

日本偷襲珍珠港之後，羅斯福從美國總統的身份，搖身一變成為要在三塊大陸和兩大洋遂行戰爭的英美「大同盟」Grand Alliance）的指導者。這個同盟具有非常複雜的性格，經常會

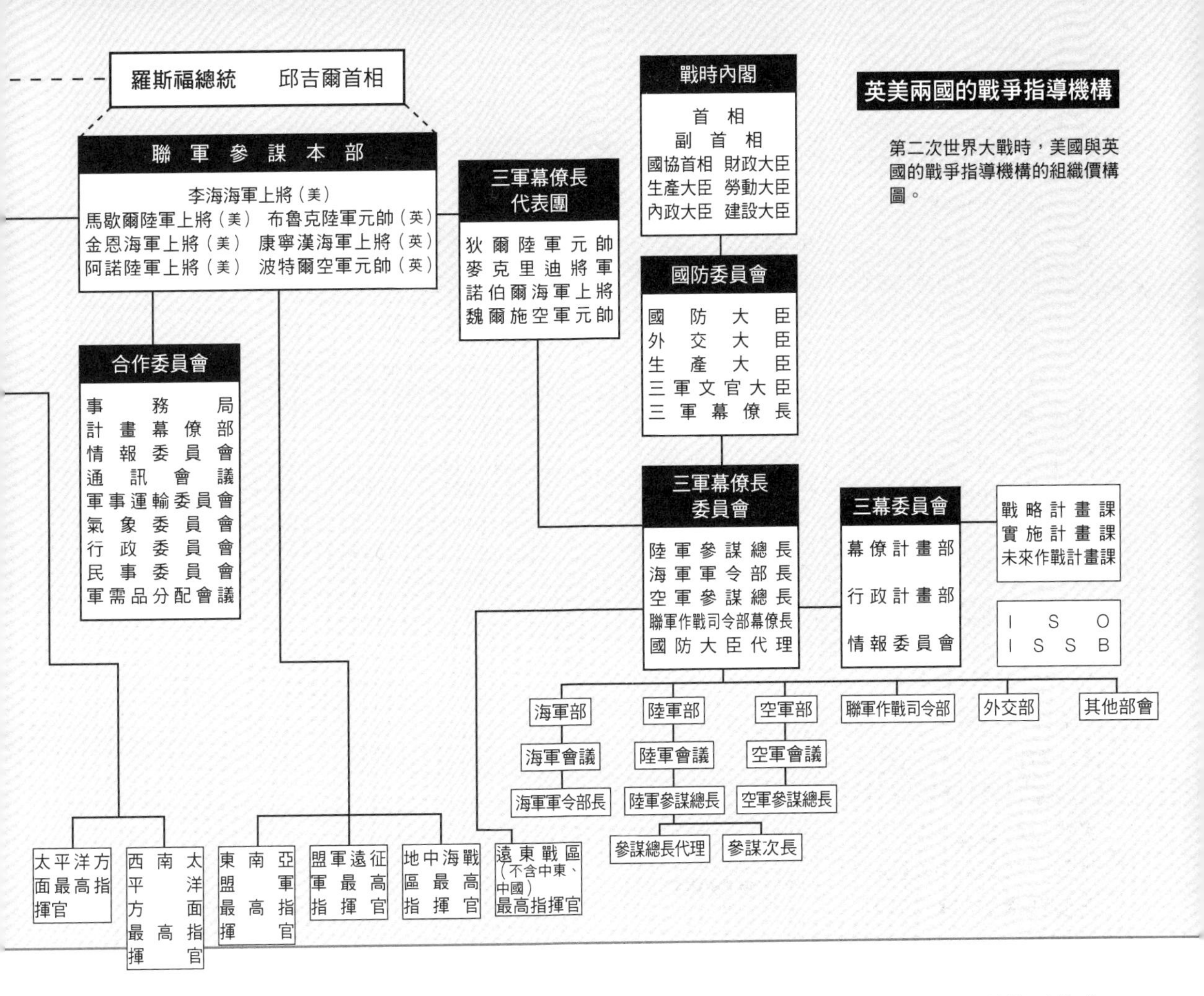

英美兩國的戰爭指導機構

第二次世界大戰時，美國與英國的戰爭指導機構的組織價構圖。

遭遇協調困難的狀況，而且想法和現實屢屢出現矛盾。儘管如此，這個同盟仍舊能夠發揮極高的效率和機能，最大的原因，就在於羅斯福非常理解他身為這人類有史以來最大規模的聯軍作戰的戰爭指導者地位，加上他有卓越的政治觀察力，才能引領同盟國走向勝利。

美國和英國的聯軍作戰之所以成功，是因為美國抑制了追求國家利益的想法，而將聯軍作戰本身視為最大的價值所在。當聯軍作戰的利益被奉為第一要務時，有些時候得要犧牲某些戰略。羅斯福曾對參謀總長喬治・馬歇爾說：「我有責任維繫這個大同盟，為了更積極的遂行戰爭，絕不能讓同盟崩潰。」對羅斯福來說，這是一種政治目的，所以有時不得不否決軍人顧問所提出的方案。

英美的聯軍作戰計畫

☆阿卡迪亞會議和聯軍參謀本部

日本偷襲珍珠港的舉動，讓邱吉爾欣喜若狂。英國已經獨自承受希特勒的納粹德國的攻擊長達17個月之久，邱吉爾在他的回憶錄中提到：「戰爭將會勝利。英國將會生存下去……大英帝國和國協成員都會生存下去……我內心充滿感激與興奮，在滿足中我躺到床上，帶著得到救贖的感謝，終於得以入眠。」接著，邱吉爾就立刻要求和羅斯福展開會談。

阿卡迪亞會議（第一次華盛頓會議）是1941年12月下旬至翌年1月中旬在華盛頓所召開的會談。英美兩國開始構思對抗軸心國的聯軍作戰計畫，決定緊密合作，努力打贏戰爭。這場會議主要達成以下幾點決策：

首先，第一、也是最重要的，是邱吉爾最在意的「德國優先主義」，雙方達成了合意。邱吉爾很擔心羅斯福會因為珍珠港事件而對日本抱有強烈的敵意，因此調整戰略，但是美國方面決定先以戰略防衛狀態面對日本的攻勢。第二，美軍要派兵駐防冰島和北愛爾蘭，並且在北非登陸、以牽制德軍，然後朝埃及進軍，與

同盟國戰爭指導年表

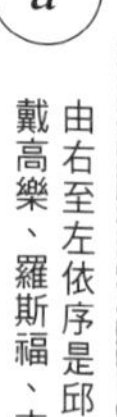

由右至左依序是邱吉爾、戴高樂、羅斯福、吉羅

1939.9 德軍入侵波蘭（第二次世界大戰爆發）

英國、法國向德國宣戰

1940.5 英國首相張伯倫去職，邱吉爾繼任

6 羅斯福對英國提供軍事物資援助

1671.5 羅斯福依武器租借法案，下令援助中國

12 **日本參戰**

阿卡迪亞會議（～1942.1）

- 同意歐洲戰區優先、以德國為主要敵人
- 先登陸北非，為反攻德國做準備
- 統一東南亞戰區的盟軍指揮權

1942.2 美國成立參謀長聯席會議

7 羅斯福任命李海海軍上將為首席參謀長

1943.1 **卡薩布蘭加會議**ⓐ

- 協議登陸西西里島及義大利本土
- 宣布軸心國必須無條件投降
- 法國加入對德作戰

3 羅斯福依武器租借法案對蘇聯提供援助

8 **第一次魁北克會議**

- 商議義大利投降條件
- 在1944年要在西歐開闢戰線
- 成立新的國際機構取代國際聯盟 等

11 **第一次開羅會議**ⓑ

- 加強太平洋戰區的攻勢

12 **第二次開羅會議**

- 從兩個方向進攻日本
- 緬甸與中國戰場為次要戰區

在開羅會議會面的三巨頭，由左至右依序是蔣介石、羅斯福、邱吉爾

1944.6 大君主作戰（諾曼第登陸）

9 第二次魁北克會議

1945.2 **雅爾達會議**ⓒ

- 德國賠償事項
- 割讓領土給蘇聯
- 蘇聯對日宣戰 等

5 德國投降

7 **波茨坦會議**ⓓ

- 確定日本投降條件
- 德國戰後勢力劃分

8 蘇聯參戰、日本投降（第二次世界大戰結束）

（上）由左至右依序是邱吉爾、羅斯福、史達林。（左）由右至左依序是史達林、杜魯門、艾德禮

英軍會師，做好反攻德國的作戰準備。第三，在東南亞方面的盟軍指揮權都統一交付予阿奇博爾德・魏菲爾爵士，並且設立聯軍參謀本部來推動聯軍作戰。

聯軍參謀本部的任務，是在英美兩國部隊投入的戰區，負責制訂戰略和指導戰爭。這個組織是由美國的參謀長聯席會議成員和英國的三軍幕僚長所組成，為了便於作業，將總部設立在華盛頓特區。英國方面派遣三軍幕僚長代表團常駐，代表團成員包括團長狄爾陸軍元帥（1944年11月由威爾遜元帥繼任），以及其他陸海空軍代表。

關於戰區的分配方面，聯軍參謀本部負責歐洲大陸和地中海戰區，參謀長聯席會議負責太平洋和中國戰區，三軍幕僚長委員會負責東南亞和中東戰區。英國方面所提出的戰爭指導方案早已準備完善，所以美國只修正其中一兩處便全盤接受，就這樣決定了執行聯軍作戰的戰略架構。

☆之後召開的同盟國戰爭會議

在阿卡迪亞會議之後，英美兩國又舉行了多次戰爭指導會議，以下列舉其中較為重要的會議來解說。

1943年1月，召開卡薩布蘭加會議，決定了無條件投降的目標。羅斯福在邱吉爾之前先發表演說，擅自宣布了軸心國必須無條件投降的這個戰爭目標，讓邱吉爾露出困擾的神情。這個目標引來批判的意見，因為在羅斯福死後，軸心國仍舊因為這個無條件投降宣言而死命頑抗，使得戰爭又拖延了好幾個月才結束。

在卡薩布蘭加，英美兩國的戰略歧異開始表面化。由於英國陸軍兵力有限，所以傳統上習慣「攻擊弱點」，而不是採取傷亡慘重的正面攻擊。畢竟在第一次世界大戰時，索穆河會戰曾導致90萬官兵戰死，英國不想重蹈覆轍。所以，在對德作戰方面英國主張從地中海方面進攻。但是，羅斯福的軍事顧問都是克勞塞維茨的戰爭論的信徒，認為應當拿出主力來和主要敵人對決。換句話說，美國想要用最快的速度開闢第二戰場，擊敗德國。

但是這場會議中，羅斯福同意了英國方面的意見，所以雙方決定進攻西西里島。為了扳回一成，美國海軍則主張要確保馬紹爾群島和加羅林群島，開闢次要的「有限度」攻勢作戰，並且在西南太平洋方面奪取所羅門群島的剩餘島嶼，還要佔領拉布爾、確保新幾內亞，這點也在會談中得到首肯。英國曾開出條件，要求美國只能在太平洋運用既有的兵力，但是美國並不予理會。

1943年8月的第一次魁北克會談中，馬歇爾為了避免英國將格局侷限在地中海戰區，建議將大君主作戰計畫（也就是後來1944年6月實施的諾曼第登陸）列為「overriding priority（最優先）」計畫。可是，英國執意大君主作戰要等到1944年才能實施，英美兩國最後雖然就這個計畫達成了協議，但是邱吉爾提出的挪威進攻作戰差一點就喧賓奪主，取代了大君主作戰。

1943年11月舉行的第一次開羅會議（蔣介石亦有參與），決定1944年除了照計畫推動大君主作戰，還要在太平洋方面發動攻勢。另外，羅斯福希望能夠與中國強化關係，但是邱吉爾卻對蔣介石受邀與會感到不快。

同月月底，美英蘇三國之間首次召開首腦會談，史達林也有參與。這次會談比較不像是戰爭指導，反而像是領袖會晤，政治意義比較大。翌月12月的第二次開羅會議中，決定從兩個方向對日本進攻，但是美英同意，緬甸及中國戰場為次要戰區。至於由誰來擔任大君主作戰的總指揮官，邱吉爾反對讓馬歇爾擔任，所以改由艾森豪將軍接手。

1944年9月的第二次魁北克會議，主要在商議政治問題，此後羅斯福傾向將大部分武器和軍需物資提供給其他同盟國，而他的個人信條與價值觀也在決策時佔了更大的比重。身為反帝國主義者的他，不認同英法等國在戰後恢復對殖民地的治權，而且，對於法國的維琪政權的親德態度相當不能諒解。在此同時，羅斯福也開始思考戰後的世界權力均衡。可是，這時的羅斯福已經來日無多，他的理想主義並沒有轉化為具體的政策。

1945年2月的雅爾達會議，談到了德國的戰後賠償、割讓領土給蘇聯、波蘭問題、蘇聯對日宣戰等大幅影響戰後國際秩序的議題。而1945年7月的波茨坦會議，則是決定了日本投降的條件、戰後重整，並且發表了波茨坦宣言。

JOINT AND COMBINED OPERATION

隨著戰爭規模擴大而誕生的重要概念

從聯合聯軍戰略審視有機體系的追尋

在第一次世界大戰中出現了空軍、以及為了統一指揮盟國軍隊的聯合聯軍戰略，已經成為現代戰爭中不可或缺的要素了。

文＝桑田悅

這一章，我們要來概略解說歐美的多軍種聯合戰略及聯軍戰略的發展過程。

聯合戰略的發展

多軍種聯合戰略的誕生期—第一次世界大戰後

☆聯合戰略思想的萌芽

美國自美西戰爭後的1903年，就成立了陸海軍部長的諮詢機關聯合委員會（Joint Board），不過一直是個有名無實的單位，要等到1919年才再度獲得重視。英國也是，在克里米亞戰爭後，曾經提案成立陸海軍的統一管轄組織，在南非戰爭結束後的1904年設立了國防委員會，到了1914年改名為戰爭會議，可是一直到第一次世界大戰結束，這個單位都沒有顯著的地位提昇。

第一次世界大戰的航空部隊發展、以及最早的陸海軍協同作戰·加里波底登陸作戰的實戰教訓，這兩個契機影響到大戰後多軍種聯合指揮幕僚機構的整頓，及聯合戰略的發展。英國在1918年獨步全球，率先將空軍獨立出來，演變成三軍制，其他國家也紛紛仿效。但是，和過往陸戰與海戰有所區隔的狀況不同，空軍的戰場可以在陸戰戰場之上、也可以在海戰戰場之上，從此，陸、海、空三軍之間該如何統御聯合，就成了非常重要的戰略課題。

英國在1919年重新讓國防委員會和戰爭內閣（War Cabinet）事務局復活，在1924年檢討改革方案，在國防委員會之下成立了附屬機關「三軍幕僚長委員會」。美國也在1919年重建Joint Board，並且在轄下設置「聯合計畫委員會」，用於統合陸海軍及構思國防計畫。

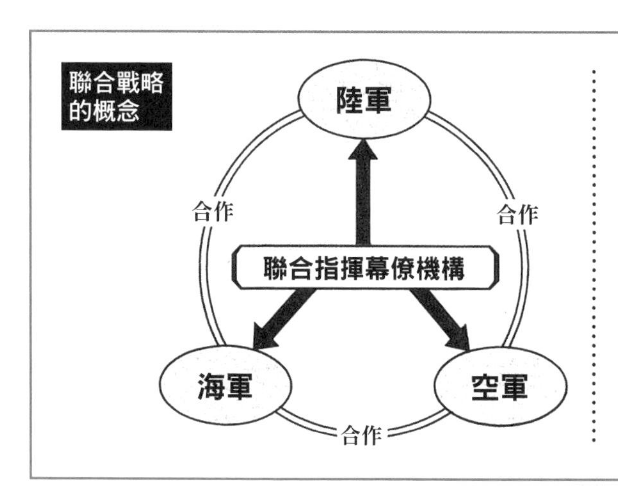

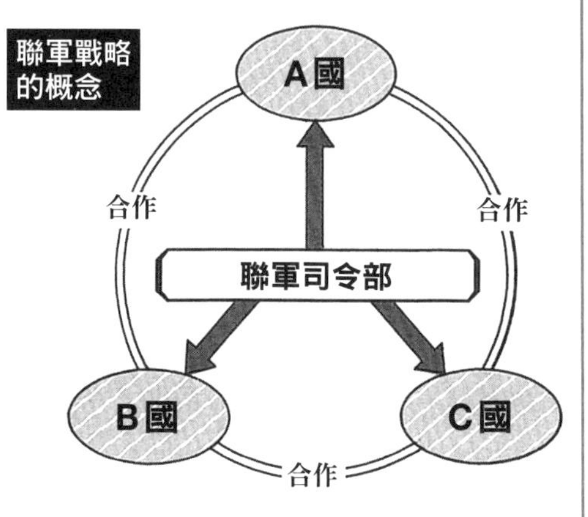

1915年加里波底登陸作戰。

可是，聯合委員會充其量只是陸軍、海軍部長用的諮詢機關（當時美國尚未將空軍獨立出來），所以，他們所提出的意見，只有陸軍、海軍部長同時首肯，才能算是有效提案。

☆英國三軍幕僚長委員會（Chief of Staff Commitee）

英國的三軍幕僚長委員會是國防委員會轄下的附屬機構，由陸海軍三軍的參謀長所組成，並且由首相或國防協調大臣擔任議長，藉此要求三軍調整活動方向、並且對內閣和國防委員會提出建言。這個委員會在發展過程中，逐漸布建了許多小型委員會，其中「戰略及計畫小委員會」就是負責籌畫聯合戰略計畫。可是，這個委員會成立後不過幾年，各軍參謀長產生權力鬥爭，以自軍的利益為優先，根本無法正確的規劃三軍聯合作戰方案。不過，陸海空軍正因為有了這個委員會，即使是間接管道，還是能夠用來協商。到了1927年，為了培育高階文官武官而成立了國防大學，這在聯合戰略發展史上可說是向前邁進了一大步。

☆加里波底登陸作戰和指揮權的統一

1915～16年的加里波底登陸作戰，是陸海軍首次在共通戰場上進行協同作戰。這場登陸作戰一開始是成功的，可是，登陸之後卻遲遲無法擊潰受到德軍指導的土耳其軍防線，結果英軍傷亡慘重，沒能達成目標，只好黯然撤退。這場作戰在大戰後被世界各國拿來當作研究目標，因為這是現代登陸作戰的濫觴。

這場作戰的教訓，是證明了陸海軍協同作戰的重要性，還有想要在防務堅強的地區實施白晝登陸有多麼的困難。有許多國家從此開始研究，如何以奇襲方式在防禦不夠周延的海岸實施登陸作戰。

在當時，唯一稱的上具有現實目標的作戰計畫，是美國正在研究的橘色計畫（對日進攻計畫）。在和日本開戰後，兩國勢必要在太平洋上爭奪島嶼，可是，這等於是要在對方防備周延的島嶼上強行登陸，難度之高可想而知。在一戰剛結束時，美國陸戰隊正面臨縮編的處境，有可能被縮編成海軍憲兵等級，所以陸戰隊賭上自己的存亡，加緊研究太平洋各個群島的突擊登陸戰術。

突擊登陸戰術在一開始，必須先行摧毀島上守軍的防禦工事，所以自始至終都必須仰賴航空部隊的空中轟炸和艦艇部隊的海上砲擊。1925年在夏威夷曾進行過類似演習，確認了登陸部隊在建立穩固的灘頭堡之前，陸戰隊、陸軍、艦艇、航空部隊都要在一元的指揮體系下協同作戰，從此照亮了三軍指揮權統一化之路。

聯合戰略的成熟期—第二次世界大戰

☆英國的戰爭指導

1939年9月第二次世界大戰爆發時，英國首相張伯倫立即仿照第一次大戰的模式，尤首相、外交大臣、陸軍大臣、海軍大臣、及各軍參謀長組成了War Cabinet，用於戰爭指導。可是，1940年5月邱吉爾繼任首相後，增設了國防大臣一職，並且由自己兼任，然後在三軍幕僚長會議底下建立聯合計畫幕僚部、聯合情報委員會、聯合行政計畫委員會等下級單位，活用這些機構來進行更有彈性的戰爭指導。

當時的英國，僥倖的從敦克爾克經由海路撤退大軍回國，可是，法國投降之後，英國從此陷入孤立，而且德軍隨時有可能登陸英國本土，處於危急存亡之秋。從敦克爾克撤回英國的英軍和法軍，已經丟棄了所有的裝備，英國能夠用於本土防衛的反戰車砲和戰車數量都太少。

於是邱吉爾緊急下令重整防務，在9月底之前，本土防衛力快速強化，而英國空軍則採用了新式的預警管制系統，在英倫空戰中獲得了勝利。這時，希特勒已經將目光轉向東方的蘇聯，而美國也開始對英國提供援助，英國的戰略危局總算稍微得到抒解。

☆邱吉爾和艾倫布魯克

邱吉爾起用英國本土陸軍總司令艾倫布魯克擔任陸軍參謀總長兼三軍幕僚長委員會議長，邱吉爾和艾倫布魯克是個性迴異的兩個人，在戰後從不與對方往來交際，在戰時也經常為了戰略決策而爭的面紅耳赤，不過，戰時他們兩人的搭檔卻相當有益。艾倫布魯克推崇邱吉爾的鬥志和愛國心，邱吉爾則盛讚艾倫布魯克的專業見解，兩人一起帶領英國走向最後的勝利。

英美兩國在第二次世界大戰時的關係，一如後述，瀕臨滅國的英國是靠著美國的物資援助而生存下來，可是，英國卻常常逼迫美國接受英國的決策，這點也足以證明邱吉爾和艾倫布魯克的搭檔極為有效。在亞瑟・布萊恩所著的《參謀總長的日誌》一書中，表示這是戰時的文官統治、政軍關係的典型範例。

☆美國的參謀長聯席會議

美國在1939年將聯合委員會從國防部編制中撤除，移到總統轄下直接指揮。1941年1～3月，英美軍事幕僚會議在華盛頓召開，美國隨即仿效英國的三軍幕僚長委員會，成立了聯合戰略委員會及聯合情報委員會等下級單位，1942年初又整併為參謀長聯席會議（Joint Chiefs of Staff）。

參謀長聯席會議的議長是擔任總統特別軍事顧問的李海海軍上將，成員包括陸軍參謀總長馬歇爾、海軍作戰部長金恩等人，後來又加入了陸軍航空隊司令阿諾。羅斯福運用這個參謀長聯席會議，來推動他的戰爭指導方針。

前線路海空三軍部隊的統一指揮權

☆亞洲戰區的指揮統合

在日軍偷襲珍珠港之後，美國瞭解到不只夏威夷，就連阿拉斯加和巴拿馬也都有可能遭受日軍攻擊。有鑑於夏威夷的陸海軍在防衛時欠缺協調性，美國立刻在夏威夷、巴拿馬、阿拉斯加成立統籌指揮陸海空軍部隊的防衛司令部。接著，為了防守日本可能攻擊的東南亞，美英荷（荷蘭）澳（澳洲）四國軍隊於是在新加坡成立了聯軍司令部ABDA指揮部。

此後，美國負責的太平洋戰區、英國負責的遠東（緬甸、印度、中國）戰區、還有各個戰區都設立了統籌指揮陸海空三軍的聯合司令部。同樣的，在歐洲戰線上，隨著登陸北非、登陸西西里、登陸義大利、登陸諾曼第，每個戰區也都設置了統一指揮各國陸海空軍用的聯合聯軍司令部。

☆聯合參謀本部和聯軍的常設

戰後的1947年7月，美國制訂了國家安全保

1917年11月，就任法國總理兼陸軍部長的克里蒙梭。

矗立在巴黎的École Militaire（軍官學校）前方的福煦將軍像。

障法，成立國家安全保障會議、中央情報局、國防部，空軍也獨立出來，*聯合參謀本部從此成為常設機關。到了1948年4月，根據基韋斯特協定，國防部長將部分權限委任給聯合參謀本部，當戰爭需要統一指揮時，就由聯合參謀本部的成員中的一人全權指揮，至此，聯合參謀本部終於演變成命令執行機關。

到了1958年，根據國防部改組法案，過去由各軍部長保有的指揮權，都集中到國防部長轄下。同時，國防部長轄下的全球各地專責聯合部隊（太平洋部隊、大西洋部隊、歐洲部隊）及特殊任務部隊（如戰略空軍等）也重整了指揮體系。在軍事作戰時負責指揮的聯合參謀本部，在平時則擔任陸海空軍部長在行政、訓練、後方指揮的副手。

至於和美國維持同盟關係的各國部隊，則是直接在各個地區與美國的三軍聯合部隊合作。到了今天，聯合參謀本部來決定聯合戰略，指揮軍事行動，已經成為既定的作戰方式了。

聯軍戰略的發展

第一次世界大戰西部戰線嚐到的苦果和聯軍的指揮權統一

☆西部戰線的生死鬥和兩軍的指揮方式

第一次世界大戰初期，德軍依照施里芬計畫發動攻勢，結果在馬恩河會戰中頓挫，此後德國和協約國之間發生了一連串側翼包圍戰，終於形成一條從瑞士邊境延伸到英法海峽的綿延西部戰線，兩軍陷入對峙。和德軍對抗的協約國部隊，由比利時軍防守英法海峽一帶，往南是法國第8軍團、再往南是英國遠征軍、再往南一直到東方瑞士邊境則是由法軍防守，構成一道彼此相連接的戰線。

德軍和協約國軍雙方都使用機槍和鐵絲網來防護戰壕陣地，卻又不斷構思新戰術，企圖靠著奇襲來突破敵方防線，雖然有些戰役獲得了局部的成功，但是沒有一次能夠達成決定性的突破。

德軍當然擁有統一的指揮權，要在何時、何地發動重點攻勢，還有如何集中兵力反擊協約國軍的攻勢，都能夠立即做出決策。可是，比利時、法國、英國這三國所組成的協約國軍，卻必須屢屢調整各國軍方的利害衝突，因此在決策時需要耗費更多時間。

☆協約國軍指揮權統一遭遇阻礙

戰線臨接的這三個協約國軍，當然也希望前線作戰的部隊和司令部之間能夠達成指揮權統一的目標，這樣的呼聲日益強烈。可是，對西部戰線這三個國家的軍隊納入統一指揮權之下這件事，各國政府、尤其是英國國會反對最為激烈，因此難以實現。

至於反對的理由，首先是英國引以為傲的國王陛下的軍隊，竟然要聽命於法國的平民將軍，這點讓人難以接受，這是國家威信的問題。在西部戰線的三國軍隊若是統一指揮權，想當然爾會由兵力最多的法國的將軍來擔任總司令。第二，要是西部戰線由法國人擔任總司令，大英帝國就很有可能縮手，不把為數眾多的英國殖民地部隊投入西部戰線，這是現實面的問題。

比利時軍的總司令是比利時國王，當然不可能屈就接受法國將領的指揮，所以心理上比英國人還要抗拒。可是，比利時當時全部領土都已經變成德軍佔領區，已經沒有強勢發言的權力了。

以現在的軍事戰略來說，早就習以為常的指揮權統一，卻在西部戰線因為各國的政治考量而難產，無法實現。

☆克里蒙梭和莫達克的登場

戰爭打到第4年時，永無止境的戰壕戰不斷耗損兵員，補充兵力越來越困難，偏偏這時俄國爆發革命，德國和俄國和談，東部戰線沒有後顧之憂，協約國軍在西部戰線就更為艱困了。就在這樣局勢之下的1917年11月，克里蒙梭繼任了法國總理兼陸軍部長。

由於德國採行無限制潛艇攻擊作戰，導致美國參戰加入協約國陣線，這是當時最好的消息。問題是，美國只有負責防衛太平洋和大西洋的常備兵力，額外的歐陸遠征軍從開始動員到訓練完成、送往西部戰線，估計還得等到翌年秋季之後。為了渡過這段艱苦時期，克里蒙梭在陸軍軍部次長莫達克的建議下，提出了軸心國軍集結兵力、在西部戰線統一指揮權的議題。

克里蒙梭為此設立了協約國最高戰爭會議作為協議機關，各國同意在此設置常駐的軍事代表。翌月12月，克里蒙梭在最高戰爭會議之下設立軍事實行委員會，在各國首肯下，由法國的福煦將軍擔任議長。福煦過去曾經是陸軍大學校長，在戰略、戰術方面有許多著述論文，是各國將領深表尊崇的人物，所以地位不會受到質疑。

1918年2月，德軍發動春季大攻勢的威脅日益明顯，因此克里蒙梭和協約國戰爭會議諮商，在各國同意下，任命福煦擔任協約國戰略預備隊的總司令。可是，這個戰略預備隊兵力並不多，所以戰力極為有限。

☆英軍戰線瀕臨崩潰的危機

1918年3月21日早晨，德軍約4000門火砲發動齊射，以第一次世界大戰中屈指可數的戰力發動猛攻。德軍的目的是在美國送來大規模的遠征軍之前，先行擊敗協約國，決定戰事勝負。所以，德國把東部戰線撤回的部隊投入西部戰線，發起這最後一擊。

德軍如同怒濤一般的攻勢，在英軍防線上鑿開了40英里（約64km）的突破口，一週之後，突破的深度也達到40英里，即將抵達亞眠郊區。法國政府這時緊急準備撤離巴黎，這是1914年馬恩河會戰以來，第二次遭遇這樣的嚴重危機。

☆協約國軍終於統一指揮權

到了這個生死存亡的關鍵時刻，英國政府和國會終於放下了身段，答應統一西部戰線的指揮權。福煦被任命為西部戰線協約國軍總司令，在他的統一指揮之下，協約國軍開始反擊，德軍的最後一場大攻勢終於失敗。此後，協約國軍轉為追擊態勢，德國終於在這一年的11月提出休戰要求。

過去在八國聯軍時，各國的遠征軍就曾經參加過這種在統一指揮權之下進行的軍事行動。可是第一次世界大戰時，這三國的陸軍即使戰線相連，卻還是反對設置聯軍指揮官，理由就是前述的英國政府、國會的抗拒，不願損及國家威信，所以遲遲無法實現。

一直等到生死關頭，才終於達成這個目標，由此可以看出克里蒙梭的協調能力和福煦的戰略資歷及人格，是多麼受到英國軍人的肯定與信賴。至於輔佐克里蒙梭的莫達克次長、一口允諾願意接受後進福煦總司令指揮的貝當將軍，他們的度量與愛國心也發揮了相當大的作用。

第二次世界大戰的聯軍戰略

有了第一次世界大戰的苦澀經驗，使得英、法、美國之間，在第二次大戰之初，就有了建構聯軍戰略和統一聯軍指揮權的意識。

☆參謀長聯席會議的成立

在日本和美國尚未捲入第二次世界大戰的1941年1月至3月，英國的三軍幕僚長委員會的成員就已經抵達華盛頓特區，和美方軍事參謀商議，一旦美日兩國參戰，該採取什麼樣的聯軍戰略。當時的決定是，即使日本參戰，同盟國也要以打倒德國為第一優先目標，這些基本方針都在此時確立，成果被稱為ABC-1。

日本偷襲珍珠港、美日捲入大戰後，邱吉爾要求英美兩國召開首腦會談，12月12日，邱吉爾帶著眾多幕僚赴美，從22日至1月4日，在華盛頓舉行的阿卡迪亞會議，商討如何因應當前戰局，以及成立聯軍幕僚長會議等決定。

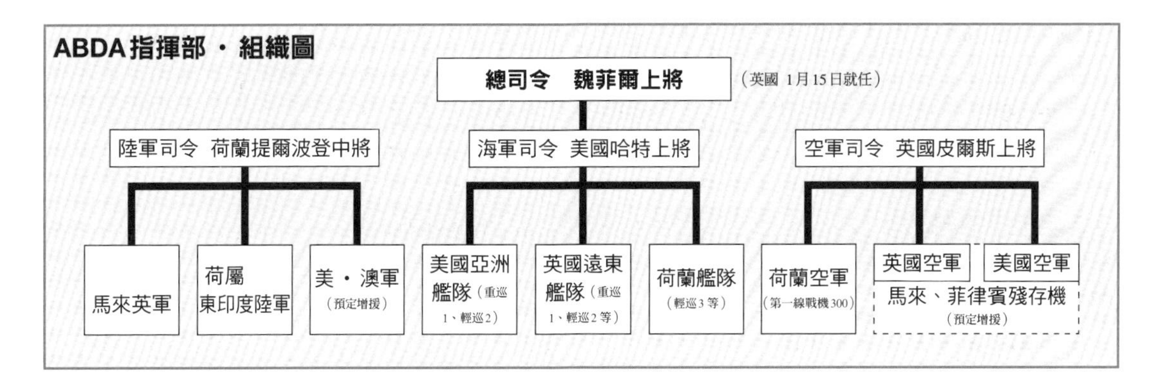

英國方面以狄爾前幕僚長會議議長為首，派遣幕僚常駐華盛頓，持續與美國溝通聯軍戰略。美國則仿效英國的三軍幕僚長委員會，成立了參謀長聯席會議，並且陸續充實旗下機構，以便和英國進行緊密的聯軍戰略協商。

事實上，羅斯福和邱吉爾都懂得運用手下的參謀幕僚會議來進行個人的戰爭指導，在此同時，凡是重要時機，幕僚長會議的成員都會在首腦會談時率直的提出意見，彼此協調方向和利害關係。在第二次世界大戰全期，英美兩國都維持這樣的緊密關係，在聯軍戰略之下來推動各項戰爭指導。

☆前線的聯軍指揮組織／ABDA指揮部

阿卡迪亞會議中，關於陷入危機的東南亞防務，決定設置聯軍聯合前線司令部。邱吉爾認為，東南亞的防務、尤其是新加坡的防衛，美國應當盡可能派出海空軍部隊增援，所以，希望由美國軍人擔任該地區的防衛總指揮官，但是這點被羅斯福所拒絕。

結果，英國只好派遣魏菲爾上將擔任總司令，在新加坡設立ABDA（美英荷澳）指揮部。當新加坡淪陷之後，魏菲爾撤退到印度，ABDA也等同於解體，荷蘭軍在孤立之下，毫無抵抗能力，只能向日本投降。

此後，無論在歐洲戰區還是太平洋戰區，都會設置這樣的聯軍聯合司令部，負責每個戰區的各國聯軍聯合作戰。聯軍聯合司令部要統籌作戰計畫，並協商後勤、人事行政管理等事項要由聯軍司令部還是由各國負責。人事通常是本國來負責，而各國的資深高階將領若是對聯軍司令的決定有異議，則有權向本國政府提出申訴。

☆接受援助者的悲哀

當然，在建構聯軍戰略時，各國都會以自國

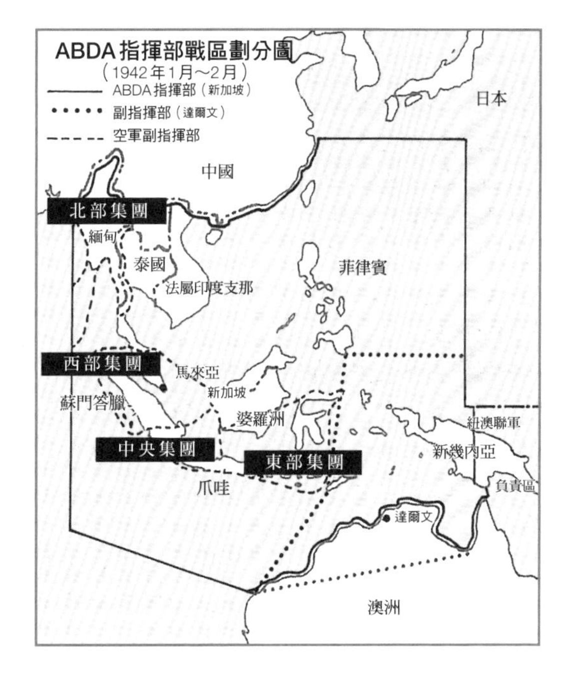

的利益為最優先，所以彼此之間常出現意見爭執。接受援助的一方通常沒有立場大聲說話，只能默默接受強國和提供援助國家的意見。

在第二次世界大戰初期，蘇聯相當倚賴美國的軍需援助，為了早日脫離德蘇之戰的困境，蘇聯一直要求美國在西歐開闢第二戰場，但是遲遲沒有得到正面回應。英國由於不希望法國艦隊落入德軍手中，所以擊沈不少法軍艦艇。在英美兩國的努力策動下，阿爾及利亞等法國殖民地部隊不再接受維琪政府的命令，轉而投效流亡倫敦的戴高樂政權。

太平洋方面，荷屬東印度早已失去掌控權，澳洲本土陷入危機，卻又無法即時將派遣至北非和中東的澳洲軍撤回，因此，實際指揮權都落在麥克阿瑟手上。

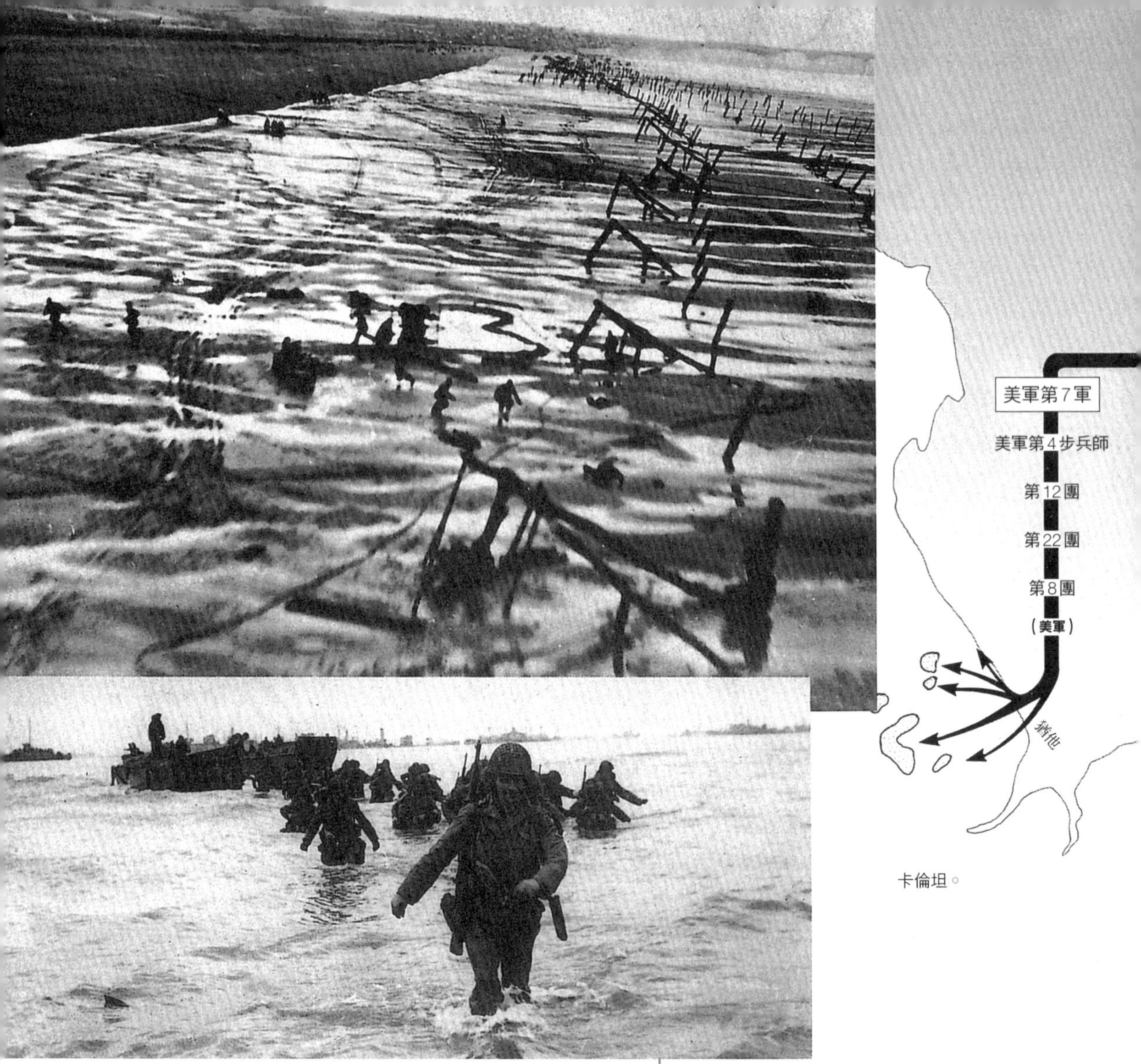

上圖為德軍在諾曼第設置的障礙物。下圖為登陸中的美軍。

☆接受援助卻堅持主張的英國

由於美國的軍事援助和參戰，英國終於免除了危機，進而站在勝利者這一方，即使如此，第二次世界大戰的聯軍戰略仍有許多是按照英國的規劃在進行。

在歐洲戰線方面，美國認為應當盡速將軍隊和軍需物資集中到英國，並且在1943年發起登陸法國的作戰，可是英國認為時機尚未成熟，主張應當依循北非→地中海→義大利的順序來進攻。美國認為這樣雖然顧及英國利益，卻等於是要盟軍繞遠路，對此表達不滿，但最終還是依照英國的方案，在1942年底登陸北非，然後投入地中海戰區的作戰。

在遠東戰區方面，美國認為應當重啟對重慶的運輸路線，然後盡快奪回緬甸，但是英國寧可先奪回新加坡，因此把進攻緬甸往後延。像這樣身為接受援助的一方，卻仍舊握有聯軍戰略主導權，算是非常稀有的例子，這得歸功於邱吉爾的老謀深算和政治手段，還有英國在戰略與情報方面秉持的優秀能力。

☆陷入爭議的蘇聯、中國聯軍戰略關係

英美兩國由於和蘇聯有著政治思想的歧異，所以彼此猜忌。英美兩國為了避免蘇聯單獨與德國和談，雖然允諾軍需援助和開闢第二戰場，但是卻沒有像英美兩國之間那樣，和蘇聯建立起緊密的聯軍戰略協議。蘇聯也擔心英美兩國在打倒德國後會接著打垮蘇聯，因此以單獨和談為要脅，逼迫英美提供更多軍需物資、加快開闢第二戰場。隨著戰局好轉，在規劃戰後世界秩序時，雙方的嫌隙變的更大，邱吉爾

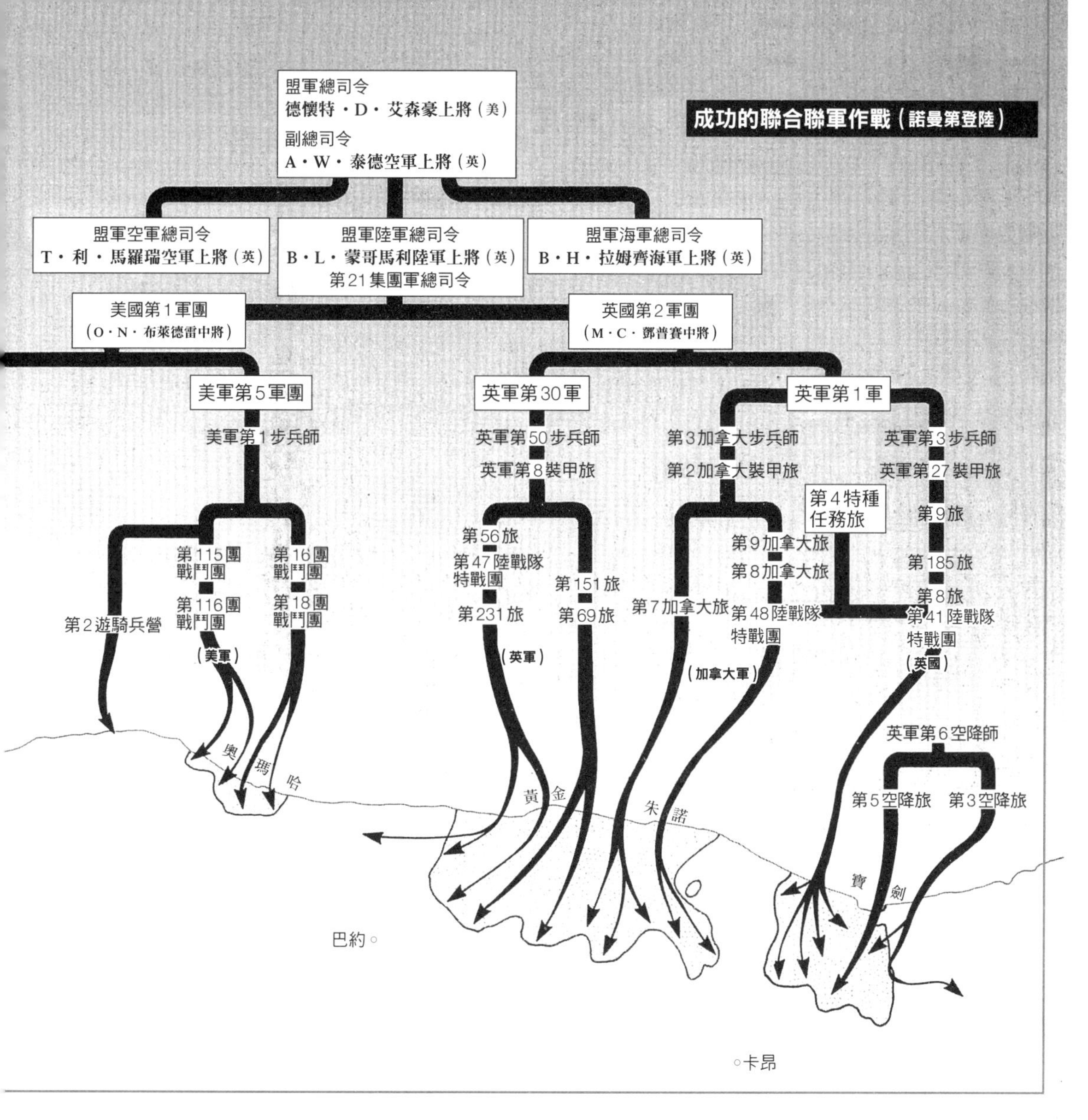

非常不想見到戰後蘇聯對整個東歐都握有主控權。

在中國方面，羅斯福認為中國是抗日的重要伙伴，應當提供軍需援助。但是英國則認為從歷史角度來看，這樣的伙伴關係恐怕難以持久，所以不抱有期待。隨著戰局演進，美國對中國的幻想終於破滅，所以英美兩國也沒有和中國建立率直的聯軍戰略協議。

持續至現代的聯合聯軍戰略

多軍種聯合戰略始於第一次大戰出現的航空部隊、空軍獨立建軍，還有加里波底登陸戰的教訓，在第一次世界大戰後逐漸演化出可以運作的機構，並且在第二次世界大戰中發揮功效，引領英美兩國贏得勝利，在戰後則成為世界各國仿效學習的目標。

聯軍戰略則是在第一次世界大戰的西部戰線苦戰中，讓協約國軍統一指揮權，終於贏得勝利的重要關鍵。嚐到苦果的英國、法國、美國，於是在第二次世界大戰初期就建立起聯軍戰略協議，整頓協議機構和前線的聯軍指揮機構，如今已經發展成為聯合國和各地區的安全保障機構。

不過，從現實面來看，特性與利害關係各不相同的各軍種想要達成聯合戰略，還有國家利益各有不同的各國軍隊要達到聯軍戰略，都不是一件簡單的事。必須要由能夠正視危機的卓越政治家領袖來推動實現，才能真正收到實效與成果。

column❻

加里波底和諾曼第

悲慘的失敗和輝煌的成功，
聯合聯軍戰略發展史上的兩大登陸作戰。 文＝吉本隆昭

●加里波底登陸作戰

加里波底半島位於歐亞大陸之交的土耳其達達尼爾海峽西側，在第一次世界大戰進行到第2年的1915年4月，這裡進行了一場大規模的登陸作戰。當時英國陸軍大臣基欽納和海軍大臣邱吉爾等軍方首腦為了改變西部戰線的膠著戰況，決定壓迫土耳其脫離德國的同盟，同時從南方支援俄國戰線。

作戰部隊包括英軍第29師、紐澳聯軍（澳洲軍1個師、紐西蘭軍1個師）、法軍1個師、以及英國海軍陸戰隊。組成一支由英國陸軍上將伊恩・漢彌爾頓爵士所指揮的地中海遠征軍（總兵力7萬5,000人），並且由迪・羅貝克海軍上將指揮的英法艦隊及航空部隊提供支援。這是世界首次大規模在敵前登陸的聯合聯軍作戰，照預定計畫是要大膽且出奇不意的登陸灘頭，可是，這個作戰前提卻因為誤判敵情而有了很大的變化。

英軍認為土耳其軍作戰能力不佳、武器落後、官兵素質和士氣都很低落、而且調度緩慢，不可能對灘頭登陸部隊造成有效的打擊。可是，實際上的土耳其軍，在1914年已經接受過德國派遣來的數百名軍事顧問徹底訓練，無論戰術、作戰能力、部隊訓練、士氣等各層面都有顯著的提升。

對英軍更不利的是，當時估算加里波底半島的駐防兵力土耳其軍的2個師，可是，當3月25日英法海軍攻擊海峽的行動失敗後，土耳其迅速在此地增援了4個師，使得兵力增加到6個師之多。

4月25日，英軍第29師在加里波底半島末端的赫勒斯角的5處灘頭登陸，紐澳聯軍在半島西側北方15km處的卡巴提貝附近登陸，法軍則是在小亞細亞進行佯攻登陸，其他英軍部隊則是在半島頸部的布雷亞登陸欺敵。土耳其軍由於弄不清主力登陸的位置，一時間無法判斷，所以英軍成功的達成登陸任務。

可是，之後英軍的進攻卻非常緩慢而且消極。相對的，土耳其軍卻反應迅速，馬上佔領登陸海岸周邊的丘陵制高點，構築陣地、配置機槍，等待英軍進攻。土耳其軍擋住了英軍的緩慢攻勢，結果，戰線便陷入膠著。

8月6日，為了打破僵局，英軍增強至12個師，加上部分的紐澳聯軍，又在北方5km處的斯普拉灣成功登陸，可是，英軍的進擊速度依舊緩慢，土耳其調動預備隊迅速反擊，擋下了英軍。此後，登陸戰就演變成拉鋸戰，英軍終於在12月18日從斯普拉灣和紐澳聯軍灣撤退，1916年1月8日又從赫勒斯角趁夜撤退。

這場長達8個月的加里波底之戰，最後以英軍敗北收場。英法聯軍投入的總兵力達到48萬9,000人，傷亡多達25萬2,000人，另一方面，土耳其總兵力50萬人，傷亡人數也多達25萬1,300人。

加里波底登陸作戰失敗的主因，是英軍方面的C^3I（指揮・統御・通訊・情報）能力太過拙劣，加上訓練不足、戰鬥意志低落、作戰消極等因素。而土耳其軍在德軍的指導下，調度迅速、訓練精良、士氣高昂，日後成為土耳其總統的穆斯塔法・凱末爾（凱末爾・阿塔圖爾克）當時就是以師長的身份在紐澳聯軍灣和斯普拉灣兩地奮戰，多次擊退英軍，挽救了即將崩潰的土耳其軍防線。

●諾曼第登陸作戰

在加里波底登陸作戰之後過了30年左右，盟軍吸取了這場戰役的教訓，再次發動準備周詳的聯合聯軍登陸作戰，也就是1944年6月在法國北部諾曼第實施的登陸作戰（大君主作戰）。這場作戰的目標是在西歐開闢第二戰場、解放法國、向德國西部進軍，一舉結束大戰。因此，早在2年之前，盟軍參謀長會議就已經開始著手準備了。

作戰部隊是盟軍總司令艾森豪上將轄下指揮的第21集團軍（蒙哥馬利上將）。1944年6月6日清晨時分，由美軍2個師、英軍2個師、加拿大軍1個師組成的第一波登陸部隊，分乘約5,300艘登陸艦艇，在科唐坦半島根部至奧恩河河口之間的80km寬地區，從猶他、奧瑪哈、黃金、朱諾、寶劍這5個灘頭登陸。

拉姆齊上將指揮的200多艘海軍艦艇以艦砲火力支援登陸部隊，利・馬羅瑞上將指揮的空軍2,100

加里波底登陸作戰

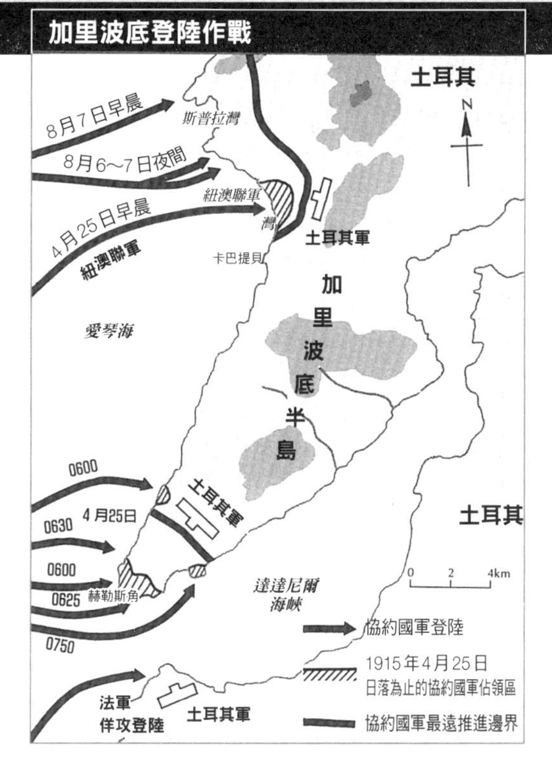

架軍機則是投下1200t的炸彈支援，協助登陸部隊向前挺進。此外，在6月6日凌晨，美軍第82空降師和第101空降師就空降進入科唐坦半島根部的猶他灘頭後方，英軍第6空降師則是空降潛入了奧恩河東岸。

由於德軍守備部隊頑強抵抗，一開始登陸時戰況非常險峻，在奧瑪哈灘頭登陸的美軍第1步兵師傷亡慘重，不過，其他4個灘頭都在6日當晚鞏固了灘頭堡，並且和空降部隊取得聯繫。只是，接下來向內陸挺進的戰鬥更為艱困，一直到了一星期後的6月13日，各灘頭堡才連結起來。在這段期間，德軍第21裝甲師一直在卡昂前方進行機動打擊，差一點就把英軍的灘頭給切成兩半。之後，登陸部隊還是繼續和德軍裝甲師激烈交鋒，一直到了登陸1個多月之後的7月底，英軍才佔領卡昂。照原本的登陸計畫，卡昂應該是D-Day（登陸日）當天就要奪下的目標。

美軍方面，在7月初佔領了瑟堡這個對登陸部隊最重要的後勤補給用港口。到了7月底，美軍突破了德軍最左翼的聖洛至阿夫朗什，掃蕩過不列塔尼半島的德軍之後，開始朝東方進軍。在8月中旬，和英軍協同在法萊斯包夾德軍主力（法萊斯口袋）。德軍主力因此潰敗，殘部撤往塞納河東岸。至此，諾曼第這場盟軍有史以來最大的聯合聯軍登陸作戰，雖然時程大幅延宕，總算是以成功收場，盟軍終於可以開始朝德國本土進軍。

諾曼第登陸的成功要因，首先是周詳的計畫和聯合運用經過妥善準備的陸海空軍戰力。尤其是作戰開始前，空軍進行的轟炸收到很大的效果，德軍指揮、通訊、交通都陷入麻痺，即使知道盟軍登陸，德軍也很難在作戰剛發起時投入預備隊增援灘頭。當時德軍最流行的一句話就是「死於亞伯（戰鬥轟炸機）」，可見空軍發揮了多大的功用。

至於德軍戰敗的原因，包括軍方總司令部始終認定盟軍登陸的主要地點應該是在加萊地區、而非諾曼第，所以調度部隊增援諾曼第的動作不夠迅速。再者，倫德斯特和隆美爾在防禦方針上出現歧異，無法將王牌裝甲師配置在灘頭，而是放在不前不後的地方，所以無法立刻馳援。當時威力最強的裝甲預備隊（SS裝甲軍）只有希特勒才能調度指揮，所以沒有夠強的戰力能夠在緊要關頭增援前線。

●從聯合聯軍分析兩次作戰

聯合聯軍作戰為了讓不同國家的軍隊、不同的軍種為相同的目標而努力，最高指揮部必須做詳盡的準備，徹底讓麾下部隊理解作戰的整體目標和任務內容，而上級長官也必須理解各個部隊的能力與極限。想要將部隊做最有效率的運用，前提是指揮權要統一，部隊之間要能夠互相聯繫調整，消除部隊之間的誤解，並且在情報活動和後勤支援方面進行緊密的合作。

加里波底登陸作戰充滿了所有的不利因素。作戰準備期間只有3週，漢彌爾頓上將無法充分掌握麾下部隊的狀況，紐澳聯軍缺乏訓練。作戰開始後，通訊不良的問題也沒有馬上解決。長官只會坐在海邊的戰艦上觀戰，沒有積極的指導作戰，第29師的魏斯頓師長和紐澳聯軍的巴伍德軍長都是這樣，所以麾下部隊的士氣無法提升，只能消極的待在戰場上逐漸消耗。

諾曼第登陸作戰大幅改善了這些缺點。盟軍總司令部（SHAEF）統一了指揮權，海軍空軍的指揮與聯繫都非常順暢，因此能夠及時提供艦砲和空中打擊火力。不過，也並不是完全沒有缺點。最大的問題就是英美高階指揮官之間的不和日益顯著，得要艾森豪出面調解，構思能夠顧及英美兩方主張的折衷方案，但是這樣的折衷方案卻曠日廢時，失去了快速進攻德國的契機。

因此，聯合聯軍作戰的最終成功要件，是最高指揮官必須把握正確的戰況，在最重要的時刻發揮領導力，將作戰推向成功。

與戰局直接相關的軍事・經濟・國家的總動員

近代民族主義的興起、以及工業革命所建構的經濟力、技術力基礎，使得兩次世界大戰演變成最為恐怖的「國家總動員」。

文=今村伸哉

「國家總動員」的出現

第一次世界大戰的動員人數和傷亡人數，都達到了人類有史以來空前的規模，而戰爭的花費，依國際聯盟以當時幣值估算達570億美元，其中協約國就佔了240億。

這場戰爭，藉著19世紀中葉開始的工業革命做基礎，生產大量武器和軍需物資，是一場國家與國民的全體總動員，在這縱深驚人的戰力下遂行戰爭。因此，非常重視政治力、宣傳力、思想作戰，藉此喚起大眾的國家意識，讓全國人民都願意投入戰爭之中。此外，資源、科技、產業、運輸、財政也都是傾注全國之力，這廣義的經濟力動員，也成為左右戰局的重大要素。

總動員也包括了人力資源的動員，上圖是1930年代蘇聯達成計畫經濟預定目標時印製的海報。左圖是第二次世界大戰時號召英國婦女前往工廠工作的海報。

到了第二次世界大戰，「總動員」更進一步升級，戰爭經費膨脹到第一次世界大戰的6倍，動員人數和人口增加也都使得戰爭規模大幅擴張。

在第一次世界大戰中，除了在前線或交戰國進攻區域之外，戰場和後方的分界相對來說比較明確，即使平民受害也大都是間接。可是到了第二次世界大戰，隨著戰略轟炸機和長程火箭的發達，還有游擊戰頻繁發生，使得後方也被捲入直接戰火之中，前線與後方的區隔就很難界定了。

另外，在第一次世界大戰之後，隨著科技進步，戰車與飛機變成了作戰的主力，而用於對抗的武器也跟著發達起來。

雖然德國在戰爭之初以「閃電戰」獲得了戲劇性的成功，可是在大戰的6年期間，真正影響勝敗的關鍵並非機械化與訓練精良的部隊、或是名震一時的統帥，真正的決定性因素來自

第二次世界大戰時，接受動員令在國內醫護設施工作的英國婦女。

於優秀的產業機能和人口總數——美國約有1億5000萬人、蘇聯約有1億8000萬人，然而軸心國並沒有這樣的致勝條件。

「國家總動員」的意義與起源

☆「國家總動員」的起源

現代戰爭的「總動員」，根據『Dictionary of Military Terms』(T.N. Dupuy Associates, 1986)所下的定義是「軍事・經濟・國家的社會資源全部投入的戰爭」。嚴格來說，「總動員」就像是完全勝利或完全和平一樣都是遙不可及的神話，不過，一般人都把結合了政治(包含外交與國際關係)、軍事、科技、經濟、產業、資源、以及國民意志等所有力量來遂行戰爭這件事稱為「總動員」。

在19世紀後期，戰爭已經出現了「總動員」的徵兆，起點就是美國獨立戰爭和法國大革命。美國和法國都是近代民族主義興起而誕生的新興國家，制度面相當成熟，國家的行政管理和軍隊近代化都有所提升，所以能夠進行大量動員。到了第一次工業革命之後，武器的質與量都有飛躍的成長，所以我們可以在南北戰爭中看到戰爭規模急遽擴大等狀況。

1897～98年在聖彼得堡出版《戰爭的研究》一書的伊凡・布洛奇，預測歐洲一旦爆發大戰，戰爭將會利用國家的政治、經濟組織，加上快速進步的武器科技，造成交戰國家戰鬥部隊陷入僵局，演變為大眾最不願見到的消耗戰。他的預言一語中的，但是，儘管他早已解釋科技將導致戰爭變的和過去不同，但是各國軍方對他的意見毫無興趣，不屑一顧。

☆魯登道夫的「國家總動員」

第一次世界大戰的戰敗國德國的參謀次長艾里希・魯登道夫將軍(1865.4.9～1937.12.20)，在他所著述的《全面戰爭論》(Der totale Krieg, 1935)中提到了「總動員」這個詞，由於這本書暢銷多達十多萬冊，在全世界引發極大迴響，因此書名和總動員都成為當時的流行語。不過，人們的好評卻不是針對書的內容、而是對魯登道夫這位將領的名聲感到佩服。在日本，曾在昭和13年(1938年)出版過《魯登道夫 國家總動員》(間野俊夫少佐譯)，書的內容一如魯登道夫所述，並非分析研究第一次世界大戰的理論，而是在闡述他的經驗和替自己的過失做辯解。

《全面戰爭論》一書著述的背景，就和大多數德國軍人一樣，認為第一次世界大戰是一場失敗的決戰，德國在投降前，未曾讓協約國軍踏入德國領土一步，所以作者覺得德國並非在軍事上戰敗。作者認為，由於戰爭拖延長久，引發了＊「由下而上的革命」，才會迫使德國和談。因此，他在書中指出，一場戰爭要成功，必須集合政治、經濟、思想、宣傳等諸多因素，對軍事提供全面的支援，才能打贏戰爭。

魯登道夫表示，在將來的戰爭中，國家的各種要素都必須投入，提出貢獻或是為軍事所用，戰爭指導的核心必須擁有絕對的權力，以軍方最高統帥身份主宰一切，才能遂行全面戰爭。魯登道夫這樣的看法，和克勞塞維茨主張近代戰爭中必須動員國民的人力物力資源來進行戰爭，這些論點都對德國的社會和組織造成了影響，德國的國家社會主義者也因此依循這個方向來準備「國家總動員」。

「國家總動員」理論和『戰爭論』的矛盾

在《全面戰爭論》一書的核心，其實是在批判克勞塞維茨。克勞塞維茨定義「戰爭是政治

＊「由下而上的革命」＝1917年以後，德國內部紛爭加劇，由於日常生活顯著惡化，導致國民厭戰。1918年11月基爾軍港爆發海軍水兵暴動(德國革命)，因此建立了共和國政府，才會和協約國和談投降。

的延伸」，但是魯登道夫否定了這個原則。魯登道夫所謂的「總動員」，是戰爭和政治的本質已經轉變，因此政治和戰爭之間的關係也有所變化。今後的戰爭中，政治不再佔有優勢地位，戰爭才佔有優勢。政治必須為戰爭服務，政治領導者身為國家總動員的領導者，必須從屬於軍事統帥。這個戰爭觀明顯和克勞塞維茨主張的「戰爭只是政治的延伸手段之一」完全不同。

魯登道夫在《全面戰爭論》第3章中提到了經濟和國家總動員，也強調工業生產力和原料是戰爭遂行的重要基礎。不過，他並沒有從經濟、產業等觀點來分析敵國，比方說美國的經濟、產業力，他就毫無涉獵。假使魯登道夫對美國的國力有所關心，並且喚起人們研究美國的實力，那麼，德國應該在準備「總動員」的時候，就瞭解到下一次大戰之中，美國的參戰帶有多麼重大的意義。

其實在魯登道夫之前，柯爾瑪・馮・德爾・戈爾茨將軍就在《武裝的國民》（"Das Volk in Waffen"，1883）書中提到，克勞塞維茨把戰爭當成政治的工具，這種想法悖離了「總動員」的戰爭現實。不過，戈爾茨並不是想引發反克勞塞維茨的論爭，相反的，他和許多將領一樣盛讚克勞塞維茨，並自詡為克勞塞維茨的弟子門生。在《武裝的國民》書中也贊同《戰爭論》所提示的戰爭暴力無上限的論點。

馮・德爾・戈爾茨對《戰爭論》所提出的對立觀點，是因為克勞塞維茨強調法國大革命之後戰爭的重大變革，但是論述卻僅止於陸軍遂行的戰爭。因此日後科技進步，論點也就受到了批判和考驗。

馮・德爾・戈爾茨主張，克勞塞維茨所觀察到的戰爭，在那個時代還沒有鐵路和電報，所以僅以陸戰為主體，由於《戰爭論》的生成背景和19世紀末期大為不同，克勞塞維茨所暢談的「未來戰爭」和「戰爭論」都會出現破綻。

《武裝的國民》和《戰爭論》的第二個不同之處，是有關最高領導者與政治和戰爭的關係的論述。克勞塞維茨對這個論點提出長篇研究，得到的結論是軍方與民間機能都要盡可能集中在一人之手，才能發揮最大效力。因為克勞塞維茨看到了拿破崙的覆亡，所以下了這樣的結論。

可是到了19世紀末，這已經變成完全錯誤的觀念。在軍事層面，戰爭已經巨大、複雜化，單一領導者不可能顧及所有戰線，也不可能管理複雜分歧的各種業務。所以，領導者必須要有一個執行他的意志的管理機構，和各司其職的總司令，才能達到統御的目標。1870～71年普魯士的毛奇與俾斯麥的權力鬥爭時，就突顯出了這個問題。假如戰爭真的是從屬於政治的，那麼軍人就必須從屬於政治家，理論上如此，但事實上卻不見得。

從第二次世界大戰觀察「國家總動員」的真貌

在「紅鬍子作戰」的「閃電戰」背後

德軍為了盡速包圍殲滅聶伯河以西的蘇聯軍野戰軍團，編組了北方、中央、南方3個集團軍，在1941年6月22日揮軍入侵蘇聯。可是，到了7月底，這3個集團軍都沒有抵達各自的攻略目標，也就是北方的列寧格勒、中央的莫斯科、和南方的頓內次盆地。

德軍在1940年8月時，將120個師增加到180個師，但是軍需用品的生產卻趕不上需求，以致於進攻莫斯科的戰事一直拖延到年底。當時德軍有多達40%的車輛是從法國擄獲來的，打從一開始，德國的後勤體系就不適於長期作戰，隨著戰局演進，這項缺失也日益明顯。

德國空軍在1941年6月當時擁有3451架各式軍機，在紅鬍子作戰中投入了其中3000架，相當於每1英里（約1.6㎞）前線只能配置2架，相較於西方會戰時，在法國戰區每英里配置多達10架有很大的落差。這不光是蘇聯領土遼闊所致，因為德國空軍還得兼顧西部、東部、地中海等各個戰線，只好這樣分散配置。因此，在俄國戰場上，無法像西方會戰的「閃電戰」那樣提供密集的空中支援。

運輸手段方面，德軍已經摩托化，在推進時重視道路更甚於鐵路。可是，蘇聯軍的長距離運輸全都是仰賴鐵路。所以，德軍致力於保衛僅有的幾條道路，蘇聯軍則是集中保護鐵路運輸。另外，德軍將大多數裝備都撥交給裝甲師，以致於其他部隊得在欠缺車輛的情況下推進，裝甲師和支援部隊之間，有時甚至會出現多達2週路程的間距。

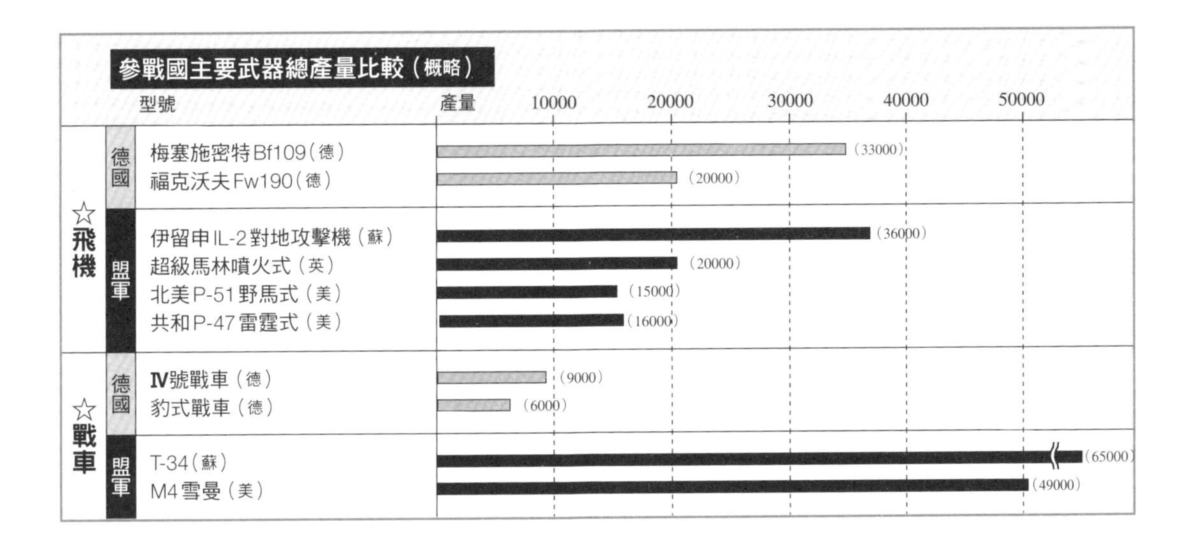

隨著冬季接近，德軍還是沒能達成目標，加上該年冬季特別嚴寒，有25%的軍機無法飛行，戰車由於長途行軍而耗損故障。相對的，蘇聯因為日本和美國開戰，遠東國境的威脅降低，因此能夠調派該處訓練精良的部隊投入莫斯科攻防戰。截至年底為止，德軍傷亡人數達830,430人，蘇聯軍的兵力則是從最初的4,700,000人減少了一半。乍看之下蘇聯軍人員耗損較多，可是，德軍卻無法承受這麼大的損失。從1939年到1941年的顛峰時期，德軍已經喪失了4分之1的兵力。

蘇聯軍在祖國戰爭中發揮的韌性

1942年1月，史達林下令在莫斯科周邊發起反擊大攻勢，原本規劃還要進攻德軍側翼，可是因為蘇聯軍後勤補給基地不足，導致包圍側翼的行動受阻。儘管蘇聯軍損失驚人，但是已經從剛開戰時的敗退中逐漸恢復，慢慢建立起反攻的基礎。

當時擔任大本營（軍方總司令部）代表的朱可夫，以東部戰線火力調整者的角色四處奔走，並在1942年8月以副司令身份前往史達林格勒，師法德國編組重視火力的陸空聯合部隊，將俄國的戰術教義予以具體化。為了擴張戰果，又重新整備戰車軍，在1942年的戰事中，成功的運用機動防禦解除了德軍的包圍，在史達林格勒攻防戰中贏得勝利。1943年1月31日，包路斯元帥率領德軍投降，至此，蘇聯軍終於恢復了自信和尊嚴。

史達林格勒攻防戰可說是戰局的轉捩點。蘇聯軍跨越逆境的強韌戰鬥力源自於工業實力。在1941年底，生產力和戰前相比，煤礦提升63%、生鐵提升71%、鋼鐵提升68%、製鋁提升60%，不過，1941年7月至12月這段期間武器生產量減半。雖然受到這麼重大的打擊，蘇聯還是在戰爭進行中途恢復了生產力。究其原因，德軍入侵蘇聯以來，一直執拗的在前線進行攻防，蘇聯卻趁著這段期間將1523間工廠和1000萬勞工撤退到了大後方。

自德蘇開戰的第2天起，蘇聯就展開了工廠疏散作業，遷廠到烏拉爾地方和西伯利亞的西部。這些地方早在1928年的五年計畫中就規劃作為軍需產業用地，陸續建造許多新的發電廠、鋼鐵廠、各種工廠。並且開挖新的礦脈，彌補西部的原料損失。蘇聯經濟與產業的支撐力，來自於接受高等教育的精良技工，1927年全國有47,000人，但是到了1941年已經增加到289,000人。

讓蘇聯能夠迅速重啟生產線的另一個原因，是蘇聯設備和裝備的規格化。舉例來說，在裝甲戰鬥車輛方面，德國有12種，蘇聯卻只有2種。因此，生產上幾乎沒有什麼阻礙，工廠大都已經機械化，能夠快速生產相關零件。以T-34戰車為例，1941年需要花費8000工時，到了1943年已經縮短到不到一半的3700工時。再者，這些規格化的零件讓零件具有通用性，在戰地也能輕易修理武器。在庫斯克會戰中，1943年7月5日蘇聯軍在突出部有3800輛戰車，到7月13日已經減少到1500輛，但是8月3日卻又恢復到2750

輛。

蘇聯的產業都由國家管制，又將生產重點放在武器方面，所以非常適應「國家總動員」的模式。1942年3月總產量曲線恢復向上，和1940年相比，1944年產能提升了104%，武器產能提升251%，生產火砲122,000門、戰車28,500輛。

德國戰爭經濟的破局

☆大戰初期的德國經濟

德國經濟在戰時的狀況可說是每況愈下，從1939年至1941年，雖然在戰爭中獲勝，卻沒有讓戰爭經濟有足夠的發展，原因並不是出在投資不足。德國重整軍備以來，就在銳意提升產能，1939年有20%的勞動力投入軍需產業，到了1941年更增加到60%，但是卻沒有反映在產能的提升方面。另外，許多產業部門並沒有協助國家備戰，因為產業界討厭受到國家干涉，大多數德國產業還是仰賴熟練勞工而非機械生產線，執著於中小型規模的生產工廠。

在推動戰爭經濟時，常會因為利害關係而出現對立。自19世紀以後，近代的官僚國家藉由國家的力量來發行公債、增加稅收，財政面的彈性變大，因此能夠進行長期的戰爭。只要在戰爭初期審慎調整產業步調，過了這個時期之後，武器產能就會有飛躍的提升。可是，要是戰爭拖延的太久，資源和財政就會枯竭，在沒有同盟國協助的情況下，國內將會引發通貨膨脹，導致戰爭無法持續下去。

1941年7月時，德國的軍需產能達到了顛峰，可是到了年底，已經比顛峰時的100%減少了29%。1941年1月裝甲車的生產目標訂為1250輛，但實際完工數量只有700輛。1941年4月的火砲產能比顛峰時減少了67%，1942年裝備的供應率極低，在俄國戰線上第一個冬季所損失的卡車總數，只有10分之1得到補充。

☆史佩爾的經濟管制措施

1942年1月10日，希特勒下令增產火砲，他的這道命令，引來德國生產、管理、改良的相關討論，於是軍需部長弗里茲・托特決定全面實施戰爭經濟管制措施，在各個部門設立委員會來分配資源儲備。托特死後，這個方針並沒有中斷，而是由繼任者亞伯特・史佩爾繼續推動下去。

德國經濟比較寬裕的時期，只持續到1941年底。此後，德軍在史達林格勒和北非兩度戰敗，在史佩爾就任軍需部長後，1942年至43年的德國軍需產能顯著提升。這是因為史佩爾重整了產業界，以更有效的方式來管理並運用資源。

1942年的飛機產能比前一年提升了40%，但勞動力只比前一年增加5%，而且消耗鋁原料的量也變的更少。在這樣的改變下，德國戰爭經濟又在1944年6月達到高峰，產能足足有1942年2月的3倍之多。

英國和蘇聯兩國的軍需產能，從1941年至43年合計增加了100億美元之多，而軸心國方面則是增加了98億美元。可是，從1941年到43年，美國的軍需產能提升了足足8倍以上，若是把美國的產能計算在內，1943年同盟國的總軍需產能就比軸心國高出3倍。

史佩爾為了強化東部戰線的防衛，將生產重點從戰車和中型轟炸機轉移到火砲和戰鬥機。1941年火砲產量為7,000門，44年則為40,600門。1941年戰鬥機產量為3,744架，44年則為28,925架。可是，如此偉大的產能提升，卻無法從根本解決問題。太慢轉換到防禦武器的生產，這個失誤已經造成了。

☆燃料不足和武器的問題

隨著戰事進行，德軍裝備的損失日益嚴重。1944年生產的裝備足以配備給250個步兵師和40個裝甲師，可是由於燃料不足，實際能夠送上戰場的只有150個師的裝備。不管戰局是好是壞，引擎還是要吃燃料，但是燃料這項資源卻難以增產，只會逐漸減少。

1941年德國的每年燃料消耗量，大約是戰前的英國本土的70%而已，德軍必須靠著這有限的燃料在兩個正面作戰。拿1941年英國和德國的原油產能來比較，以噸為單位的話，英國生產13.9噸，德國只有生產5.7噸。若是以德國原油產能最顛峰的1942年來比較，德國生產6.6噸，美國生產183.9噸、蘇聯生產22.0噸、日本只有1.8噸而已。將同盟國和日本在內的軸心國拿來做比較，在1943年，同盟國達到234.7噸，軸心國只有16.0噸。

這樣的燃料不足窘況，導致機動作戰難以實施。就像是拿破崙戰爭末期一樣，進入1944年之後，德軍戰術開始僵化、行動力變差，面對

德國豹式坦克的生產線。

盟軍轟炸時，為了保護石油產業，必須訓練戰鬥機飛行員，可是卻因為燃料不足而減少了訓練時數，不但降低了防禦效能，也縮短了飛行員的生命。

德軍使用的武器，在開發生產時也常常遭遇技術困境。1938年至39年，德軍需要更多的武器，可是新武器的研發卻進展遲緩。舉例來說，噴射戰鬥機早在1939年就已經成形，可是在1944年以前，德軍根本沒打算量產。當時飛機從測試到完成需要經歷至少5年時間，德國一直拖到飛機產能比步上同盟國的1943年，才開始用心研發噴射機。豹式戰車和虎式戰車也是，都在機械問題尚未解決的情況下投入了庫斯克會戰。

☆希特勒對戰略的惡劣影響

對德國甚為重要的「總動員」，在調適上最大的阻礙不是國內經濟而是戰略問題。希特勒並沒有看清楚長期戰和短期戰的差別，也分不出全面戰爭和有限戰爭的區別。他只知道橡膠、石油、鐵礦等重要原料不足，是德國投入大規模戰爭時非常緊迫的問題。

希特勒當然也考量過經濟對戰爭的影響力，但是他不瞭解資源的取得和軍事成果有著必然的關連性。為了德國的自給自足，他把戰爭目標轉向東歐和蘇聯，朝東方爭取民族生存圈（Lebensraum）。在這樣的背景下，大戰前德國就與蘇聯秘密協議瓜分波蘭，然後從蘇聯進口原料礦產。

在作戰層面，希特勒對資源的要求也都反映在決策上。佔領挪威的作戰，為的是從瑞典進口鐵礦時，能夠確保運輸口岸不受威脅。在西方會戰的敦克爾克戰鬥之後，德軍朝南方進擊，目的不是要殲滅法軍，而是因為希特勒要確保法國洛林的鐵礦。在大戰之初的西方會戰勝利之後，就能從陸路進口西班牙的原料物資。隨著戰事進行，希特勒又把眼光轉向石油、鋁土、銅礦的產地巴爾幹半島。

同盟國因為瞭解希特勒這樣的思考模式，所以順勢利用，讓德軍陷在這些戰區中無法自拔。希特勒在1943年已經認知到德軍得要改採守勢，所以他把重點放在西部，而東部戰線則是進行固定的防禦。蘇聯軍在史達林格勒發動大反攻時，古德林和曼斯坦都建議希特勒改用機動防禦，但是希特勒毫不採納。以確保資源為目標的希特勒思維模式，對蘇聯的領土有著異常的執著，導致德國統帥部和將領之間出現意見的鴻溝。希特勒執著於佔領蘇聯領土，是因為頓內次盆地有工業和礦產，聶伯河彎曲部

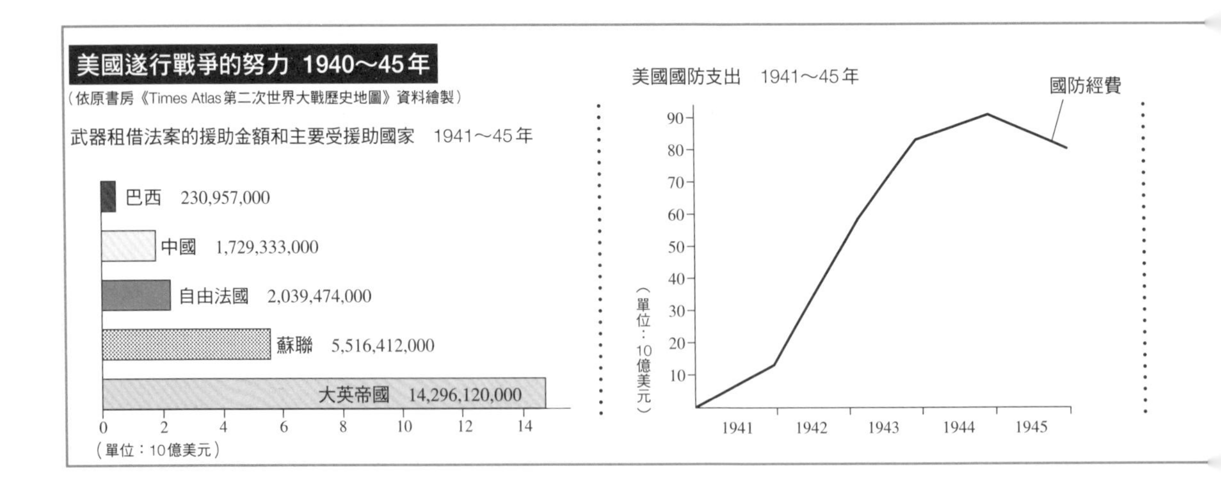

有鐵礦和錳礦。

於是希特勒總是下令部隊堅守不退，損害到德軍在東部戰線上的戰術優勢。1941年6月德軍調派了70%前往蘇聯戰線，到了1944年5月只剩下53%，到了1944年11月和12月，量產的2999輛戰車和突擊砲，卻只有921輛送往東部戰線。

英國的安全保障和同盟國的「總動員」方式

第一次世界大戰中突破了海上封鎖的英國，在兩次大戰之間的期間內，深信歐洲戰爭會走向經濟總動員的「全面戰爭」，所以將安全保障的重點放在海軍和空軍。

早在和希特勒進行和平外交的時期，英國就已經開始實施這類的國內政策，所以，當戰爭開打之後，英國並沒有做什麼政策轉折，就直接投入戰局之中。因為英國早已經對和平外交和戰時做了預測，所以開戰後能夠順利的採取相關政策。和德國不同的是，英國已經預料到會有長期戰，1939年2月，陸海空軍的參謀長於是描繪了這樣的英國戰略藍圖。

①必須確保埃及，以作為攻擊軸心國弱點義大利的跳板。②必須頑強抵抗德國的猛攻。③努力強化經濟，因此需要大英國協成員的幫助。④把日本交給美國對付，在最後需要進攻德國時，英國必須保有制海權，才能自行選擇攻擊地點。⑤轉換為總體經濟戰需要3年時間。

邱吉爾在1940年當時已經自信滿滿，知道英國能夠克服眼前的危機。英國對戰爭經濟的概念，重點是放在戰爭而不是經濟。德國在戰時要和各個產業商討如何將產能導向軍事用途，相對的，英國根本不需要做這種努力，是經濟自動去配合戰爭的需要。從一開始，英國和美國就已經訂定了極高的標準，要求產業達到目標。而非軍事產業則被徵收，例如噴火式戰鬥機有70%的零件是由製造汽車的納菲爾德公司製造。

另外，考慮到科學家必須有組織的提供協助，英國皇家學會早已將優秀科學家列出名冊。美國總統羅斯福認為法國投降後，瀕死瀕死的英國必定無力研發，所以開始動員美國的科學資源。後來，羅斯福認可了英國、加拿大、美國之間的科學資訊交換，並且透過國防委員會准許和英國進行科學合作。

這樣的調度，規模大到難以想像，但是英國、美國、加拿大的各個大學、企業、和同盟國軍方研究部門的上百名科學家，都以非常組織化方式投入研究，迅速開發出各種新武器。成果包括巴祖卡火箭筒、近接引信、登陸艇、高頻無線電等等。

從1941年到42年，英國的經濟陷入衰退，財政部沒有足夠的準備金，預料無法進行2年以上的戰爭。不過，當時已經看出，在羅斯福領導下的美國，已經越來越走向非中立化，所以英國在1940年夏季就開始擴編艦隊，到了9月則啟用徵兵制，動員各種產業。

1941年，美國和英國的聯合幕僚會議在紐約召開，這場會議的焦點是美國應當以德國為首要敵人，積極介入大西洋戰事，至於太平洋方面則是保持守勢，和日本對峙。同年3月，武器租借法案通過，英國得以運用美國的經濟實

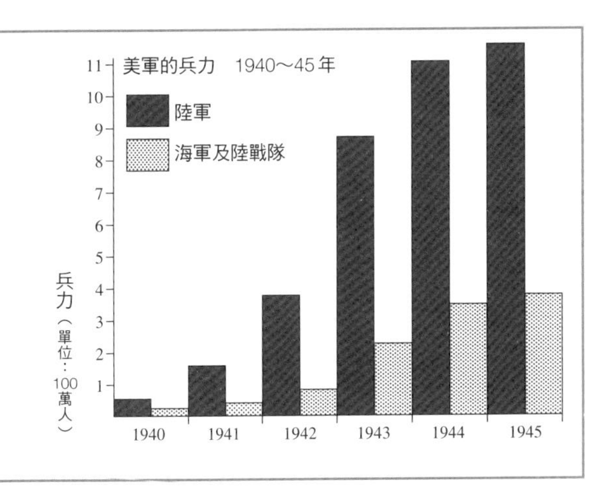

力，從此經濟出現了彈性。當然，蘇聯也因此向美國靠攏。早在1941年12月8日、日本偷襲珍珠港之前，美國就已經成為同盟國的武器庫了。

於是，美國重新設定生產目標，1943年生產了戰車29,497輛、翌年生產了軍機96,318架。和德國不同的是，美國無須為了選擇大砲還是麵包傷腦筋，光是動員總人口的12%，就能夠將產能倍增，同時還能提升國民生活水準。

在總體經濟面，軸心國完全沒有勝算。1938年時，軸心國總人口約1億9000萬人，相對的，同盟國則有大約3億6000萬人口。在全球工業產能比率中，軸心國佔17%，同盟國佔60%。此外，1937年的大國的相對潛在戰力，若以全體100%來計算，美國為41.7%、英國為10.2%、法國為4.2%、蘇聯為14.0%、德國為14.4%、義大利為22.5%、日本為3.5%。

大戰結束和「總動員」的消滅

德國人將第一次世界大戰視為一場「失敗的決戰」，納粹德國體認到下次戰爭絕不能再演變成「失敗的決戰」，所以積極開發「閃電戰」思想。

可是，軍事史學家R・J・奧伐利對希特勒的戰爭觀有如下的敘述：

「希特勒在1939年爆發的征服戰爭前，有足夠的時間做好各項準備。可是，戰爭是一種特殊狀況，無法用既定的經濟來規劃。和同盟國的經濟基礎相比，德軍的準備還是不足，但希特勒無視於專家的警告。他對民族和外交政策有所見解，卻對狹義的經濟和社會條件不屑一顧。殊不知經濟問題將會對將來的計畫造成阻礙。」

希特勒為了擊敗蘇聯、法國、英國、以及美國，獲得最終勝利，將德國所有的資源都投入長期的「總動員」，用他獨特的經濟觀去估測未來。打從1930年代德國尚未重整軍備、閃電戰概念也還沒成型時，就已經開始著手規劃戰爭，到了1939年8月，他藉由外交努力在中歐建立起德國的穩固地位，希特勒認為，1940年代中期將是他發起主要決戰的時刻。

不幸的是，1939年9月的波蘭戰役，導致法國和英國相繼參戰，打壞了希特勒的計畫。德國在比預期時間更早的時候陷入大戰之中，德國知道自國的經濟能夠打有限戰爭，所以對英法開戰。但是德國的經濟實際上只能夠打短期的有限戰爭，無法進行長期戰爭。

德國在大戰初期的一連串輝煌勝利，並不是經濟建功，而是指揮統御、幕僚作業、戰術等方面壓倒了平庸的敵人。希特勒被這耀眼的成果炫惑，於是在經濟尚未完成準備的情況下，於1941年發起接連的戰事。

另一方面，同盟國有美國的巨大經濟基礎當靠山，遵循本章一開頭的「總動員」定義，來發展各項條件、建構大戰略，並且吸收了德國的「閃電戰」經驗，投入一場持久消耗戰之中。

當希特勒把矛頭轉向東線的蘇聯時，西方會戰的成功急轉直下變成悲劇。納粹德國強大的軍事力，對上了蘇聯遼闊的領土和惡劣的氣候。蘇聯的集權主義和斯拉夫民族主義所產生的動員力、加上美國現代化工業力和資源的挹注，擋下了德國的進攻，拖延變成長期持久戰，導致德國戰敗。

同盟國首腦早在1943年就已經宣言，要求軸心國無條件投降，並且將戰犯送上國際法庭審判。這就像是克勞塞維茨所形容的，不僅止於殲滅敵軍、而是逼近「絕對戰爭」的戰爭觀。而這樣大戰，最終導致動用原子彈來結束戰爭，也印證了「戰爭暴力無上限」的觀點。

第二次世界大戰時，各國將經濟生產力、科技能力發揮到極限，助長了「總動員」這樣的戰爭型態。最後的句點就是1945年8月6日所投下的第一顆原子彈。原子彈的發明衍生出了核武抑制力，卻也消滅了「總動員」，與17、18世紀不同的戰後新型態有限戰爭於是就此誕生。

THE WAR AFTER W.W. II

核武・民族主義・資源・環境問題

導致戰爭型態改變的第二次軍事革命

法國大革命以來的絕對戰爭，在第二次世界大戰達到頂點，並且催生了核武。遭遇危機的人類，為了共存下去，從此展開一連串的嘗試錯誤過程。

文＝桑田悅

自拿破崙戰爭以來就持續的絕對戰爭（征服戰爭），在第二次世界大戰達到顛峰，但是第二次世界大戰也是改變的契機，從此現代戰爭轉向有限戰爭，加上聯合聯軍戰略、陸戰與空戰的新武器、作戰樣貌與戰略戰術的轉換，都是非常重大的革命。以下，我們先介紹這兩次的戰爭大革命，然後探討兩者對戰略、戰術層面造成的影響。

第二次戰爭革命的轉換

第一次戰爭革命・走向絕對戰爭的時代

☆近代的戰爭與第一次戰爭革命

在拿破崙戰爭時期，世界迎向了第一次戰爭革命。在拿破崙戰爭前後，當時的主力武器如步槍、大砲等，在性能方面沒有多大的變化，可是，法國大革命之後從民族主義中誕生的國民軍，卻把近代戰爭導向了全然不同的面貌。近代的戰爭多半是以爭奪國境一帶的補給倉庫兼要塞為主要目標，即使雙方軍隊在圍城戰時會調派部隊增援，但是兩軍都會避免進行決戰，以免造成重大傷亡。而敵對雙方採取的戰略，包括威脅敵方補給路線、迫使敵軍撤退，或是巧妙利用政治手段來增加盟國，佔據有利地位，在避免血流成河的前提下，逼迫敵國坐上談判桌。當時就曾有名將感嘆說道：「我的一生從未經歷過激烈的大決戰。」

在近代之前的軍隊，是以傭兵隊長率領的傭兵和農奴為主體的軍隊。傭兵打仗是為了領薪水，抓到俘虜可以要求贖金，還能在戰場上掠奪財物，屬於專業的士兵；至於農奴則是聽命於貴族的奴隸階級。所以，士兵們其實沒有什麼戰鬥意志，要是領主延遲發薪水、軍中伙食不佳的話，只要軍官稍不留意，士兵們就會擅自逃脫，跑去替發薪水更爽快的領主打仗，或者乾脆當上強盜，掠奪附近的村落。為了方便監視這些士兵作戰，通常會採用3～4列的橫隊密集陣形來調度或射擊，並且極力避免陷入激戰，或是在距離自軍補給倉庫兼要塞超過3天路程的地方和敵軍交戰。

☆法國大革命產生的國民軍和拿破崙戰爭

法國爆發大革命之後，鄰近的王國因為擔心受到革命波及，在貴族的慫恿下，紛紛對法國宣戰。面對周遭鄰國的宣戰，法國革命政府打出「保衛自由、平等、博愛的祖國」這樣的號召來徵集義勇軍，後來更演變成徵兵制，組織國民軍，擊退前來干涉內政的周邊王國。在民族主義和革命精神的鼓舞下，國民軍的士兵都是有堅決意志要保衛「革命祖國」的戰士，即使遭遇傷亡或缺乏補給等狀況，也都會想辦法去克服。

將這樣的國民軍發揮到極限的人就是拿破崙。拿破崙運用徵兵取得的龐大兵員，集中兵力擊潰敵軍，然後迅速追擊，攻佔敵國首都，迫使敵人投降，這是一種「絕對戰爭」（征服戰爭）的樣貌。由於徵兵而來的兵員補充容易，所以毫不畏懼大型決戰，而且，戰場當地的農民都將法軍視為解放軍，願意提供糧食。在糧食能夠從當地取得的情況下，大軍在調度上也就更為快速。

美國在比基尼環礁進行的第一次氫彈試爆。

☆軍事科技的發達和征服戰爭的擴大

因此，歐洲列強趕緊模仿拿破崙，加速政治改革，開始編組國民軍。到了19世紀後期，第二次工業革命展開後，工廠能夠生產性能更佳的步槍和火砲，加上無線電通訊、鐵路、動力船艦與軍艦、汽車、飛機等軍事科技不斷發展，使得歐美的國民軍在機動力和破壞力方面都大幅升級，作戰地區遍及全世界。因為軍事力有著如此驚人的提升，使得歐美列強紛紛在全球各地搶佔殖民地，並且為了爭奪殖民地而爆發戰事。

19世紀末的約翰・布洛許眼見「火力的驚人進步會造成人命和文明的毀滅」，於是提出戰爭不可能論。各國在第一次世界大戰後，瞭解戰爭的殘酷，於是簽訂許多互不侵犯條約；此外，還徹底強化文官領導，希望能夠迴避戰爭。可是，儘管做了許多努力，在不到20年之後又爆發了第二次世界大戰，殘酷更勝於第一次世界大戰。

在這段期間的戰爭型態，大都是運用強大軍事力擊潰敵國軍隊，攻佔敵國首都，逼迫敵國屈服的絕對戰爭為主體。二次世界大戰的參戰國除日本以外，幾乎都貫徹文官領導制度，可是，「無條件投降」這樣的宣示，卻又把軍事行動變成了戰爭的主導者，所以才會發生以地毯式轟炸或是原子彈來攻擊敵方都市的行為。

①印尼獨立戰爭（1945～49）
❷國共第三次內戰（1946～49）
③印度支那戰爭（1946～54）
❹喀什米爾紛爭（1947～49, 1965）
❺封鎖柏林事件（1948～49）
❻第一次中東戰爭（1948～49）
（巴勒斯坦戰爭）
第二次中東戰爭（蘇伊士紛爭）（1956）
第三次中東戰爭（6日戰爭）（1967）
第四次中東戰爭（贖罪日戰爭）（1973）
❼韓戰（1950～53）
⑧阿爾及利亞獨立戰爭（1954～62）
❾匈牙利抗暴運動（1956）
❿蘇伊士紛爭（1956～57）
⓫剛果動亂（1960～65）
⑫越戰（1960～75）
⑬安哥拉獨立戰爭（1961～75）
⓮古巴危機（1962）
⓯中印邊境戰爭（1962）
⓰賽浦路斯紛爭（1964, 1974）
⓱多明尼加內戰（1965）
⓲捷克布拉格之春（1968）
⓳中蘇邊境戰爭（1969）
⓴印巴戰爭（1971）
㉑北愛爾蘭紛爭（1968～）
㉒烏干達・坦尚尼亞紛爭（1972, 1978～79）
㉓衣索比亞・索馬利亞紛爭（1977～78）
㉔柬埔寨內戰（1978～）
㉕伊朗革命（1979）
㉖中越戰爭（1979）
㉗蘇聯入侵阿富汗（1979～88）
㉘薩爾瓦多內戰（1979～）
㉙波蘭政局動盪（1980～82）
㉚兩伊戰爭（1980～88）
㉛黎巴嫩紛爭（1980～）
㉜尼加拉瓜內戰（1982～）
㉝福克蘭戰爭（1982）
㉞格瑞那達戰爭（1983）
㉟東歐民主化運動（1988～）
㊱伊拉克入侵科威特（1990～）
㊲南斯拉夫內戰（1991～）
㊳車臣紛爭（1994～）
＊白底數字是殖民地獨立戰爭。

第二次戰爭革命
走向限制戰爭與間接戰略的時代

☆促成第二次戰爭革命的要因

原子彈終結了第二次世界大戰，也同時引發了第二次的戰爭革命。促成第二次戰爭革命的主因有以下幾點：

① 核子武器的發達

緊接在第二次世界大戰之後發生的東西冷戰期間，美蘇兩大陣營在核子武器科技方面有著驚人的發展，終於走向「相互保證毀滅」的戰略。任何一國遭到敵國以核彈攻擊時，也會迅速動用剩餘的核彈毀滅敵國，所以必須準備超乎所需的核彈，這也形成了核武戰爭的抑制力。當時所製造的過量核武飛彈，直到冷戰終結後的今天依舊存在，沒有被銷毀。另外，號稱窮人核武的生化武器等大規模毀滅性武器也在世界各地擴散，世界各地不乏有信奉冒險主義的領導者，在手中掌握著這類武器，隨時能夠毀滅全人類。

② 全球民族主義高漲

法國大革命之後，歐洲因為民族主義高漲而紛紛建立國民軍。到了日俄戰爭時，日本擊敗了白種人國家，結果歐美列強所支配的亞洲地區也開始走向民族主義，到了第二次世界大戰後，民族主義風潮已經散播在亞洲和中東各地。這當然是個不可阻擋的趨勢，無論法國大革命還是辛亥革命，都是奠基於強烈的民族情感，為了實現理想而發起的革命，卻也可能引發不理性的躁進行為。日本在1920～30年代就因為中國的革命外交而吃了不少苦頭，這樣的狀況，也極可能會發生在世界其他地方。

③ 明確瞭解地球資源與環境的限制

隨著全世界、尤其是開發中國家出現人口爆炸和工業化等問題，人們深刻瞭解到地球的資源和環境是有限的。開發中國家仿照歐美在19、20世紀的近代化（經濟發展）模式來推動工業化，但是，人們卻還沒有發展出能夠取代這種近代歐美型工業化經濟發展的新型模式，只要這個問題不解決，在可見的21世紀，國際間和區域間還是免不了會因為爭奪資源而爆發衝突。

☆共存的大戰略

在這許多不穩定的要素的包圍下，人類真能夠繼續在21世紀生存下去嗎？假使人類如今還在進行拿破崙戰爭到第二次世界大戰那種以支配為導向的絕對戰爭，那麼人類毫無疑問會走向敗亡。綜觀人類歷史，從未發生過揚棄已經出現的武器的狀況，也沒有發生過長期脫離戰爭的時代。唯一能夠見到的特例是為期長達50年左右的東西冷戰，在這段期間裡，強權藉著核戰抑制力來維持表象的和平，只進行有限戰爭。

早在西元前，中國的「孫子」就已經提醒在黃河流域爭霸的漢民族要學習「共存」。孫子曰：「百戰百勝，非善之善者也。不戰而屈人之兵，善之善者也。」孫子認為各國應抱持共存、共生的理想，運用「不戰屈敵」的大戰略來保衛國家。因此平時必須厚植國力，慎重思考，立於不敗之地，並以明確的外交政略和情報活動來達成目標。

在核子時代的初期，英國的李德・哈特曾說：「在全面戰爭中互相自殺，是一種無視於戰爭勝利和戰略目的的瘋狂行為。」主張採取能夠帶來良性和平的大戰略。他又說：「從戰略來觀望的地平線，最遠也只能看到戰爭而已。唯有大戰略的視野，才能看到超越戰爭邊界的戰後和平。」因此，現實世界中「勢力均衡的相互抑制」是導向能夠進步的和平的最佳保障，國家若是想要防止任何以暴力來改變現狀的行為，就要開發出新的大戰略來有效率的壓制膨脹主義國家。並且以現代軍事科發展為後盾，開發出兼顧攻擊與防禦的軍備，作為敏銳反擊力和高速機動力的基礎。

☆21世紀的世界與戰爭

為了讓人類在上述困境環伺下還能夠生存到21世紀，必須體認絕對戰爭的時代已經結束，並且集結智慧，以「共存、共生」理念來開發大戰略。不過，這樣的人類意識大轉換，要求不同歷史、宗教、文化的世界各民族拋棄成見，追求「共存、共生」理念，當然不是一件容易的事。21世紀的世界，在追求「共存、共生」理念的路上會走的跌跌撞撞，而21世紀的戰爭、以及戰爭之間的陣痛期，人類勢必會面對嘗試錯誤所造成的諸多紛爭。對新時代的軍隊來說，使命就是盡快且順利的達成「共存、共生」的世界這個目標，在多國的協調之下，阻斷紛爭來源，維持世局穩定。

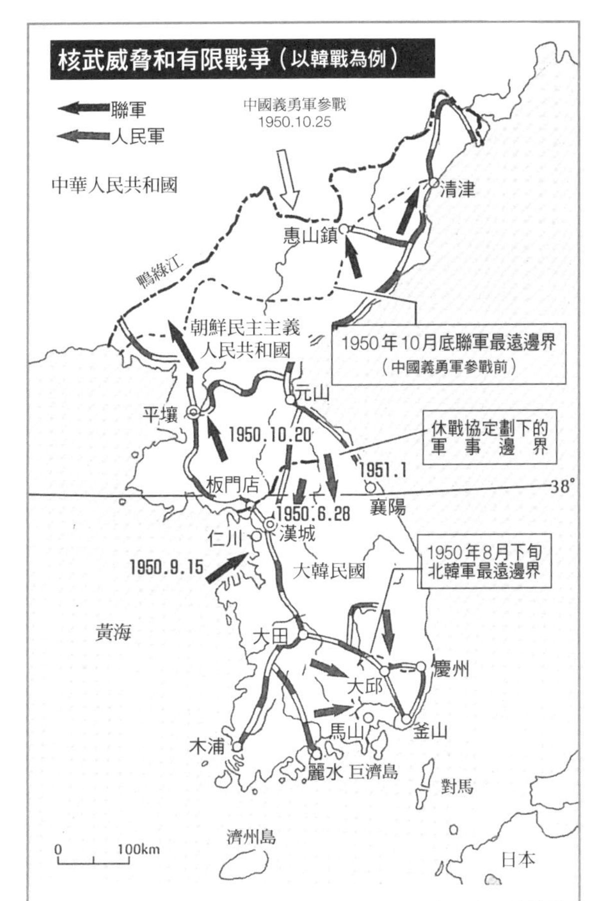

1950年6月爆發的韓戰，一開始是北韓軍佔優勢，但是以美國為主的多國聯軍參戰後形勢逆轉。不久，中國派遣義勇軍支援北韓，多國聯軍又再度陷入劣勢。當時聯軍總司令麥克阿瑟元帥主張應當越過鴨綠江打擊中國本土的補給基地，但是被杜魯門及華府首腦拒絕，因為轟炸中國本土將會引發中美全面開戰，而與中國有好的蘇聯又是核武保有國，有可能演變成核戰。後來，麥帥又主張由台灣出兵進攻中國，並在敵方補給路線上散播輻射廢棄物，結果在1951年4月遭到解職。這是核武抑制力在戰後發揮作用的典型有限戰爭。

新武器對戰略．戰術層面造成的影響

聯合戰略與聯軍戰略

在第二次世界大戰中，飛機與電子遺棄的驚人發展，使得陸、海、空軍超越原有的戰區，走向協同作戰，而同盟國旗下的陸、海、空軍也必須緊密合作。以英美為首的同盟國，在各個戰區建構了聯合、聯軍指揮體系，讓同盟國之間的聯軍戰略和陸、海、空軍各軍種的聯合戰略順利結合實施，終於引導同盟國走向勝利。這樣的合作態勢，在冷戰時期更進一步加強，再也不是單一軍種或單一國家就能推行作戰行動，而變成了由聯合、聯軍戰略和實行決策來影響戰局的時代。

這樣的戰略，並不僅止於運用在傳統武器的戰爭中。在防止大規模毀滅性武器擴散、以及面對後述的游擊戰、恐怖行動等非正規作戰時，國際間及各軍種之間更需要緊密且複雜的合作。因此，戰爭再也不侷限於軍事戰略，而變成了李德．哈特所強調的，囊括了外交、經濟、社會心理等元素的「大戰略」（規劃與實施的負責人是各國政治領袖）。此後，聯合、聯軍戰略將會更為重要。

核武的影響：非核傳統戰爭和非傳統戰爭

☆階段性抑制戰略

在核子時代初期，由於人們認為戰略核武能夠轉眼間決定全面戰爭的勝敗，所以輕乎了戰略核武以外的軍事手段。可是，隨著戰略核子彈道飛彈的發達，一旦演變成全面核戰，就等同於相互自殺，為了迴避這種狀況，學者開始研究階段性抑制戰略。一如前述，這種「相互保證毀滅」的能力抑制了戰略核武戰爭的爆發，從此，戰略核子彈道飛彈不曾用在更低階層的攻擊行動上，而是改採其他手段（例如區域性核彈、戰術核彈、以及傳統武器）來對應衝突。至此，傳統的陸、海、空軍戰力再度受到評價。在核子時代，傳統戰爭分為無核（完全不可能動用核武）和非核（有可能動用核武）兩種。在無核的傳統戰爭中，交戰雙方都是沒有核武的國家。至於列強則是以非核的傳統戰爭作為目標，來進行軍隊的編制、裝備、訓練。

☆非核傳統戰爭

人類自第二次世界大戰結束後，至今再也沒有動用過核武。不過，凡是核武保有國所參與的戰爭，都不能忽略使用戰術核彈和區域性核彈的可能性。在這樣的戰爭中，必須加強部隊的機動性，不讓敵方有機會動用核武，另外，為了減低自軍的傷亡，要將部隊分散配置。舉例來說，在陸戰中以營為基本單位，進行分散且流動的作戰，就算某個部隊或是指揮部遭到核彈摧毀，其他部隊單位仍舊能繼續作戰。為了達到這個目標，戰爭初期要準備5個部隊單位和預備指揮部，這種名為「Pentomic（五群制）」的部隊，要不斷改組整編，以維持最高的戰鬥力。

在阿爾及利亞獨立紀念日揮舞旗幟的民族解放陣線成員。

☆登陸作戰的改變

第二次世界大戰時，美軍所實施的大部隊突擊登陸作戰，在核武時代卻難以通用。首先，集中的船團和大部隊會變成核彈攻擊的最佳目標，所以艦艇和部隊必須分散配置。再者，現代艦艇已經捨棄大口徑火砲，改用飛彈和小口徑機砲，無法達成過去那種艦砲射擊支援的火力。因此，登陸作戰轉而朝向奇襲方式，並且利用直昇機和空降部隊快速投入部隊來進攻。不過，李德・哈特強調，在紛爭初期介入戰局的「救火隊」部隊，必須在紛爭區域之外的外海，聚集足夠的軍需物資，並且讓登陸作戰部隊隨時待命。

☆非傳統戰爭

第二次世界大戰時的游擊隊，多半是當地居民所組成，對佔領軍進行局部的騷擾攻擊。可是在二戰之後，游擊戰類型的紛爭卻大量暴增。例如歐洲強權的殖民地，當地人民在民族主義驅使下，採用游擊戰方式來對抗宗主國的正規軍。還有在冷戰局勢下，兩大陣營相互抑制而不動用核武，但是卻使用游擊戰方式來爭奪地盤。舉凡阿爾及利亞戰爭、第一次印度支那戰爭、越南戰爭都是在東西冷戰架構下爆發的獨立戰爭，也都採用了游擊戰型態。

當既有的殖民地紛紛獨立之後，開發中國家與地區的人民開始反抗先進國家企業的掠奪，或是因為民族、宗教等歧異而引發的紛爭，也多半是採用游擊戰或是恐怖活動等方式。在這類戰爭中，原始的暴力和高科技武器都會同時出現。

航空戰和航空戰略・戰術層面

☆噴射機

在第二次世界大戰末期開始實驗性採用的噴射發動機軍用機，在韓戰時逐漸擴大了使用領域。噴射機的高速和炸彈搭載量都是螺旋槳飛機望塵莫及的，所以今天的戰鬥用軍機大都是噴射機，在轟炸固定目標或水面目標時，具有非常強大的威力。

不過，噴射機只能在很長而且整備完善的跑道上高速起降，機場必須設置管制裝置才能控管。另外，噴射機在低空飛行時會消耗大量燃料，而且速度太快，無法清楚分辨地面目標。在第二次世界大戰時，軍機經常在船團上空盤旋、提供支援，戰鬥轟炸機則可以在敵區上空長時間滯空，搜索並攻擊地面上的敵軍，這些戰法都不適合噴射機使用。所以，軍方漸漸不再使用過去常用的「制空」這兩個字，而改用帶有流動性含意的「空中優勢」來取代。

☆防空飛彈的發展

第二次世界大戰當時，防空武器的主力是高射砲和防空機砲，由於採用雷達輔助瞄準，加上採用了V.T.引信的彈頭（進入有效攻擊範圍就會被電波啟動而引爆），威力大幅增強，一時蔚為主流。可是，這些防空火砲的命中率還是太低，擊墜效率也受到頗多限制。後來，隨著火箭科技和雷達、紅外線等精密導引科技的發達，到了今天，飛彈已經變成了主力的防空武器。在第四次中東戰爭（贖罪日戰爭）中，證明大量配備著略微過時的防空飛彈陣地，仍舊能夠對敵機造成重大打擊。加上預警管制體系日益強化，

配備空對空飛彈的美軍F-4幽靈式戰鬥機，是在越戰時期非常活躍的機種。

想要對已經設下防空飛彈防護網的地區發動空中攻擊，變成了非常昂貴的方案。

此外，戰鬥機配備空對空飛彈也成為常態，配備的空對空飛彈的性能優劣，成了足以決定空戰勝負的要因之一。為了對抗地面的防空飛彈防護網，可由飛機搭載的對地（對雷達、飛彈陣地、橋樑等）攻擊用空對地飛彈也不斷進步，甚至能夠在敵方防空飛彈的射程外，就發起距外打擊。

☆預警管制組織

在第二次世界大戰初期的英國本土航空戰中發揮極大功效的防空預警管制組織，在大戰期間經歷了雷達科技的進步，在馬里亞納海戰時，演變成圍繞航空母艦群的護衛艦形成預警管制組織。航空母艦群有著高速機動性，加上V.T.引信和護衛艦組成的預警管制組織，使得從空中攻擊航空母艦特遣艦隊變成了極為困難的任務。

戰後由於噴射機的普及、還有飛機可能搭載核彈發動攻擊等威脅，因此預警管制組織更受到軍方重視。在採用了高速電腦和防空飛彈之後，預警管制組織變的更為完備。東西冷戰中導致蘇聯敗北的重要原因之一，就是戰略飛彈防衛網（也就是俗稱的星際大戰），這個飛彈預警管制防衛網甚至把人造衛星也囊括在其中了。

地面戰與陸上戰略・戰術層面

☆裝甲化的趨勢和反裝甲科技的發展

戰車由於有裝甲防護、加上行動速度快，即使遭到核彈攻擊，依舊能在殘留著核爆輻射的區域行動，而且，單一人員的配額戰鬥力也更強。在有可能出現核彈攻擊狀況的戰場上，以戰車為核心的裝甲部隊的重要性甚至超越第二次世界大戰當時，此外，戰車也是最有效的反戰車手段。在東西冷戰時期的歐洲，西方陣營最大的關切，就是一旦蘇聯裝甲部隊發動奇襲，該如何在不演變成全面核戰的前提下粉碎蘇聯的攻勢。最佳解答就是搭載有反戰車飛彈的直昇機和對地攻擊機。

☆立體的奇襲突破作戰和空陸作戰

蘇聯為了奇襲擊潰歐洲大陸，開發出名為「作戰機動群」的立體快速突破戰術。在派出數量龐大的裝甲部隊突破敵陣時，同時使用空中攻擊、直昇機機降、傘兵空降等方式，趁著增援部隊越過大西洋之前，先一步席捲西歐。而西方國家為了對抗這樣的戰術，採取了「空陸作戰」的策略，使用空中攻擊、長射程飛彈・CLGP（彈頭配備導引裝置，裝填許多小彈頭的子母彈，可從遠距離發射，從空中摧毀敵方裝甲部隊）等武器來削弱敵方裝甲部隊的戰力。在波灣戰爭時，美軍就曾運用過類似的方式來取勝。

☆飛彈和C^3I的進化

能夠自動導引方向、追蹤目標的飛彈，雖然射程各有不同，但是命中精確度極高，是革命性的武器。第二次世界大戰期間起源的火箭科技、雷達科技、特殊彈藥科技，凝聚在一起就成了現代的精密導引武器，在第四次中東戰爭中戰果豐碩的反戰車飛彈就是最佳明證。

想要讓飛彈發揮功效，必須確實執行發現目標、對各武器（飛彈等）分配目標、將射擊諸元輸入各武器中、下達射擊指令等一連串迅速且正確的程序。因此，由各種偵測裝置、電腦、通訊器所組成的情報・指揮統御・通訊系統（C^3I）就變的非常重要。在傳統戰爭中，有效的C^3I能夠調度具有機動性的飛彈系統取代大量人員組成的前線部隊，以飛躍的快速步調遂行流動性的戰爭，這樣的時代已經降臨了。

column ❼ 另一種戰爭型態

游擊隊和游擊戰

文＝吉本隆昭

游擊戰的起源及第二次世界大戰

游擊戰（Guerrilla）在西班牙語中是「小戰爭」的意思。拿破崙在1808年至1814年入侵西班牙時，西班牙的武裝農民聚集在北部山岳地帶頑抗，並與英軍合作，擊退了拿破崙軍，此後這個字就轉變成了游擊戰。現在我們常說的游擊戰，指的是在一般戰爭和正規軍事行動之外的所有非正規作戰，大致分為戰時以武裝民兵集團對佔領軍進行的抵抗運動，在野戰軍後方進行奇襲和騷擾，還有以顛覆政府為目標的武裝集團所進行的破壞、襲擊等恐怖活動。

在第二次世界大戰中，爆發過許多歸屬於前者的游擊戰，並且取得了輝煌的成果。1941年德軍入侵蘇聯之後，在史達林的指示下，共黨中央委員會編組了游擊隊，開始騷擾德軍後防。1942年夏季以後，紅軍最高司令部將游擊隊活動納入本部指揮之下，因此游擊戰更加活躍。此外，在德軍佔領區，不少受到壓迫的俄羅斯人、烏克蘭人、猶太人則是自發的以森林地區為根據地，發動游擊戰，當時游擊隊的總人數多達30萬人，迫使德軍調派總兵力的10%來鎮壓游擊隊。

法國的反抗軍自從德國佔領法國之後就開始活動，戴高樂派、共黨派、社會黨派的反抗軍在國內進行反德宣傳、妨害通訊、破壞交通與工廠等行動，其中以逃避徵集的青年為主力的「灌木林」反抗軍，在山岳游擊戰中建立不少戰功。這些地下組織在1943年統一由戴高樂流亡政府轄下的國民解放委員會來領導，並且在1944年演變成法國國內反抗軍，與盟軍一同解放巴黎。

波蘭的對德反抗運動主要有1943年4月猶太人發動的華沙隔離區暴動、和1944年8月波蘭反抗軍的華沙抗暴。這兩次抗暴行動都被德軍鎮壓而失敗。以共黨成員為主的義大利反德・反法西斯游擊隊，也在1943年義大利脫離軸心國之後，活動更加頻繁，甚至在大戰末期佔領了義大利北部省分，在終戰之前逮捕並且處死了墨索里尼。

在東歐地區，最主要的游擊隊是狄托領導的反德共黨游擊隊。狄托率領游擊隊藏身山岳地帶，與德軍對抗，雖然不受到史達林重視，但是在1944年10月，與蘇聯軍的大攻勢相呼應，獨力解放了貝爾格勒，因此聲明大噪。

在亞洲，由毛澤東指揮的中國共產黨八路軍及新四軍，持續進行抗日游擊戰，還曾經發動百團戰爭等大規模攻勢。此外，在滿洲和北韓等地也都有抗日游擊隊。1944年，由溫格特少將指揮的英印軍空降旅曾潛入緬甸的日軍後方，大肆進行破壞。標榜人民戰爭的毛澤東的游擊戰術，後來甚至影響到武元甲和切・格瓦拉等人的革命運動。

現代的游擊戰

第二次世界大戰結束後，亞洲和非洲進入了游擊戰盛行的半個世紀，游擊戰變成了非常重要的戰爭型態。不過，除了國共內戰和韓戰當時的北韓游擊隊之外，其他大多數是屬於第二類的反政府或殖民地獨力戰爭游擊戰。在菲律賓的虎克游擊隊、馬來亞的共黨游擊隊、印尼的獨立戰爭、印度支那戰爭、阿爾及利亞獨立戰爭、以及許多由蘇聯等共黨國家在幕後支援的反政府游擊戰，發生頻率極高。其中堪稱集大成的就是越戰了。此外，蘇聯入侵阿富汗之後，也遭到聖戰士的游擊隊騷擾。

冷戰終結後，代理戰爭型態的游擊戰逐漸減少，不過，因為民族和宗教對立而引發的地區紛爭卻日漸增多，因此，游擊戰仍舊是非常有效的作戰方式。可是，游擊戰由於型態特殊，不免遭遇一些問題。首先，游擊戰是一種會將平民捲入的戰事，而交戰者不以特殊標誌表明身份、又公然攜帶武器，這點又違反了戰爭法。另一方面，正規軍由於難以分辨游擊隊和一般百姓的不同，才會衍生出美萊村事件這類屠殺行為。畢竟，游擊隊就像是「在名為人民的水中游泳的魚」，實在無法清楚區別。

W.W.II Data File

今村伸哉（Nobuya Imamura）

●交戰各國的兵力（1939～45）

這裡的數據主要是以地面部隊人數為主，若是海、空軍佔有重要地位的交戰國，則會將人數一併列舉。

國名		總兵力			
		開戰時	終戰時	最大兵力	動員總數
美國	全軍	5,413,000	11,877,000	–	16,354,000
	陸軍（不含USAAF）	4,602,000	5,851,000	–	11,260,000
	空軍	354,000	2,282,000	–	
	海軍	382,000	3,288,000	–	4,183,000
	陸戰隊	75,000	456,000	–	669,000
阿爾巴尼亞		13,000	–	–	–
英國	全軍	681,000	4,683,000	–	5,896,000
	陸軍	402,000	2,931,000	–	3,778,000
	空軍	118,000	963,000	1,012,000	1,185,000
	海軍	161,000	789,000	–	923,000
義大利	全軍	1,899,600	?	?	9,100,000
	陸軍	1,630,000	?	2,563,000	?
	空軍	101,000	200,000（1943年5月）	–	?
	海軍	168,600	259,100（1943年9月）	–	?
印度	全軍	197,000	2,159,700	–	2,581,800
	陸軍	194,900	2,100,000	–	2,500,000
	空軍	300	29,200	–	52,800
	海軍	1,800	30,500	–	29,000
澳洲	全軍	91,700	575,100	–	993,000
	陸軍	82,800	380,700	–	727,200
	空軍	3,500	154,500	–	216,900
	海軍	5,400	39,900	–	48,900
荷蘭		270,000	400,000	–	400,000
加拿大	全軍	63,100	759,800	–	1,100,000
	陸軍	55,600	474,000	–	690,000
	空軍	3,100	193,000	–	222,500
	海軍	4,400	92,800	–	99,400
希臘	1940年10月	430,000	–	–	?
	1941年4月	540,000	–	–	?
蘇維埃聯邦	全軍	9,000,000	12,400,000	13,200,000	?
	陸軍（對德戰線的部隊）	2,900,000	6,000,000	–	?
	空軍	?	?	?	?
	海軍	?	?	266,000	?
丹麥		6,600	–	–	–
德國	全軍	3,180,000	7,800,000	9,500,000	17,900,000
	陸軍（括弧內為SS）	2,730,000（30,000）	6,100,000（800,000）	6,500,000	?
	空軍	400,000	1,000,000	2,100,000	?
	海軍	50,000	700,000	800,000	?
紐西蘭	全軍	13,800	192,800	–	?
	陸軍	11,300	157,000	–	?
	空軍	1,200	約27,000	–	?
	海軍	1,300	5,800	–	?
挪威		25,000	–	–	（90,000）
匈牙利		80,000（1939年）	210,000	?	?
芬蘭	1939～40年	127,800	200,000	–	?
	1941～44年	400,000	270,000	–	?

法國	1939年9月	900,000	—	—	—
	1940年	2,680,000	—	—	—
	1943～44年義大利	15,000	98,000	113,000	160,000
	1944～45年西・北部戰線	?	437,000	—	?
保加利亞		160,000	450,000	—	1,011,000
比利時		600,000	650,000	—	(900,000)
波蘭	1939年	1,200,000	250,000	?	(2,400,000)
	1943～45年義大利	8,600	50,000	—	?
	1944～45年西・北部戰線	28,000	—	—	?
	1941～45年東部戰線	30,000	?	?	200,000
南非	全軍	?	?	?	250,000
	陸軍	18,000	?	198,000	208,000
	空軍	1,000	?	?	38,000
	海軍	?	?	?	4,000
南斯拉夫	1941年	150,000	?	—	(1,500,000)
	1941～45年游擊隊	2,000	800,000	—	?
羅馬尼亞	1941～44年	686,000	1,225,000	—	?
	1944～45年(包含紅軍)	?	370,000	—	539,000

＊法國在1940年開戰前的數字，含國內陸軍1,640,000人。

●盟軍轟炸機出擊次數及炸彈投彈量(1939.9～1942.7)

1941年6、7、8月的出擊次數和炸彈投彈量，主要是英國空軍轟炸機隊密集實施戰略轟炸的結果。1942年4月以後出擊次數和炸彈投彈量的增加，是美國空軍參與了轟炸行動，同盟國空軍已經奠定戰略轟炸基礎，因此成果逐漸提升，轟炸規模也不斷擴大所致。

年	1939年	1940年	1941年	1942年	總計
白晝轟炸次數	163	3,316	3,507	1,267	8,253
夜間轟炸次數	170	17,513	27,101	20,771	65,555
炸彈投彈量(t)	31	13,037	31,704	26,858	71,630

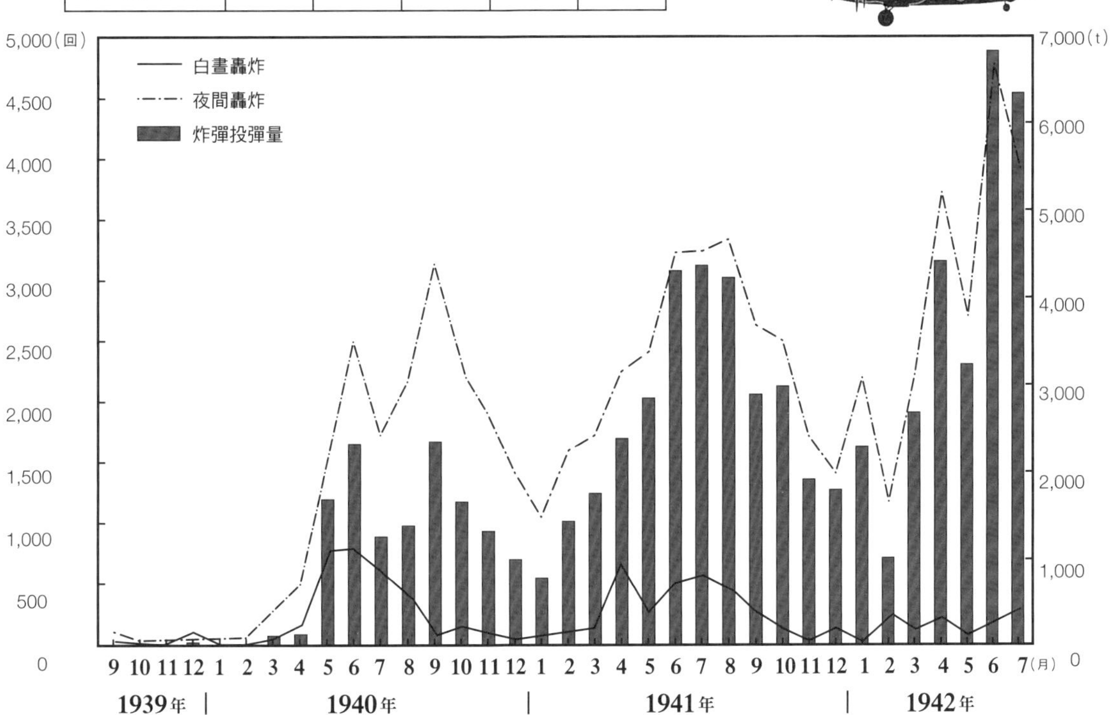

＊1940年相對出擊次數較少，推測應該是轟炸投彈量少、加上轟炸機損失慘重，因此轟炸成效較差之故。

●德軍對英國的轟炸（含V武器）及炸彈投彈量（1941.6～1945.1）

1941年轟炸投彈量達到最高，1941年的投彈量次之，因為1940年8月8日起至翌年5月10日德國在英國本土航空作戰進行了大規模轟炸。

	炸彈投彈量（t）
合計	74,172

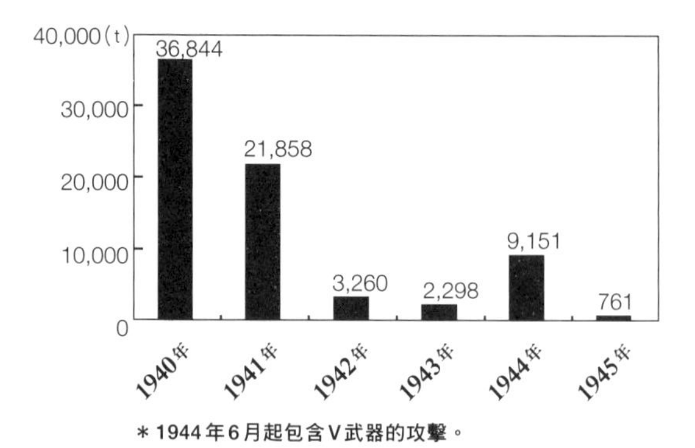

＊1944年6月起包含V武器的攻擊。

●德國空軍對英國轟炸的出擊次數及炸彈投彈量（1940.9～1941.2）

這張圖表是德國空軍在英國本土航空作戰中，從爭取制空權到對倫敦發動攻勢的轉換時間點1940年9月為起點，翌年10月同盟國空軍取得優勢，此後德軍轟炸機隊出擊的次數就銳減了。

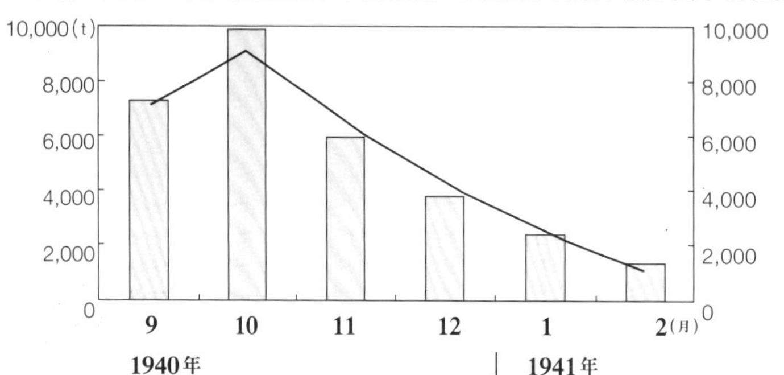

	出擊次數	炸彈投彈量（t）
合計	30,881	30,541

＊1940年10月的炸彈投彈量增加，是因為轟炸機隊彌補了之前的損失，能夠再度大批出擊的緣故。

●投入前線的戰鬥用軍機的戰力比較（1939.9～1942.4）

德國空軍的戰力在史佩爾的努力下，在1944年12月達到約5000架的水準，但此後便一路減少。相對的，同盟國自1941年6月起就開始往上攀升，增強戰力。

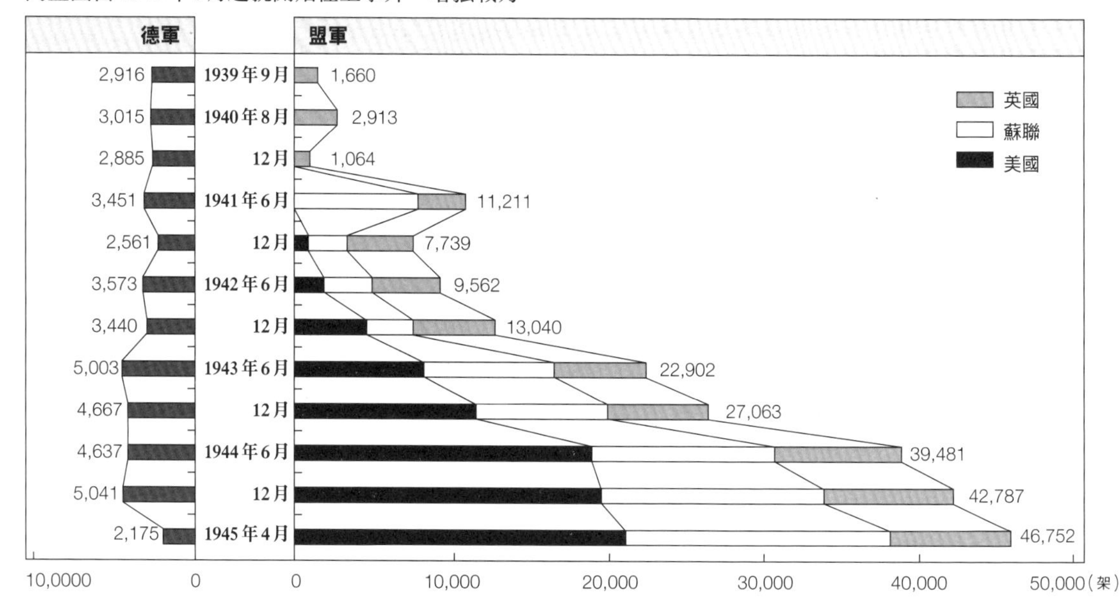

＊英國的1940年12月／1945年4月數字只有計算戰鬥機數量，1942年6月為概略估算值。
＊美國的數據只有陸軍航空隊（USAAF）。

●東部戰線的裝甲戰鬥車輛戰力比較（1941.6～1945.1）

1942年3月兩軍戰力極端減少，是因為德國在紅鬍子作戰中戰力耗損之故。另外翌年43年3月以後，蘇聯數字急遽增加，顯示蘇聯潛在工業實力已經發揮。

年	1941年	1942年			1943年		1944年					1945年
月	6月	3月	5月	11月	3月	8月	6月	9月	10月	11月	12月	1月
德　軍	3,671	1,503	3,981	3,133	2,374	2,555	4,470	4,186	4,917	5,202	4,785	4,881
蘇聯軍	28,800	4,690	6,190	4,940	7,200	6,200	11,600	11,200	11,900	14,000	15,000	14,200

＊這個數據表包含戰車等所有裝甲戰鬥車輛。　＊蘇聯方面的數字也包含滿洲的常備軍車輛數字。

●東部戰線主要戰役中戰車及自走砲的戰力比較（1944～45）

這張圖表顯示出蘇聯軍展開反攻之後，在各個戰區的戰車勢力詳細數字，可以看出每個戰區的戰車勢力對比。

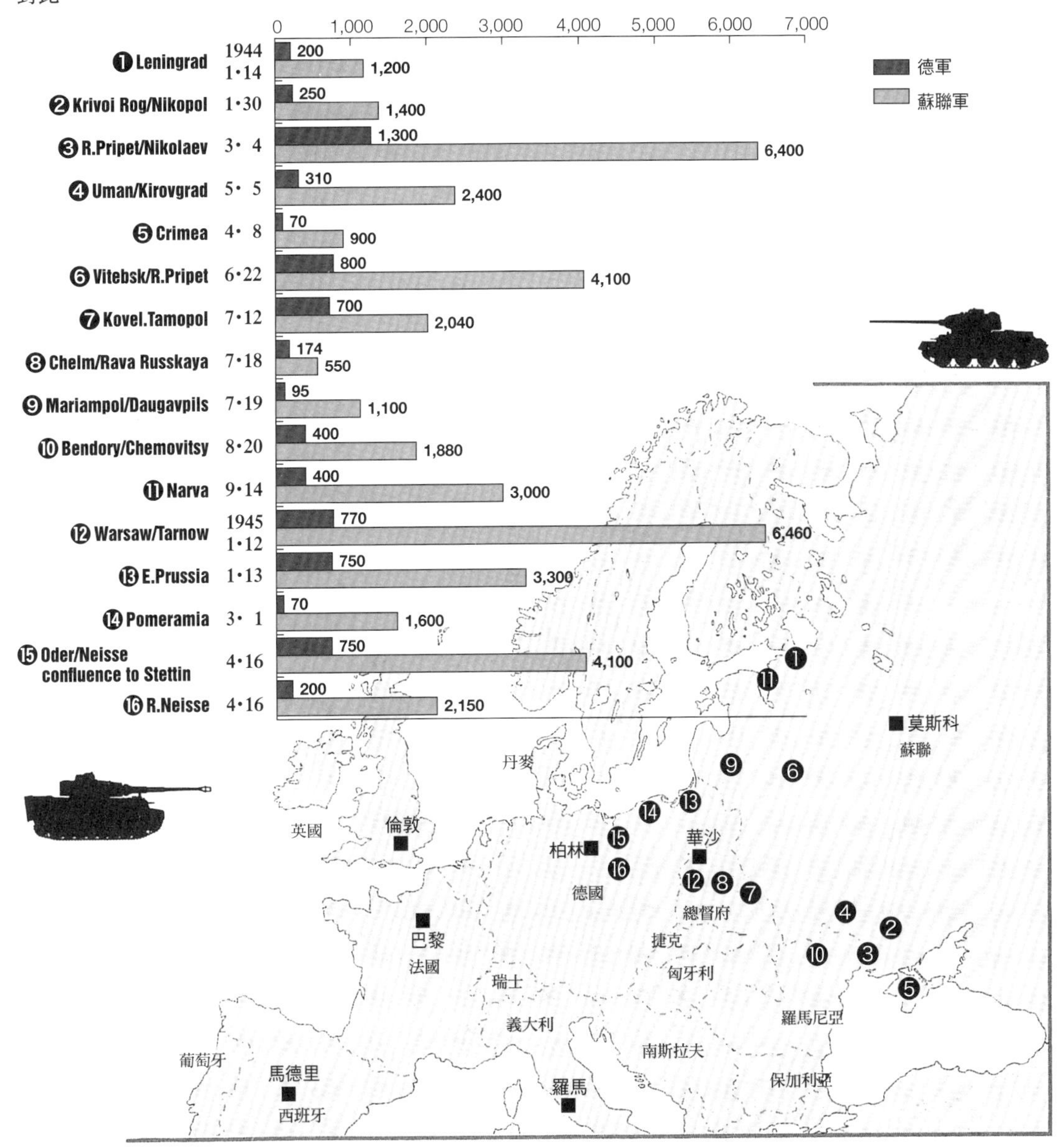

PART ② Losses

損失

●交戰各國的人員損失（1939～45）

這張數據表顯示各國軍人及平民的傷亡人數，或陸、海、空軍傷亡人數之總和。

國名		人口	軍人					平民的傷亡合計
			軍人親屬	戰死及失蹤者	負傷者	俘虜	戰死及負傷者合計	
美國		129,200,000	16,354,000	405,400	670,800	139,700	1,076,200	–
阿爾巴尼亞		1,100,000	?	?	?	?	?	?
英國		47,500,000	5,896,000	305,800	277,100	172,600	582,900	146,800人，其中60,600人死亡
義大利		43,800,000	?	226,900	?	?	?	60,000人死亡
印度		359,000,000	2,582,000	36,100	64,300	79,500	100,400	–
澳洲		6,900,000	1,340,000	29,400	39,800	26,400	69,200	–
荷蘭	1940年	8,700,000	400,000	2,900	6,900	?	9,800	150,000人死亡或失蹤（含亞洲戰區）
	流亡者		?	10,800	?	?	?	
加拿大		11,100,000	1,100,000	39,300	53,200	9,000	92,500	–
希臘		7,000,000	?	18,300	60,000	?	78,300	415,000人死亡，其中260,000人餓死
蘇聯		194,100,000	約30,000,000	11,000,000	?	約6,000,000	?	6,700,000
捷克（流亡者）		10,300,000	約5,000	?	?	?	?	215,000人死亡
丹麥		3,800,000	6,600	?	?	?	?	1,000人死亡
德國		78,000,000（1938年）	17,900,000	3,250,000	1,606,600	?	7,856,600	2,050,000人死於盟軍，300,000人遭德軍殺害
紐西蘭		1,600,000	?	12,200	19,300	8,500	31,500	–
挪威		2,900,000	25,000	2,000	?	?	?	3,800人死亡
匈牙利		10,000,000	?	136,000	約250,000	?	約386,000	300,000
芬蘭	冬季戰爭	3,800,000	?	24,900	43,600	?	78,500	3,400人死亡
	1941～44年		?	65,000	158,000	?	223,000	
法國	1940年	42,000,000	約4,000,000	92,000	250,000	1,450,000	342,000	470,000
	流亡者		約600,000	約30,000	約85,000	6,500	約115,000	
保加利亞	軸心國	6,300,000	?	?	?	?	?	50,000人死亡，其中40,000人為猶太人
	蘇聯		500,000	32,000		?	32,000	
比利時	1940年	8,300,000	650,000	7,500	15,900	200,000	23,400	12,000
	流亡者		3,500	500	?	?	?	
波蘭	1939年	34,800,000	1,200,000	66,300	133,700	787,000	200,000	4,800,000人在集中營死亡，另有約500,000人因其他理由死亡
	西部戰線		約90,000	4,500	13,000	?	27,500	
	蘇聯		200,000	≧40,000		?	≧40,000	
南非		10,000,000	250,000	8,700	14,400	14,600	23,100	–
南斯拉夫		15,400,000	?	1941～45年南斯拉夫死亡者估算為150萬～170萬人				
羅馬尼亞	軸心國	19,600,000（1937年12月）	?	381,000	243,000	?	624,000	340,000人死亡
	蘇聯		540,000	170,000		?	170,000	

＊匈牙利人口為1938年11月當時的數字。 ＊羅馬尼亞的軸心國部隊戰死及失蹤者，其中10,000人為失蹤。
＊南非人口中有2,100,000人為白人

●主要戰區的陸軍人員傷亡（1939～45）

以下數據表為戰時整體數據，可以看出1940年的法國、以及東部戰線交戰國的傷亡相當慘重。

波蘭	戰死或失蹤者	負傷者	俘虜
波蘭人	66,300	133,700	787,000
德國人	13,110	27,280	–
俄國人	900	?	?

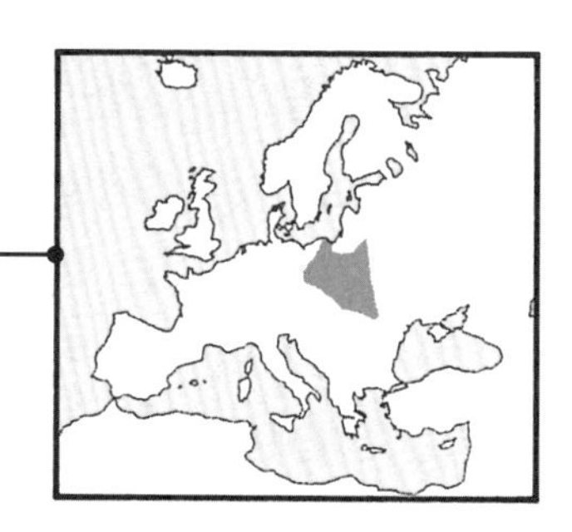

丹麥・挪威	戰死或失蹤者	負傷者	俘虜
丹麥人	–	–	–
挪威人	2,000	?	?
德國人	3,692	1,600	–

＊德國人之中包含海軍及空軍。

法國（1940年）	戰死或失蹤者	負傷者	俘虜
荷蘭人	2,890	6,900	?
比利時人	7,500	15,850	200,000
法國人	120,000	250,000	1,450,000
英國人	11,010	14,070	41,340
德國人	43,110	111,640	–
義大利人	1,250	4,780	–

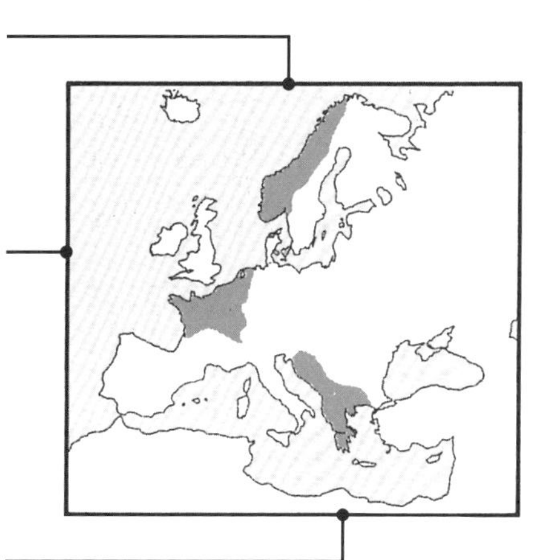

巴爾幹半島（1941年）	戰死或失蹤者	負傷者	俘虜
南斯拉夫人	?	?	?
希臘人	19,000	70,000	?
德國人	3,674		–
義大利人	38,830	50,870	–

＊希臘人傷亡數字為第二次世界大戰全期數字。
＊義大利人傷亡數字為1940年10月至1941年4月在希臘作戰的數字。

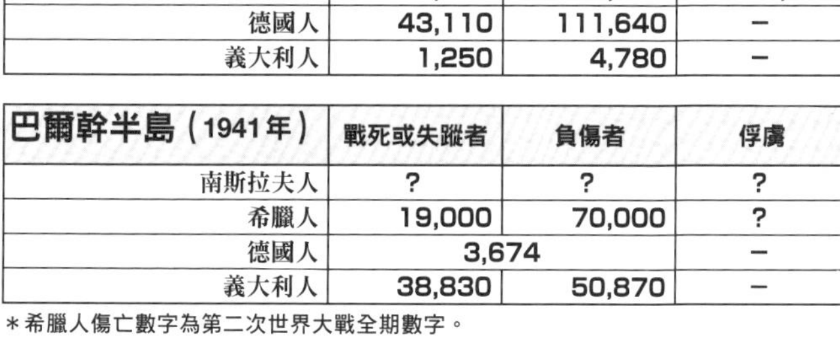

東部戰線	戰死或失蹤者	負傷者	俘虜
俄國人	約11,000,000	?	約6,000,000
德國人	2,415,690	3,498,060	?
義大利人	84,830	30,000	?
羅馬尼亞人（1）	381,000	243,000	?
羅馬尼亞人（2）	170,000		?
匈牙利人	136,000	約250,000	?
波蘭人	≧40,000		?
保加利亞人	32,000		?

＊羅馬尼亞人（1）為投效德國方，羅馬尼亞人（2）為投效蘇聯方。
＊德國人數字為1939年9月至1944年12月31日的統計。

北非	戰死或失蹤者	負傷者	俘虜
美國人	3,620	9,250	4,640
英國人	13,230	≧21,260	≧10,600
印度人	1,720	3,740	9,790
澳洲人	3,150	8,320	9,250
紐西蘭人	6,340	32,870	8,520
法國人	12,920		
南非人	2,100	3,930	14,250
德國人	12,810	?	266,600
義大利人	20,720	?	

＊德國人及義大利人俘虜只有計算突尼西亞的戰鬥中被俘人數。
＊英國人戰死及失蹤者包含突尼西亞戰鬥的7000人。

義大利	戰死或失蹤者	負傷者	俘虜
美國人	29,560	82,180	7,410
英國人	89,440		?
印度人	4,720	17,310	46
加拿大人	5,400	19,490	1,000
波蘭人	2,460	8,640	?
南非人	710	2,670	160
法國人	8,660	23,510	?
巴西人	510	1,900	?
德國人	59,940	163,600	357,090

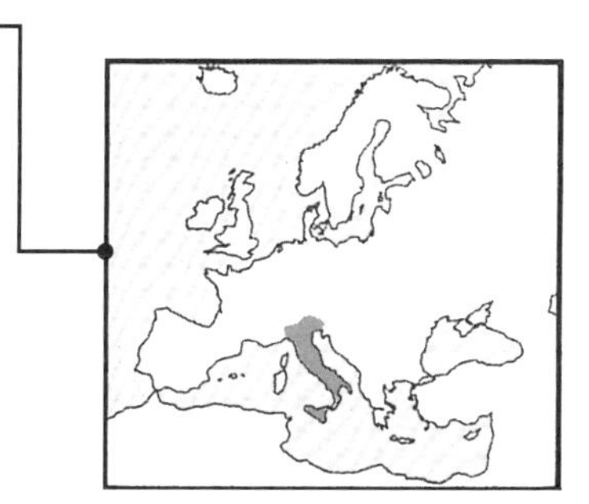

＊印度人數字為1945年2月以前。
＊德國人數字為1939年9月至1944年12月。

北部・西部歐洲	戰死或失蹤者	負傷者	俘虜
美國人	109,820	356,660	56,630
英國人	30,280	96,670	14,700
加拿大人	10,740	30,910	2,250
法國人	12,590	49,510	4,730
波蘭人	1,160	3,840	370
德國人	128,030	399,860	7,614,790

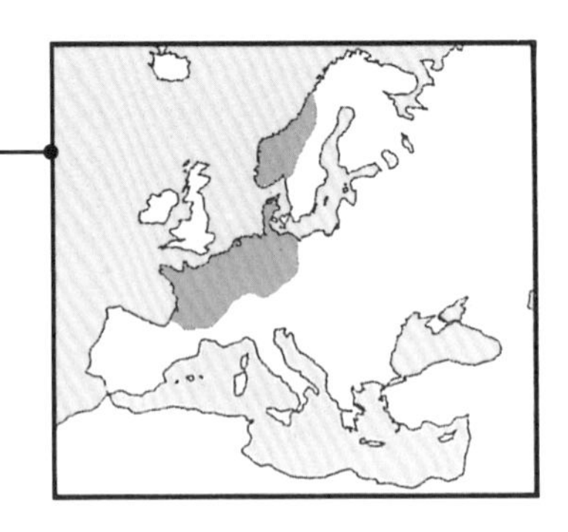

●主要國家的戰略物資產量戰全球總和的百分比（1937年／單位：%）

這個數據表是各種重要戰略物資及軍需物資的各國生產量比值，此外也包含可利用原料及糧食。

	煤炭	石油	鐵礦	銅礦	鉛礦	錫礦	鋅礦	鎳礦	鋁土	錳礦	鎢礦
世界戰略物資總生產量（單位：100萬t）	1,247.4	272.0	98.0	2.3	1.7	0.2	1.9	1.1	4.0	3.0	0.2
美國	34.2	60.4	38.0	32.4	24.7	–	30.6	0.2	10.7	0.7	8.8
英國	18.6	–	4.4	–	1.6	1.3	0.4	–	–	–	0.4
大英帝國（殖民地）	5.0	2.0	5.9	24.8	33.5	39.1	27.9	90.6	10.0	36.6	22.4
義大利	0.1	–	0.5	–	2.0	–	4.3	–	9.6	0.4	–
伊朗／伊拉克	–	5.4	–	–	–	–	–	–	–	–	–
荷蘭	1.1	–	–	–	–	–	–	–	–	–	–
荷屬東印度群島／荷屬幾內亞	0.1	2.7	–	–	–	17.5	–	–	14.8	0.2	–
希臘	–	–	0.1	–	0.4	–	0.5	0.9	3.4	0.2	–
瑞典	–	–	9.3	0.3	0.5	–	1.9	–	–	0.1	0.4
蘇聯	9.3	10.6	14.3	4.0	3.3	–	3.8	1.8	6.2	40.5	?
德國	15.3	0.2	4.1	1.3	5.4	0.1	9.4	–	2.3	8.4	–
日本	4.9	0.1	2.2	4.0	0.9	1.4	1.1	–	–	1.1	5.3
中國	1.1	–	0.2	–	0.2	5.7	0.2	–	–	0.8	0.6
土耳其	0.2	–	–	–	0.4	–	0.6	–	–	–	–
挪威	0.1	–	0.7	0.9	–	–	0.5	0.8	–	–	–
匈牙利	0.1	–	0.1	–	–	–	–	–	13.3	0.3	–
法國	3.4	–	11.7	–	0.3	–	–	–	17.2	0.1	–
法國海外（殖民地）	0.2	–	1.8	–	2.0	1.1	0.9	4.4	0.2	0.3	1.8
南斯拉夫	–	–	0.3	1.7	4.2	–	2.6	–	8.9	0.1	–
拉丁美洲	0.3	15.3	1.4	21.8	16.4	17.8	10.2	0.1	0.2	6.0	7.6
羅馬尼亞	–	2.4	0.1	–	0.5	–	0.4	–	0.3	0.6	–

＊礦石為蘊藏量。 ＊德國包含奧地利及捷克，日本包含朝鮮・滿洲（中國東北）等地。
＊中國的小麥、米、玉米產量不詳，因此無法計算百分比。

●主要國家戰略物資自給自足狀況（1937）

同盟國、軸心國雙方都欠缺的戰略物資是鎳和鎢。

		煤炭	石油	鐵	銅	鉛	鋅	錫	鎳	鋁土	錳	鎢	鉻	鉬	鎂	硫磺&白鐵礦	磷酸肥料	鉀	橡膠	小麥	米	玉米	蕃薯	砂糖	食用肉品
同盟國	美國	◎	◎	○	◎	○	○	×	×	△	×	×	×	◎	△	◎	◎	×	×	○	◎	○	○	×	○
	蘇聯	○	◎	○	△	△	○	×	×	○	◎	×	○	×	○	○	○	×	×	◎	△	○	○	○	○
	英國	◎	×	△	×	×	×	△	×	×	×	×	×	×	×	×	×	×	×	×	×	×	○	△	△

		煤炭	石油	鐵	銅	鉛	鋅	錫	鎳	鋁土	錳	鎢	鉻	鉬	鎂	硫磺&白鐵礦	磷酸肥料	鉀	橡膠	小麥	米	玉米	蕃薯	砂糖	食用肉品
軸心國	德國	◎	×	×	×	△	△	×	×	×	×	×	×	×	◎	×	×	◎	×	△	×	×	○	◎	△
	義大利	×	×	△	×	○	○	×	×	◎	×	×	×	×	△	◎	×	×	×	△	◎	○	○	○	△
	日本	△	×	△	×	×	×	×	×	×	×	×	×	△	◎	◎	×	×	×	△	○	○	○	○	△

＊德國包含奧地利和捷克。
＊日本包含朝鮮・滿洲（中國東北）

◎ 可外銷
○ 自給自足
△ 略微不足
× 嚴重缺乏

	鉻礦	鉬礦	硫磺	白鐵礦	磷酸肥料	鉀	鎂	橡膠	小麥	米	玉米	甘蔗	甜菜	食用肉品
	0.6	0.016	3.4	10.6	14.5	3.2	1.8	0.92	167.0	93.9	117.4	17.3	9.7	30.0
	0.2	92.5	81.9	5.6	29.8	8.1	10.6	0.1	15.2	3.7	55.2	18.3	15.7	23.8
	–	–	–	–	–	–	–	–	1.2	–	–	–	3.0	4.5
	41.2	0.2	–	9.2	8.7	0.6	6.0	52.2	16.5	51.9	3.5	32.2	1.3	8.8
	–	–	–	8.6	–	–	0.2	–	4.8	0.8	2.9	–	3.7	2.1
	–	–	–	–	–	–	–	–	–	0.2	–	–	–	–
	–	–	–	–	–	–	–	–	0.2	–	–	–	2.0	1.3
	–	–	0.4	–	0.9	–	–	33.0	–	6.3	1.7	8.1	–	–
	3.4	–	–	1.9	–	–	6.6	–	0.6	–	0.3	–	–	–
	–	–	–	1.6	–	–	–	–	0.5	–	–	–	2.7	0.7
	15.3	–	–	5.8	24.5	7.3	27.2	–	26.5	2.4	2.4	–	22.7	15.0
	–	–	–	4.2	–	61.5	27.9	–	4.7	–	0.6	–	24.7	13.6
	2.6	0.2	5.8	17.2	1.4	0.1	13.5	–	1.4	20.9	2.1	6.7	0.7	0.9
	–	0.2	0.7	–	–	–	–	–	?	?	?	–	–	–
	16.3	–	0.1	–	–	–	0.1	–	2.5	0.1	0.5	–	0.5	0.2
	–	–	–	9.9	–	–	0.2	–	–	–	–	–	–	0.3
	–	–	–	–	–	–	–	–	1.6	–	2.4	–	1.3	–
	–	–	–	1.4	0.7	15.5	–	–	5.6	–	0.4	–	8.2	4.8
	4.1	0.6	–	0.4	28.3	–	–	6.7	1.6	7.8	1.1	1.4	–	0.8
	4.8	–	–	1.3	–	–	3.9	–	1.8	–	4.5	–	0.8	–
	5.3	3.6	0.7	–	–	–	–	–	6.0	1.6	11.5	31.8	–	12.5
	–	–	–	0.1	–	–	–	–	2.9	–	4.0	–	1.4	0.7

●同盟國與軸心國的鐵礦產量（1939～45／單位：t）

同盟國的鐵礦產量約為軸心國的2倍，但這是1939年至45年的累計數值（之後的表格皆同）。

軸心國							同盟國				
日本	羅馬尼亞	匈牙利	義大利	德國	合計	年	合計	美國	蘇聯	英國	加拿大
–	–	–	–	18.5	18.5	1939年	14.6	–	–	14.5	0.1
–	2.1	1.9	1.2	29.5	34.7	1940年	18.1	–	–	17.7	0.4
–	2.4	2.4	1.3	53.3	59.4	1941年	44.2	–	24.7	19.0	0.5
7.4	3.0	2.5	1.1	50.6	64.6	1942年	137.7	107.6	9.7	19.9	0.5
6.7	3.3	2.6	0.8	56.2	69.6	1943年	131.5	103.1	9.3	18.5	0.6
6.0	?	4.7	–	32.6	43.3	1944年	123.7	96.0	11.7	15.5	0.5
0.9	?	?	–	?	?	1945年	121.3	90.2	15.9	14.2	1.0
21.0	10.8	14.1	4.4	240.7	291.0	合計	591.1	396.9	71.3	119.3	3.6

●同盟國與軸心國的石油產量（1939～45／單位：t）

同盟國的石油產量約為軸心國的16倍。

軸心國								同盟國				
日本	羅馬尼亞	匈牙利	義大利	德國		合計	年	合計	美國	蘇聯	英國	加拿大
					合成油							
–	–	–	–	3.1	2.2	3.1	1939年	?	–	–	?	1.0
–	5.0	0.3	0.01	4.8	3.2	10.1	1940年	13.0	–	–	11.9	1.1
–	5.5	0.4	0.12	5.7	3.9	11.7	1941年	48.2	–	33.0	13.9	1.3
1.8	5.7	0.7	0.01	6.6	4.6	14.8	1942年	218.4	183.9	22.0	11.2	1.3
2.3	5.3	0.8	0.01	7.6	5.6	16.0	1943年	234.7	199.6	18.0	15.8	1.3
1.0	3.5	1.0	–	5.6	3.9	11.1	1944年	263.4	222.5	18.2	21.4	1.3
0.1	?	?	–	?	?	?	1945年	264.3	227.2	19.4	16.6	1.1
5.2	25.0	3.2	0.17	33.4	23.4	67.0	合計	1,043.0	833.2	110.6	90.8	8.4

＊德國產值不含進口石油。
＊1945年軸心國的數據不詳，因為數字太小，估計跌落至1944年數據的1.1%而已。

●同盟國與軸心國的鋁產量（1939～45／單位：t）

同盟國的鋁產量約為軸心國的2倍，鋁是生產飛機的重要物資，因此直接影響軍機產量。

軸心國							同盟國			
日本	羅馬尼亞	匈牙利	義大利	德國	合計	年	合計	美國	蘇聯	英國
–	–	–	–	239.4	239.4	1939年	25.0	–	–	25.0
–	?	3.2	?	265.3	268.5	1940年	18.9	–	–	18.9
–	?	5.0	?	315.6	320.6	1941年	22.7	–	?	22.7
103.0	?	6.0	?	420.0	529.0	1942年	805.4	751.9	51.7	46.8
141.0	?	9.5	?	432.0	582.5	1943年	1,369.7	1,251.7	62.3	55.7
110.0	?	13.2	–	470.0	593.2	1944年	1,211.1	1,092.9	82.7	35.5
7.0	?	?	–	?	?	1945年	1,144.9	1,026.7	86.3	31.9
361.0	?	36.9	?	2,142.3	2,540.2	合計	4,642.7	4,123.2	236.5	283.0

●同盟國與軸心國的軍機產量（1939～45）

同盟國的軍機產量約為軸心國的3倍，尤其自1943年以後，同盟國產量飛躍提升，
讓同盟國加速掌握制空權。

軸心國							同盟國					
日本	羅馬尼亞	匈牙利	義大利	德國	合計	年	合計	美國	蘇聯	英國	加拿大	東歐
4,467	?	–	1,692	8,295	14,454	1939年	24,178	5,856	10,382	7,940	?	?
4,768	?	–	2,142	10,826	17,736	1940年	38,418	12,840	10,565	15,049	?	?
5,088	?	–	3,503	11,776	20,367	1941年	62,106	26,277	15,735	20,094	?	?
8,861	?	6	2,818	15,556	27,235	1942年	96,944	47,836	25,436	23,672	?	?
16,693	?	267	967	25,527	43,454	1943年	147,006	85,898	34,845	26,263	?	?
28,180	?	773	–	39,807	68,760	1944年	163,025	96,318	40,246	26,461	?	?
8,263	–	?	–	7,544	15,807	1945年	81,883	49,761	20,052	12,070	?	?
76,320	約1,000	1,046	11,122	119,331	208,819	合計	633,072	324,750	157,261	131,549	16,431	3,081

●同盟國與軸心國的戰鬥機產量（1939～45）

軸心國					同盟國			
日本	義大利	德國	合計	年	合計	美國	蘇聯	英國
?	?	605	?	1939年	1,324	—	—	1,324
?	1,155	2,746	?	1940年	10,019	1,162	4,574	4,283
1,080	1,339	3,744	6,163	1941年	18,566	4,416	7,086	7,064
2,935	1,488	5,515	9,938	1942年	30,542	10,769	9,924	9,849
7,147	528	10,898	18,573	1943年	49,305	23,988	14,590	10,727
13,811	—	26,326	40,137	1944年	67,516	38,873	17,913	10,730
5,474	—	5,883	11,357	1945年	35,187	20,742	約9,000	5,445
30,447	4,510	55,727	90,684	合計	212,459	99,950	63,087	49,422

＊德國產量包含噴射機（1944年：1041架／1945年：947架／合計1988架）。

●同盟國與軸心國的轟炸機產量（1939～45）

軸心國					同盟國			
日本	義大利	德國	合計	年	合計	美國	蘇聯	英國
?	?	737	?	1939年	?	?	?	1,837
?	640	2,852	?	1940年	7,682	623	3,571	3,488
1,461	754	3,373	5,588	1941年	12,531	4,115	3,748	4,668
2,433	566	4,502	7,501	1942年	22,417	12,627	3,537	6,253
4,189	103	4,789	9,081	1943年	41,157	29,355	4,074	7,728
5,100	—	1,982	7,082	1944年	47,092	35,003	4,186	7,903
1,934	—	—	1,934	1945年	20,899	16,087	約2,000	2,812
15,117	2,063	18,235	35,415	合計	153,615	97,810	21,116	34,689

●同盟國與軸心國的戰車及自走砲產量（1939～45）

同盟國的戰車及自走砲產量約為軸心國的5倍，自1941年起同盟國產量激增，在1943年達到顛峰。這是因為蘇聯開始大量增產之故。

軸心國						同盟國				
日本	匈牙利	義大利	德國	合計	年	合計	美國	蘇聯	英國	加拿大
—	—	40	247	287	1939年	3,919	—	2,950	969	?
315	—	250	1,643	2,208	1940年	4,524	331	2,794	1,399	?
595	—	595	3,790	4,980	1941年	15,483	4,052	6,590	4,841	?
557	約500	1,252	6,180	7,989	1942年	58,054	24,997	24,446	8,611	?
558		336	12,063	12,957	1943年	61,062	29,497	24,089	7,476	?
353		—	19,002	19,355	1944年	51,128	17,565	28,963	4,600	?
137	—	—	3,932	4,069	1945年	27,387	11,968	15,419	?	?
2,515	約500	2,473	46,857	約52,345	合計	227,235	88,410	105,251	27,896	5,678

＊不含義大利和日本的迷你戰車。
＊義大利戰車中包含500輛土倫I、II型戰車、以及茲里尼自走砲。

以上圖表參考John Ellis著《WORLD WAR II：A STATISTICAL SURVEY》製成。

參考文獻

大島通義『総力戦時代のドイツ再軍備』同文舘 1996年
小山弘健『図説 世界軍事技術史』芳賀書房 1972年
M.V.クレヴェルト／佐藤佐三郎訳 『補給戦』 原書房 1985年
ポール・ケネディ『大国の興亡』（上・下）草思社 1988年
リデルハート／上村達雄訳『第一次世界大戦』フジ出版社 1977年
リデルハート／上村達雄訳『第二次世界大戦』フジ出版社 1978年
ルーデンドルフ／間野俊夫訳『國家總力戦』三笠書房 1938年

Alfred Drice, "Instrument of Darkness", New York, 1977.
Allan R. Millett and Williamson Murray, eds., "Military Effectiveness" vol. 1-3, Boston, 1988.
Allan R. Millett and Williamson Murray, eds., "Military Innovation in the Interwar Period", New York, forthcoming 1996.
André Corvisier, ed., "A Dictionary of Military History", oxford, 1994.
B. H. Liddell Hart, "Memoirs" 2 Vols, Cassell, 1965.
B. H. Liddell Hart, "The Tanks" Vol.1, Cassell, 1959.
Bernard and Fawn M. Brodie, "From Crossbow to H-Bomb", Indiana: University Press, 1973.
Brian Bond, "British Military Policy Between the Two World Wars", Clarendon, 1980.
Brian Bond, "Liddell Hart, A Study of His Military Thought", Cassel, 1976.
Brian Bond, "War and Society in Europe, 1870-1970", London, 1984.
Brian Holden Reid, "J. F. C. Fuller's theory of Mechanized Warfare", London, 1978.
Brian Holden Reid, "Journal of Strategic Studies" Vol.1, no.3, London, 1978.
Brian Reid, "J. F. C. Fuller Military Thinker", St. Martin, 1990.
Christopher Chant, ed., "How weapons work", London, 1976.
Colmar vonder Goltz, "The Nation in Arms", London, 1906.
David MacIsaac, "Voices from the Central Blue: The Air Power Theorists", in Makers of Modern Strategy : From Machiavelli to the Nuclear Age, ed. Peter Paret with Gorden A. Craig and Felix Gilbert, Princeton, 1986.
Derek Wood and Dereck Dempster, "The Narrow Margin: The Battle of Britian and the Rise of Air Power, 1939-1940", New York, 1961.
Eric and Jane Lawson, "The First Air Campaign", Combined Books, 1996.
Erickson and Feuchtwanger, "Soviet Military Power and Performance", London, 1979.
Eugène Carrias, "Le pensée militaire allemande", Paris, 1948.
Eugène Carrias, "Le pensée militaire Française", Paris, 1960.
Frederick A. Praegeg, "Men in Arms", New York, 1956.
Geoffrey Perret, "Winged Victory: The Army Air Forces in World War II", New York, 1992.
Henri Bernard, "Guerre Totale et Guerre Révolutionnaire", Bruxelle, 1967.
J. F. C. Fuller, "Memoirs of an Unconventional Soldier", Iror Nicholson and Watson, 1936.
J. F. C. Fuller, "The conduct of War 1789-1961", London, 1972.
J. P. Harris and F. N. T, ed., "Armoured Warfare", New York, 1990.
Jamcs L. Stokesbury, "A Short History of Air Power", New York, 1981.
James A. Houston, "Army Historical Series: The Sinews of War: Army Logistics 1775-1953", Washinton D.C. : office of the chief of Military History, 1966.
James S. Corum, "The Luftwaffe and the Coalition Air War in Spain, 1936-1939", Journal of Strategic Studies 18, March 1995.
John Ellis, "World War II: A Statistical Survey", New York: Facts On File, 1993.
John Keegan and Richard Holmes, "Soldiers", London, 1985.
Julian Lider, "Military Theory", London, 1983.
Kenneth Munson, "The Blandford Book of War Planes", UK, 1981.
Lee Kennett, "The First Air War: 1914-1918", New York: Free Press, 1991.
Martin Van Creveld, "Technology and War", New York, 1989.
Martin Van Creveld, "The Transformation of War", New York, 1991.
Max Hastings, "Bomber Command", New York, 1979.

Michael Howard, ed., "The Theory and Practice of War", London, 1965.
No Reference Geoffrey Perret, "Winged Victory: The U. S. Army Airforces in World War II", New York : Randon House, 1993.
Peter Calvocoressi and Guy Wint, "Total War", London, 1972.
Peter Chamberlain & Chris Ellis, "Tank of the World 1915-45", UK, 1972.
Peter Young, "The Fighting man", New York, 1981.
R. J. Overy, "The Air War, 1939-1945", New York, 1981.
R. M. Ogorkiewiez, "Armoured Forces, A History of Armoured Forces and their Vehides", London, 1970.
Rag Bonds, ed., "The Encyclopedia of Land Warfare in the 20th Century".
Robert A. Doughty, "The seeds of Disaster: The Development of the French Army, 1919-1939", Hamden, connecticut: Arahon Books, 1985.
Robin Higham, "The Military Intellectuals in Britain: 1918-1939", Greenwood Press, 1981.
Robert H. Larson, "The British Army and the Theory of Armoured Warfare, 1919-1940", Delaware, 1984.
Russell F. Weigley, "The Age of Batlle", 1991.
Strachan Hew, "European Armies and the Conduct of war", London, 1991.
The Rand Monatly, "Encyclopedia of World War II".
Thomas E. Griess, ed., "The Second World War-Europe and the Mediterranean", New York, 1984.
Thomas Parrish, ed., "The Simon and Schuster of World War II", New York, 1978.
Trevor N. Dupuy, "The Evolution of Weapons and Warfare", U. S. A, 1986.
Vincent J. Esposito & John Robert Elting, "A military History and Atlas of The Napoleonic Wars", USA, 1964
Werner Hahlweg, ed., "Klassiker der Kriegskunst", Göttingen, 1958.
Wesley Frank Craven and James L. Cates (eds.), "The Army Air Forces in World War II", 7 vols, Chicago, 1948-1958.
William H. McNeill, "The Pursuit of Power", U. S. A, 1984.
Williamson Murray, "German Military Effectiveness", Baltimore, 1992.

*

國家圖書館出版品預行編目資料

戰略戰術兵器事典. vol.4, 歐洲WWII陸空軍篇 / 學研 歷史群像編輯部編；許嘉祥翻譯. -- 初版. -- 新北市：楓樹林, 2012.11
168面25.7公分

ISBN 978-986-6023-32-3（平裝）

1. 戰史 2. 兵器 3. 歐洲

592.94 101020136

戰略戰術兵器事典
【歐洲W.W.II】陸空軍篇 vol.4

出　　版／楓樹林出版事業有限公司
地　　址／新北市板橋區信義路163巷3號10樓
網　　址／www.maplebook.com.tw
郵政劃撥／19907596 楓書坊文化出版社
電　　話／(02)2957-6096
傳　　真／(02)2957-6435
編　　著／學研 歷史群像編輯部
翻　　譯／許嘉祥
總 經 銷／商流文化事業有限公司
地　　址／新北市中和區中正路752號8樓
網　　址／www.vdm.com.tw
電　　話／(02)2228-8841
傳　　真／(02)2228-6939
港澳經銷／泛華發行代理有限公司
定　　價／380元
初版日期／2012年12月